海部宣男・星元紀・丸山茂徳
［編］

宇宙生命論
Life in the Universe

東京大学出版会

Life in the Universe
Norio KAIFU, Motonori HOSHI and Shigenori MARUYAMA, Editors
University of Tokyo Press, 2015
ISBN978-4-13-062724-5

はじめに　生命の広大な舞台としての宇宙

　この広い宇宙には，地球外以外に生命を宿す惑星は存在するだろうか．あるとすれば，どれくらいか．どのような生命か．地球上の生命とは，どう違うのか．

　私たちは歴史上はじめて，地球外に生命の存在を見出すことに大きな科学的期待を抱き，そうした疑問に正面から向き合う時代にいる．世界の多くの天文学，惑星科学，生物学の研究者たちが，宇宙史と生命の本質に関わるこの課題に，真剣に取り組んでいる．その先には，私たち地球上の生命とは，そして知性を持ち文明を築いた人類とは，この宇宙の中でどのような存在なのかを理解してゆく鍵も，見えてくるかもしれない．量子論，相対論，宇宙膨張とその加速，DNAの二重らせんなどの大発見を重ね，自然の基本的な理解を目覚ましく進めた20世紀を経て，21世紀の科学はそのような新しい段階に入ったということができる．

　仰ぎ見る天体の世界や，そこに住むであろう人すなわち宇宙人は，文明が生まれてから今日まで人々の夢であり，豊かな神話や伝説，またSF・アニメ・映画などを生み出してきた．そうした空想は，現代の科学が実体としての宇宙や生物の理解を進めるにつれて根拠を失っていったけれども，夢はそれで終わりになったわけではない．科学自体がさらに高みへと進んだ21世紀，宇宙や生物の新たな理解を踏まえて，地球外生命の可能性が科学の対象として，改めて登場してきたのである．21世紀の科学にそのような大きな転機をもたらした直接的な要因は，このテキストを読んでいくうえでの重要な基盤でもある．詳しくは各章に譲るが，ここでは導入として，それを以下の3点に要約して述べておきたい．

　第1の要因は，1995年に始まり，2015年には4000個を超えてさらに目覚ましく進む，太陽系外惑星の発見である（第3章，第4章）．夜空に無数に輝く恒星が太陽と同じ種類の天体であり，核融合反応のエネルギーで輝いていることが明確になったのは1930年代，原子核物理学が登場してからだった．そこで幾多の恒星も太陽と同じように惑星を周りに巡らせているだろうとの想定で，恒星を回る惑星探しが始まった．だがこの探査は実を結ばず，20世紀後半には，太陽系の惑星は特別な存在かもしれないという悲観論が広まったのである．だが1995年に最初の太陽系外惑星ペガスス座51番星bが発見されるや，非常な勢いで発見が続いた．遠く小さく暗い太陽系外惑星の検出という困難に，観測技術がようやく追いついたのである．

　太陽系外惑星系発見ラッシュは，太陽系からは予想もつかなかった惑星の驚くべき多様性を明らかにしたが，重要なことに，地球のような小型の岩石惑星も数多く見つかってきた．恒星の少なくとも10〜20%がそうした惑星を持つらしい．地球型の小型岩石惑星は海を表面に持つ可能性があり，海があれば生命が発生する基本条件を備えていることになる．私たちが属する星とガスの渦巻きである天の川銀河系には1000億個の恒星が存在することを考えれば，生命の可能性を期待できる惑星数は膨大なものとなる．この太陽系外惑星の発見ラッシュは，地球惑星科学や地球外生命の考えかたに大きな影響を及ぼし，また私たちの太陽系で進む惑星探査の成果とも，深く結びつくことになった．

　地球外生命への科学的関心を高めた第2の大きな要因は，無人探査機による太陽系の惑星・衛星の直接探査である（第4章）．1957年に旧ソ連が打ち上げた人類初の人工衛星・スプートニクに始まり，月，

火星，金星はもちろん木星や土星にも数多くの無人探査機が投入された．それらが送ってきた画像や大気などのデータは，火星や金星に空想的に期待された楽観的な生物存在説を打ち砕いた．その一方では，太陽系の惑星や衛星の驚くべき多様性を明らかにし，私たちの惑星の理解を大きく書き換えたのである．金星は，大規模な火山活動による溶岩で埋め尽くされた，灼熱の世界だった．低温の巨大ガス惑星である木星では，その大型衛星エウロパやガニメデの表面が厚い氷床に覆われその下には深い海があることがわかり，生命発生の可能性が議論され始めた．土星でも，その衛星タイタンが有機物で覆われメタンの大気循環があるらしいことから，非常な低温環境での生命は可能かという新たな問題が生まれた．火星には「運河」はなかったが，火星史の初期には海が存在し川が流れていたことが明らかになった．火星にかつて生命が誕生した可能性が，改めて真剣に考えられるようになったのである．

　高度に進化した大型生物への期待は薄いにせよ，この太陽系の中においてすら，地球だけが「生命の星」なのではないかもしれないと考える研究者が増えている．これらの発見は，さまざまな極限状況での生命の発生や維持を改めて考えてみようという科学者の冒険心をそそり，太陽系天体で生命を探査するための様々な探査計画や研究計画が進められている．

　21世紀を地球外生命探査の時代とした第3の要因は，地球および地球上の生命の理解の進展にある．プレートテクトニクスの提唱とその目覚ましい発展に代表されるように，惑星としての地球の理解は，20世紀後半を通じて飛躍的に進んだ（第2章）．過去の大陸の離合集散は，生物進化の解明に新しい光をもたらしたし，地震波トモグラフィーによる地球深部の対流構造，過去の大気中の酸素および炭酸ガス量の激しい変化，海流や地球回転の影響を含めた気候史など，地球理解の進展は多岐にわたる．さらに化石に残された何回かの大量絶滅の存在と，それが生物進化に及ぼした甚大な影響がクローズアップされ，地球と生命との40億年にわたる「共進化」の概念が定着してきた．

　一方では，「生物とは何か」，すなわち生物そのものの理解が進んだことが大きい（第1章）．分子分析技術が目覚ましく進んだことで，化石に頼っていた生物進化の研究に，分子系統樹という新たな手法が登場した．リンネ以来の生物分類に時間軸に相当する数値化が加わって，分類と進化とは深く結びついた．また，「奇跡としか考えようがない」と生物学の巨人たちに言わしめた地球上の生物の発生についても，基本的な反応を明らかにし，初期地球条件下での生物化学反応の起源を1つ1つ掘り下げ理解していこうとする研究が進んできた．「地球外生命」には極めて慎重だった生物学の分野でも，広い意味での「アストロバイオロジー」が世界的な広がりを見せている．

　このように，地球外に存在するかもしれない生命；地球外生命の研究は，いまや広い科学分野を総合する総合的な科学になろうとしている．1998年，火星探査を推進するアメリカ航空宇宙局（NASA）がアストロバイオロジー研究所（NAI）を設置して，「アストロバイオロジー＝宇宙生物学」という言葉が広く用いられるようになった．それまでも人工衛星など宇宙空間における生物学的研究は行われていたが，NASAは「アストロバイオロジー」を極めて広く解釈し，「宇宙における生命の起源，進化，伝播，および未来を研究する学問分野」と規定した．地球外生命探査や生命の起源研究など宇宙に関連する生物学研究は，すべてこれに含まれることになる．

　それに16年先立つ1982年，国際天文学連合（IAU）は，第51委員会「バイオアストロノミー：地球外生命の探査」を設置している．1960〜61年に始まる電波による宇宙文明の探査（第5章参照）の流れを受けたものだが，2006年，「バイオアストロノミー＝生物天文学」委員会と改名し，広く宇宙における生命の起源，進化，分布を探究するとした．「アストロバイオロジー」と「バイオアストロノミー」とは，分野としての重点の置き方が違っているだけで同じ科学分野として捉えられてきたと言ってよい．

さらに 2015 年，IAU の全体的な組織変更に際し，混乱を避けるためもあって，NASA と同じ「アストロバイオロジー」委員会に改称した．

　こうした新しい動きを生み出したのは，まさしくいくつかの科学分野の発展である．今後，関連する広い分野の科学者たちの共同がますます求められることは明らかだろう．本書は，そうした見地を共にする天文学・地球惑星科学・生物学・人類学の研究者の，6 年にわたる共同作業から生まれたものである．2009 年の海部（天文学），星（生物学），丸山（地球科学）の呼びかけ（2009 年）「により，宇宙という広大な舞台──もちろん地球を含む──の中での生物という存在とその可能性について分野を越える考えていこうと，各分野で関心を持つ二十数名の研究者が集まった．年 2 回の泊まり込みの「宇宙の生命」研究会を継続的に開いて，宇宙における生命とはどういうものか，またそれをどう研究するかをめぐり，それぞれの専門性を踏まえながらホットな議論を重ねた．振り返っても実に楽しい，有意義な研究会だったと思う．その証拠に，それぞれの分野で国際的に第一線の研究を続ける実に忙しい各世代の研究者約 20 名が，6 年間ほとんど欠けることなく，泊まりがけの議論に参加した．夜のセッションも含めて談論風発，日本では珍しいと言える継続的な異分野交流が実現したのである．

　またこの研究会では，欧米に比べはっきり遅れている日本の「宇宙の生命」研究を研究所や大学に広く広めることを，当初からの目的の 1 つに掲げた．本書はその成果であり，「宇宙の生命」研究会の参加研究者が 6 年間の成果を凝縮して分担執筆したものである．宇宙の生命という刺激的な新分野に関心を持つ学生さんや学校の先生方に送る，日本初の総合的な「宇宙生命」のテキストと言ってもよいだろう．「宇宙の生命」は，これから大きく発展する非常に新しい科学の分野である．だからテキストの内容も，確立された事項にとどまることは当然できないし，そうすべきでもないと私たちは考える．各章では，今後の大胆な展望も積極的にとりあげてゆく．また，第 2 章の 2-3 節．「地球生命史から宇宙生物学の体系化へ」では，そのタイトルが示すように，生命の発生を含む地球史・生命進化史の思い切った試論的シナリオが提起される．第 5 章では，本書の 1 つの特色として「人類・文明」について集中的に考察し，とくに 5-3 節「宇宙文明とその探査」では，宇宙文明探査の意味とその今後にも触れてゆく．このテキストが，未来志向の若い世代の学生・研究者・教師の方々に新鮮な刺激となり，広く読まれることを願っている．

　最後に，2009 年から 2011 年までの 3 年間研究会をサポート頂いた国際高等研究所，および 2012 年から 2014 年までの研究会をサポート頂いた総合研究大学院大学に，篤くお礼を申し上げる．

2015 年 5 月

海部宣男

目　次

はじめに　生命の広大な舞台としての宇宙　i
執筆者および分担一覧　viii

第1章　生命とは何か……………………………………………………………1
1-1　生命の定義　1
　1-1-1　ダーウィンの進化論　1
　1-1-2　生命の定義　2
　1-1-3　生命の誕生と初期進化　6
1-2　生命の潜在的多様性　10
　1-2-1　水　10
　1-2-2　酸化還元状態　15
　1-2-3　自由エネルギー　21
　1-2-4　元素の可能性　24
1-3　生命の連続性と地球型生物の世界　31
　1-3-1　生命の連続性　31
　1-3-2　個体の維持と再生産　32
　1-3-3　生物の多様性　34
　1-3-4　多様にして一様な生物の世界　35
展望　生命発生研究の将来　35
　生命の因果律　35

第2章　地球史と生物進化……………………………………………………43
2-1　生命の起源　43
　2-1-1　生命前駆物質　43
　2-1-2　化学進化：生体有機物と生体機能の進化　46
　2-1-3　初期進化　52
2-2　地球環境と生命の共進化　60
　2-2-1　酸素濃度の増加史と大酸化イベント　60
　2-2-2　スノーボールアース・イベント　63
　2-2-3　全球凍結―酸素濃度―生物進化のつながり　67
2-3　地球生命史から宇宙生物学の体系化へ　68
　2-3-1　研究史　69
　2-3-2　研究の手法　69

2-3-3　地球史概観　71
　　2-3-4　冥王代：生命の誕生　73
　展望　地球史および生物進化の理解とアストロバイオロジー　82

第3章　ハビタブル惑星 ……………………………………………………………………85
　3-1　惑星形成論　85
　　3-1-1　太陽系形成の古典的理論とその問題点　86
　　3-1-2　古典的モデルの系外惑星への拡張　90
　3-2　スーパーアース研究の現状　92
　　3-2-1　発見状況　93
　　3-2-2　スーパーアースの組成　93
　　3-2-3　スーパーアースの大気　95
　3-3　水の取り込み　96
　　3-3-1　地球の水　96
　　3-3-2　水供給プロセス　97
　　3-3-3　系外地球型惑星の水量について　99
　3-4　ハビタブル惑星の条件　100
　　3-4-1　古典的条件　100
　　3-4-2　地球型惑星の多様性　107
　　3-4-3　まとめ　111
　展望　生命存在可能惑星の理論研究の現在と将来　111

第4章　地球外生命の探査 ……………………………………………………………115
　4-1　太陽系内探査　115
　　4-1-1　火星　115
　　4-1-2　エウロパ　123
　4-2　太陽系外惑星探査　127
　　4-2-1　太陽系外惑星探査の現状　127
　　4-2-2　太陽系外惑星探査の将来計画　136
　展望　はたして地球外生命はみつかるか　141

第5章　人類・文明と宇宙知的生命探査 ……………………………………145
　5-1　知能の進化と科学文明にいたる道　145
　　5-1-1　脳の進化と文明　145
　　5-1-2　社会脳仮説　146
　　5-1-3　ヒトの進化環境と脳の進化　147
　　5-1-4　文化の蓄積を可能にした脳機能と言語　148
　　5-1-5　自然科学を生み出す文明　151

5-2　第4の生物，ヒト　152
　　5-2-1　知的生物としてのヒト　152
　　5-2-2　ヒトはどこから来たのか　154
　　5-2-3　ヒトという動物　156
　　5-2-4　大繁栄するヒト　157
　　5-2-5　明日に向けて　159
　5-3　宇宙文明とその探査　159
　　5-3-1　文明を生みだすもの　159
　　5-3-2　宇宙人と宇宙文明：歴史的概観　160
　　5-3-3　宇宙文明との交信（CETI）の試みとドレイク方程式　162
　　5-3-4　ドレイク方程式への批判と反響　164
　　5-3-5　CETIからSETIへ　165
　　5-3-6　SETI観測の現状と展望　166
　　5-3-7　現代版ドレイク方程式とその解　167
　　5-3-8　まとめ：SETIの可能性　169
展望　宇宙の中で人類文明を考える　170

コラム
　1　ヒ素細菌　28
　2　酸化鉄（三価鉄）還元細菌　28
　3　嫌気性生物と代謝の進化　29
　4　スノーボールプラネット　113
　5　日本の火星生命探査計画　122
　6　太陽系内生命探査の将来計画　126
　7　ペイル・ブルー・ドットを超えて　140
　8　UFO事件とフェルミのパラドックス　172

参考文献　175
アストロバイオロジーを学べる大学，研究できる大学院　182
索引　183

執筆者および分担一覧（五十音順）
　＊は編集委員

阿部　豊	（東京大学）	3-4
生駒大洋	（東京大学）	3-2
磯﨑行雄	（東京大学）	2-3
井田　茂＊	（東京工業大学）	3-1，3章展望
伊藤　隆	（理化学研究所）	コラム2
大石雅寿	（国立天文台）	2-1-1
大島泰郎	（共和化工株式会社）	1章展望
大森聡一	（放送大学）	2-3
海部宣男	（国立天文台）	5-3，5章展望
木村　淳	（北海道大学）	4-1-2
玄田英典	（東京工業大学）	3-3
小林憲正	（横浜国立大学）	2-1-2
佐々木晶	（大阪大学）	4-1-1
芝井　広＊	（大阪大学）	4-2-2，4章展望
須藤　靖	（東京大学）	コラム7
田近英一＊	（東京大学）	2-2，2章展望，コラム4
田村元秀	（東京大学）	4-2-1
長沼　毅＊	（広島大学）	1-2-1，1-2-2
長谷川眞理子	（総合研究大学院大学）	5-1
星　元紀	（東京工業大学）	1-3，5-2，
丸山茂徳	（東京工業大学）	2-3
山岸明彦＊	（東京薬科大学）	1-1，1-2-1，1-2-3，1-2-4，2-1-3，コラム1，5，6
山下雅道	（宇宙科学研究所）	コラム3

第1章 生命とは何か

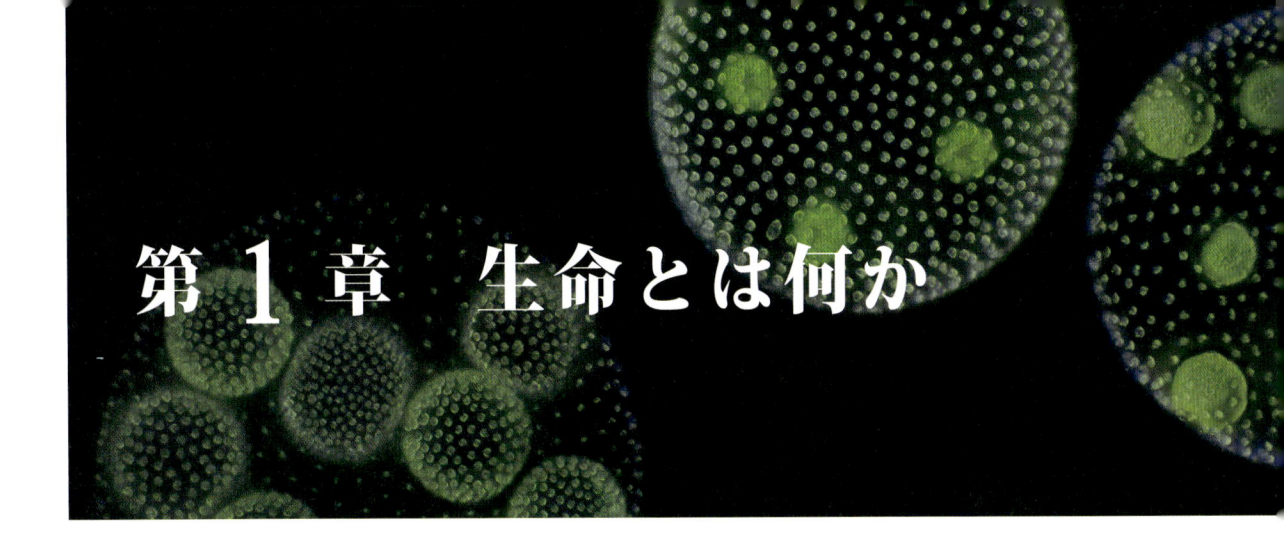

1-1 生命の定義

　生命の定義に関する定説はない．たとえば，『自分と似たような構造体をつくって増殖する物』というような定義を考えたとする．すると，「それでは，1匹のウサギは（パートナーなしには）増殖できないので生命ではなくなる」というような問題が半分まじめに議論されている．

　定義をするということはどういうことなのかと考えると，定義をするとは，われわれ「ヒトあるいは研究者」が生き物だと知っている，あるいは生き物だと思っているものをできる限り短い言葉で過不足なく説明できることを目指すのだと思われる．しかし，それではウィルスは生命に入れるのか，入れないのか．生物学者の中には両方の立場と，さらに生命と非生命の中間であるという立場がある．生命を定義しようとしたときに，そもそも何を定義すればよいかという点でさえ一致点がないということになる．つまり，研究者の間で共通認識のない事柄を定義するのはそもそも無理ということなのかもしれない．そこでこの節では，生命の定義に関するいくつかの説を紹介して，共通項を探ることにする．

1-1-1 ダーウィンの進化論

　生命の定義に関してさらに説明する前にダーウィン進化とは何かを確認しておく．ダーウィンの進化の学説はつぎの『種の起源』の序文の一節に濃縮されている．

As many more individuals of each species are born than can possibly survive; and as, consequently, there is a frequently recurring struggle for existence, it follows that any being, if it vary however slightly in any manner profitable to itself, under the complex and sometimes varying conditions of life, will have a better chance of surviving, and thus be *naturally selected*. From the strong principle of inheritance, any selected variety will tend to propagate its new and modified form. （斜字体は原著）

　「生存可能な数よりも多くの子孫がそれぞれの種から生まれる．そのため，生存のための競争が頻繁に繰り返される．その結果，複雑な時々変化する生存条件の中で，もしほんの少しでも何らかの点で有利であるような個体があると，その個体にはより大きな生存の機会が生じ，その結果，その個体は自然によって選択されることになる．強力な遺伝の仕組みにより，選択された個体のもつ変化した新しい性質は広がっていくことになる」（Darwin, 1859）．

　すなわち，ダーウィンは生物の性質を以下のように特徴づけている．生物はその環境で生存できるよりも多くの子孫を生む（生物の多産）．しかるに，生存に必要な場所，餌等は限られている（限られた資源）．また，多くの子孫の中には変異が存在する（変異の存在）．すると変異をもつ多く

の個体の中で，何らかの点で有利な点がある個体（最適者）が，生存の機会をより多くもつことになり，自然のちからによって選択される（最適者生存あるいは自然選択）．やがて，その性質は遺伝の仕組みによって種全体に広がっていく．

自然選択は，しばしば誤解されるように「弱肉強食」や争いによる勝者と弱者を意味しているわけではない．ダーウィンの主張は「何らかの有利な点がある個体」が生存の機会をより多くもつということである．たとえば，餌の少ない環境では，少量の餌で生存できる個体が有利であるし，そのためには動かないという性質が有利である可能性もある．「競争」ではなく，「共同」や「共生」によって有利となる例を生物界に多数見ることができる．また，メスがオス（あるいはその逆）を選択する過程で生存により適した個体を選択する，雌雄選択という間接的な自然選択もあることをダーウィンがすでに指摘している．

一方，獲得形質が遺伝することによって進化するのではないかという学説がダーウィン以前から存在していた．様々に形を変えて，この種の主張は現在に至るまで続いている．しかし，分子生物学の研究成果によって，獲得形質遺伝の可能性はまったくないことがはっきりしている．すなわち，環境は変異の速度を上げる（あるいは下げる）ということはあるが，突然変異の方向を決めることは決してない．いかに，難しそうにみえる進化でも，進化は偶然によって起きる多くの様々な変異のなかで，自然選択によって選び出された結果によって起きている．

1-1-2 生命の定義

以下に，現在提案されている生命の定義あるいは特徴の中で，代表的な物を紹介する．これらを比較すると，これらの提案が一致はしていないものの，かなりの共通項を持っていることがわかる．ただし，生命の「定義」をすることは難しく，生命の特徴を議論するにとどめることが現時点では良さそうである．

（1）ジョイスの定義

比較的多くの研究者に支持されている定義の1つが，ジョイスによって提案された以下のような定義である．
「生命は自分自身を維持する化学的システムでダーウィン進化を行いうるものである．」
Life is a self-sustained chemical system capable of undergoing Darwinian evolution.

この定義では，システムという言葉を用いることによって，"ウサギ"1匹を定義することをやめて，ウサギという"種"の定義に置き換えている．また，「化学的」という言葉で代謝等の反応を行うものという意味を与えている．最後にダーウィン進化を行いうるという言い方によって様々な性質を持たせている．すなわち，進化するためには増殖が必要であり，遺伝情報とその変異も必要であることになる．この定義に従えば，やはり1匹のウサギは進化できないので生命ではないが，定義に規定されるシステム（種）の一部と考えれば生命と考えることができる．また，ウィルスは宿主（感染する相手）なしには自分自身を維持できないので，この生命の定義からは外れることになる．

（2）コシュランドがまとめた生命の特徴

生命の定義が難しいので，生命の定義をすることをあきらめ，生命の性質を並べることで生命を説明しようとするやり方がある．たとえばコシュランドは生命がよって立つ基礎的な原理として7つの性質を挙げている（Koshland, 2002）．それらは，以下のようにまとめられている．

①プログラム（Program）
DNAに記録されたプログラムを持つこと．遺伝情報に記録されたプログラムによってタンパク質が作られ，細胞内で反応が起きている．

②適応進化（Improvisation）
環境の変化が起きた場合，プログラムに変異が

はいり，変異が入ったプログラムを持つ生き物の中からより好ましい対応をしたものが選択される．

③境界で囲まれていること（Compartmentalization）

細胞膜あるいは皮膚で外界から区切られていること．生命が営む反応に関与する分子や触媒の濃度を維持することが必須であり，それを維持するための境界が必要である．

④エネルギー（Energy）

生物は開放系であり，様々な分子を取り込んで反応を進行させている．そこでは必ずエントロピーの増加があるので，それを補うためにエネルギーを常に補給する必要がある．地球では主に太陽のエネルギーによって生命活動は維持されている．

⑤再生（Regeneration）

たとえば心筋は一生の間止まることなく動き続けることができる．それは，心筋をつくるタンパク質が新たに作られ常に古い物に置き換わっている（再生している）からである．生命はそれだけでなく，細胞分裂によって古い細胞を新しくし，年取った個体が子供を産むことによって新しい個体となり再生する．様々なレベルで常に再生している．

⑥適応（Adaptability）

適応進化が遺伝のプログラムを書き換えることによって環境変動に適応するのに対し，生命はもっと短時間のうちに環境変動に対して適応できる．これは，適応があらかじめプログラムの中に書き込まれていることによって実現している．

⑦隔離（Seclusion）

情報や反応が隔離されていること．細胞内では様々な反応基質や様々なシグナル伝達物質が共存している．しかし，それらの反応やシグナルはお互いに混線することなく独立した反応経路やシグナル伝達経路を実現している．

(3) 生命の三大あるいは四大特徴

江上不二夫はその著書『生命を探る　第2版』(1980年，岩波新書)で，「生命は定義できない」として，定義をするのではなく生命の特徴を検討している．彼は，英国の生理学者ホールデンの言葉を引いて，生命の特徴は「正常な特異的な構造の積極的維持」であると考えた．彼は，「正常な特異的な構造の積極的維持」を説明する上で，「積極的維持」とは，後述する「動的平衡」によって構造を維持していること，環境中で「種」という特異的構造が維持されていることを例として挙げている．そしてそれを実現するための最も一般的な方法として「自己増殖」を挙げている．

江上の著書では，定義するのではなく彼の考える生命の性質を説明している．彼の生命の説明から抽出して，他の研究者はしばしば以下の3つあるいは4つを生命の「定義」あるいは「特性」として採用している．それらは，①境界をもち自己と非自己の区別ができること．②複製して，自分に似た子孫をつくること．③代謝すること．④進化することの4つである．4番目の進化することは採用されない場合もある．

①境界

地球上のすべての生物は，細胞を基礎に成り立っている．単細胞の生物は，細胞そのものが生命の単位となっている．細胞の周囲は脂質膜で囲まれている．膜に囲まれた細胞が生命の基礎単位であるということができる．その意味で，膜に囲まれた構造体であることが生命の第1の性質となる．

細胞を囲む脂質膜は，疎水性部分と親水性部分を持つ分子，すなわち両親媒性分子によって構成されている（図1-1）．脂質膜は二層構造を持ち，それぞれの層で疎水性部分を内側に，親水性部分を外側にして二層構造を形成している．この二層膜を形成する脂質は生物の種類によって様々である．1種類の生物の1つの細胞膜中にも多種の脂質分子が含まれている．また，異なった生物種の細胞膜は異なった脂質組成をもっている．ごく一

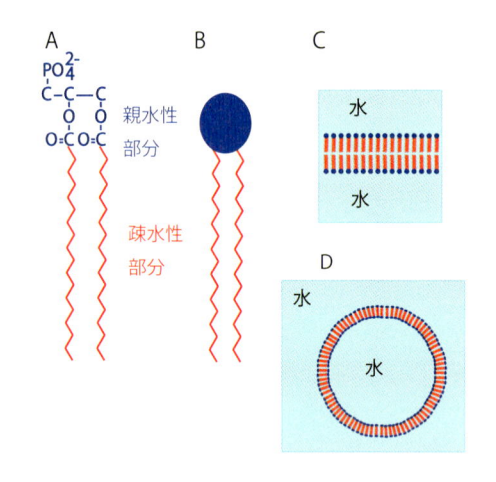

図1-1 脂質分子（A），脂質分子モデル（B），および脂質膜（C, D）。脂質分子は，親水性部分（青）に疎水性部分（赤）が結合している（A, B）。生物の細胞は脂質分子が並んで出来た脂質膜で囲まれている。水中では，親水性部分を水に向け，疎水性部分を接近させて膜を構成している（C）。膜は球状の構造をとり，細胞の周りを囲んでいる（D）。

般的な脂質であるジアシルグリセロール（図1-1A）では，グリセロールに脂肪酸が2本結合して疎水性部分を構成している。それに，リン酸基か糖鎖が結合して親水性部分を構成しているという点では様々な脂質は同じ構造をもっているといえる。しかし，疎水性部分を構成する脂肪酸は炭素数が10程度から20を超えるものまで多種ある。それぞれの炭素鎖の脂肪酸に関して，飽和の脂肪酸の他に二重結合を持つ不飽和脂肪酸がある。さらに，その二重結合は炭素鎖の様々な位置に入る。その他の多型性も含め，多種の疎水性部分を持つ脂質が細胞の脂質膜には混在することになる。

脂質膜を構成する脂質の親水性部分も糖鎖とリン酸基，コリンやセリン残基など様々な基がある。糖はグルコース，マンノースなど多種の糖が1から複数分子結合している。それがリン酸基や硫酸基などで修飾されている場合もある。

このように実に多種の脂質によって脂質膜は構成されている。すなわち，脂質膜成分は多様性に富むことになる。それでも単純化してその構造を見たとき，疎水性と親水性部分をもつ脂質からな

る膜によって囲まれている点はすべての生物細胞で共通している。この，脂質膜という共通の構造に囲まれている点が，第1の共通性質である。

② 複製

生物は，細胞分裂によって細胞を増やす。原核生物細胞は細胞分裂によって1つの細胞が2つに増える。細胞分裂の前には，遺伝情報の複製が行われ1分子の2本鎖DNAから2分子の2本鎖

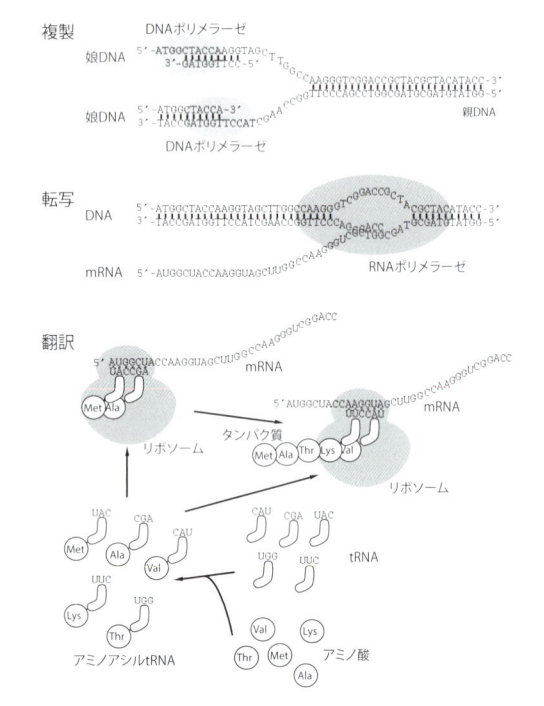

図1-2 遺伝の仕組み。複製：遺伝情報は4種の塩基（A, T, G, C）でDNAに記録されている。2本のDNA鎖が解離して，それぞれにもう1本のDNA鎖がDNAポリメラーゼによって合成される。できた2本の娘DNA鎖は分裂する2つの細胞に分配される。DNAやRNAの構造は図1-5参照。転写：2本のDNA鎖の内の片方と同じ配列がRNAポリメラーゼによって合成されmRNAとなる。DNAのTはRNAではUに置き換わる。翻訳：まず，アミノ酸のアダプターとして機能するtRNAと対応するアミノ酸が結合してアミノアシルtRNAができる。アミノアシルtRNAがリボソーム上のmRNAと対合していく。その際tRNAの末端の配列（アンチコドン）がmRNAのコドンに対合する。リボソームはタンパク質の鎖にアミノ酸を1つずつ結合していく。Met, Ala, Thr, Lys, Valはアミノ酸の種類を表し，それぞれメチオニン，アラニン，トレオニン，リジン，バリンというアミノ酸である。これらのアミノ酸はそれぞれコドンがAUG, GCU, ACC, AAG, GUAの場合に対応する。

DNAが合成される（図1-2）．分裂した2つの細胞には，2本鎖DNAが1分子ずつ分配される．現存する生物の細胞では，細胞が分裂して，遺伝情報が分裂したそれぞれの細胞（娘細胞とよぶ）に引き継がれることが極めて重要な遺伝の仕組みとなっている．

　細胞に含まれるすべての機能はタンパク質（およびRNA分子）によって担われている．タンパク質の機能はすべてアミノ酸の並び順（アミノ酸配列）で決まり，アミノ酸配列は遺伝子の核酸塩基の配列で決まっている．つまり，細胞のすべての機能は遺伝子によって決まっている．その遺伝子を2つの娘細胞が引き継ぐことで，遺伝情報が受け継がれ，遺伝情報によって決まっている細胞の性質も受け継がれる．複製するということが第2の性質である．

③代謝

　生物の特徴の3番目に代謝することを挙げることができる．生命は動的平衡を保っている．細胞の外側から様々な分子を取り込み，反応を行う．取り込んだ分子を利用して，細胞の成分を維持し，成分を増加させ，やがて細胞増殖に用いる．こうした反応は，無数のタンパク質により触媒されている．細胞内で起きる一揃いの反応は代謝と呼ばれている．細胞外部から分子を取り込んで細胞の成分とする代謝反応は同化反応と呼ばれ，細胞で不要となった成分を分解して細胞外に排出する代謝反応は異化反応と呼ばれている．細胞はこうした2種類の代謝反応によって恒常性（動的平衡）を維持している．代謝反応には別の節で説明する自由エネルギーの獲得反応も含まれている．

④進化

　生物は進化する．細胞の遺伝情報はDNAの塩基配列として細胞内に保存されている．保存された遺伝情報をもつ1組のDNA分子から，DNAの複製と呼ばれる反応によってまったく同じ情報をもつ2組のDNA分子が作られる．この2組のDNAが1組ずつ2つの分裂した娘細胞に受け継がれることで，もとの親細胞がもっていた遺伝情報は娘細胞に受け継がれることになる．DNAが複製される仕組みは巧妙で，元のDNAと同じ遺伝情報をもった分子が2組合成されるが，このときある頻度で遺伝情報に変異が入る．これが突然変異である．遺伝情報の変異は場合により，細胞の機能の変異として発現する．変異が起きた遺伝情報を持つ細胞が，元の細胞に比べて生存に不利であれば，その遺伝情報は長い時間の間には淘汰されて失われる．しかし，元の細胞に比べて有利な場合には，長い時間の間に元の遺伝情報にとって代わることになる．こうした現象を繰り返すことにより，細胞は長時間の間に進化していくことになる．

（4）多細胞生物の場合の生命の定義

　さて，これまでの議論では単細胞生物と多細胞生物をあまり区別しないで議論してきた．あるいは，暗黙の裡に単細胞生物を頭に浮かべて議論をしてきた．しかし，最初に触れたウサギの例をとるまでもなく，多細胞生物の場合には，単細胞生物とはかなり異なる性質をもつことにも触れておきたい．

　多細胞生物の場合には，境界は表皮によって形成されている．高等動物の場合の個体は1匹2匹と比較的容易に数えることができる．しかしそれ以外の多細胞生物では境界や個体はそれほど明確でない場合も多い．たとえば海綿動物では連続した構造体（群体）が形成され，個体数として数えることは困難となる．強いて言うと，群体全体がクローン（個体）であるので，クローン数（群体の数）を数える必要がでてくるが表層で囲まれた一塊を1個体と数えることも可能である．同様に，植物も栄養体生殖（地下茎などで繁殖する方法）で群生する場合には，群生した集団が単位となる．いずれの場合にも切り離せば2つの個体となる．つまり，この場合も，表皮に囲まれている一塊の細胞群を1個体と数えれば問題はほとんど起きない．すなわち，多細胞生物の場合にも表皮を境界として考えればよいといえる．

多細胞生物の場合には，個体の死と細胞の死の2段階の死がある．ヒトの場合には脳幹の死によって，個体の生命を自発的に維持できなくなったときが個体の死である．しかし個体が死亡しても，個体を形成している個々の細胞は少なくとも数時間は生き続ける．細胞だけを培養すればさらに長い時間生存させることも可能である．つまり，生も死も，個体と細胞の2段階あることになる．

1-1-3 生命の誕生と初期進化

(1) ミセル構造の形成

今から38億年前の岩石中には生物起源と思われる炭素微粒子が発見されている．したがって，38億年前には生命はすでに誕生していたと思われる（第2章参照）．今から40億年前ごろ生命は地球上で誕生したと信じられている．

生命誕生前の初期地球には有機物が蓄積した．地球上で合成された有機物，および宇宙空間で合成され地球に運び込まれた有機物から生命は誕生したのであろうと推定されている．

生命誕生の第1段階は「境界」の形成である．古くはオパーリンがコアセルベートと名付けた球状構造を実験的に形成させた．これはアラビアゴムなど，生物由来の有機化合物を用いているので，生命の起源がコアセルベートであるという言い方は無理がある．しかし，水溶液中で球状の構造体の形成を実験的に観察した意義は大きい．オパーリンは生命誕生初期に存在していたと推定される球状の構造体をプロトビオントと呼んだ．

その後，アミノ酸の混合物を乾熱重合させて合成した高分子化合物プロティノイドを水に溶かすと，やはり球状の構造体プロティノイド・ミクロスフェア（図1-3）を形成することが原田とフォックスによって報告された．アミノ酸の混合物があれば，溶岩の上でアミノ酸は重合してプロティノイドになる．この重合体を水に懸濁すると，図1-3のような球状構造をとる．

ここでプロティノイドという言葉の意味を説明

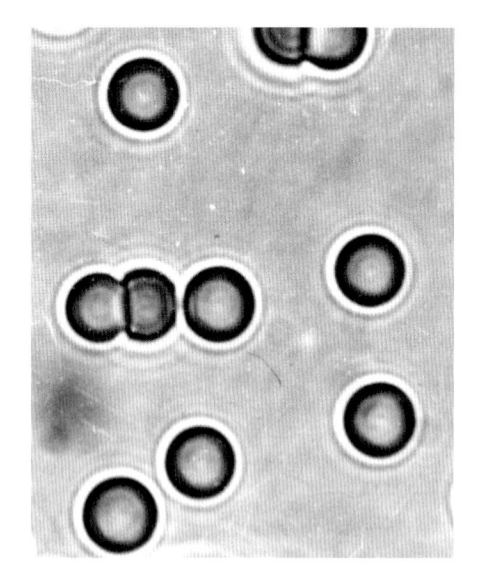

図1-3 プロティノイド・ミクロスフェア（原田薫博士提供）．プロティノイドはアミノ酸の混合粉末を170℃で数時間熱する事で得られる．プロティノイドを水に溶かすと球状の構造，プロティノイド － ミクロスフェアができる．直径は 1.5 ～ 3 μm．

しておく．生物のタンパク質は図1-4に見られるような構造をとっている．タンパク質は，タンパク質分子ごとに決まった構造をとっていることが特徴である．タンパク質の決まった構造をとる仕組みのなかで最も重要な仕組みが疎水性相互作用である．すなわち，タンパク質の構造は疎水性アミノ酸残基が内側，親水性アミノ酸残基が外側に集まることによって形成される．タンパク質はアミノ酸の重合した高分子である．しかしタンパク質が他の高分子と大きく異なる点として，タンパク質分子内部に溶媒（水）がほとんど含まれないことがある．一般の高分子は，分子鎖はランダムに溶液中に分散しており，溶媒中でランダム運動している．一方，タンパク質の鎖は密に折りたたまれており，鎖の間に溶媒分子はほとんど含まれない．プロティノイドは，タンパク質とは異なり，一般の高分子のように鎖は密に折りたたまれていない．そこでタンパク質（プロテイン）に似て異なるもの（ノイド）と命名された．

プロティノイドが雨で流されて，池に貯まればプロティノイド・ミクロスフェアが形成されるこ

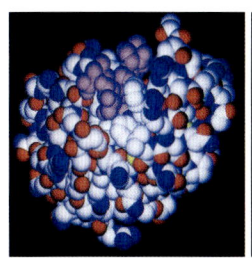

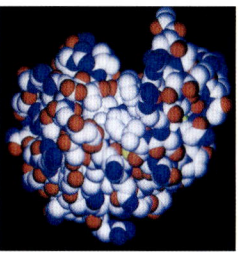

図 1-4 タンパク質（酵素）の一種，リゾチームの分子構造．個々の球は原子を表す．アミノ酸が水溶液中で折りたたまれて自動的に図のような構造になる．右の構造の上の凹み部分に酵素の基質となる分子（紫）がちょうどはまり込んだ状態が左の図．この状態で触媒活性を示す．

とになる．しかも，プロティノイド・ミクロスフェアは弱いながらも，周りの物質を濃縮することができ，またごく弱いながらも触媒活性を示す．この触媒活性が，簡単な化学反応，ひいては原始的な生化学反応（代謝）を促したかもしれない．プロティノイド・ミクロスフェアは，現在にいたるまで魅力的な前生物的ミセル構造（球状の構造体）の候補である．

その他にも前生物段階で球状の構造体を作る物質の候補として，以下のような物がある．熱水噴出孔を模擬した高温高圧でアミノ酸を処理したときに出来る球状の構造体マリグラニュール，隕石に微量に含まれる長鎖炭化水素アルコールや脂肪酸から作られるリポソーム様構造，鉄硫黄成分から出来る小胞構造等である．これらのいくつかのミセル構造のなかで，どれが生命の起源前の細胞の構造となったのかは明らかでない．しかし，生命の起原の第一歩として何らかの球状構造（ミセル構造）が形成されたはずである．

(2) 遺伝の仕組み「RNA ワールド」の誕生

こうした，ミセル構造（球状構造）の中で，遺伝の仕組みが誕生した（図 1-2）．遺伝の仕組みの誕生は，長らく生命の起源に関わるもっとも大きな謎であった．ここでは，まず遺伝の仕組みについて簡単に解説する．遺伝の仕組みの本質は，次世代（娘細胞）に受け継がれる情報が次世代の機能（形質）情報を担っているという点にある．

現在の生物では，遺伝情報は DNA に記録されている．DNA 分子は 1 分子が同じ情報をもつ 2 分子に複製され，2 分子の DNA が 1 分子ずつ 2 つの娘細胞に分配される．DNA の情報は，一旦 RNA に写し取られた後，翻訳という過程でアミノ酸配列の情報となる．翻訳によって合成されるタンパク質は，アミノ酸配列の情報にしたがって特定の構造をとることにより，特定の反応を触媒するようになる．遺伝の仕組みの本質は，情報によって特定の機能が発現する点にある．

しかし，遺伝の仕組みの誕生に関して「卵とニワトリのパラドックス」と呼ばれる問題があった．それは卵とニワトリのどちらが先に誕生したのかという問題に喩えて，「遺伝の情報」が先に誕生したのか「タンパク質の機能」が先に誕生したのかという問題である．あらかじめ「遺伝の情報」がなければ「機能をもつタンパク質」が合成されえない．逆に「機能をもつタンパク質」がなければ「遺伝の情報」の複製も転写も翻訳も起きえない．「卵とニワトリのパラドックス」とはそれらのどちらが先に誕生したのであろうかというパラドックスである．

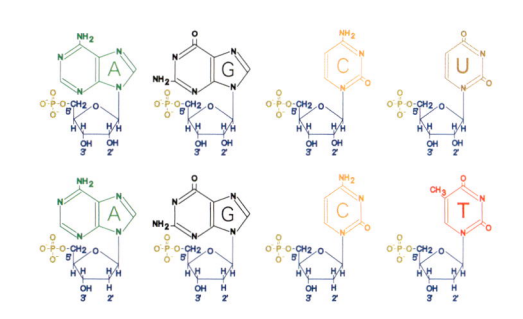

図 1-5 RNA と DNA の分子構造．上段：RNA（リボヌクレオチド）単量体は，左からアデニル酸（AMP），グアニル酸（GMP），シチジル酸（CMP），ウリジル酸（UMP）．下段：DNA（デオキシリボヌクレオチド）単量体は，左からデオキシアデニル酸（dAMP），デオキシグアニル酸（dGMP），デオキシシチジル酸（dCMP），デオキシチミジル酸（dTMP）．RNA では塩基（AGC または U）がリボース（2′ が OH）に結合し，DNA では塩基（AGC または T）がデオキシリボース（2′ が H）に結合している．2′，3′ や 5′ は（デオキシ）リボース内での炭素の番号を表している．RNA の単量体の 2′ OH の酸素が除去されることで DNA 単量体が合成される．

このパラドックスの解決のための大きな一歩となったのが RNA ワールドという仮説である．RNA は DNA と同様な核酸の一種である（図1-5）．RNA は DNA と同じように遺伝情報を保持することができる．RNA が遺伝情報を持つだけでなく，機能，すなわち触媒活性を持つことができるという発見が RNA ワールド仮説の提案につながった．RNA は遺伝情報を持つだけでなく，RNA 分子そのものが触媒活性をもつので，RNA 分子があれば細胞の機能すべて（情報と触媒機能）を担うことができるというのが RNA ワールド仮説である．触媒活性をもつ RNA はリボザイムと呼ばれている．RNA はリボ核酸の略であるが，そのリボをとり，タンパク質触媒である酵素を英語でエンザイムと呼ぶところから，RNA 触媒はリボザイムと名付けられた．つまり RNA が触媒活性をもつ遺伝物質として誕生したという仮説によって，「卵とニワトリのパラドックス」は解決への大きな一歩を踏み出した．

初期の RNA ワールド論者は，RNA が小さい池のなかで，進化増殖するというようなモデルを提案していた．その後，RNA ワールド仮説の提唱者は，何らかのミセル（球状構造）のなかで RNA が RNA 触媒によって複製し，RNA 分子そのものが機能をもち増殖するという「RNA 細胞」を初期生命の姿として描くようになっている．また，鉄硫黄によって熱水地帯に形成される μm サイズの小胞が「細胞」の起源となったと考える研究者も，鉄硫黄小胞のなかで最初に誕生した遺伝の仕組みは RNA を基礎にした遺伝の仕組みであると考えている．すなわち，ミセル（球状構造）を作った分子が何であるかについての研究者間の一致点はないが，球状構造のなかで誕生した遺伝の仕組みは RNA を基礎にした遺伝の仕組みであろうという点に関してはかなり多くの研究者の一致がある．

RNA ワールドでは，RNA が RNA 触媒によって複製される反応により，遺伝情報が娘細胞に受け継がれていく．RNA 触媒のなかに，様々な代謝活動を触媒する分子が誕生すると，その RNA 触媒分子をもつ細胞は優位になる．やがて様々な触媒活性をもつ RNA 分子からなる細胞が進化していった．こうした進化のモデルについては第2章で再度説明する．

(3) 翻訳の仕組みの誕生：RNA-タンパク質ワールド仮説

さて，RNA が一般的に様々な触媒機能を持ちうるという発見に続いて，RNA が翻訳に関与することも再認識されてきた．すなわち，現在でも翻訳の過程では RNA 分子が多数関与している．まず，DNA から写し取られた遺伝情報は mRNA と呼ばれる RNA 分子に一旦記録される（図1-2）．翻訳の過程では tRNA というアダプター分子にアミノ酸が結合している．tRNA も RNA 分子の一種であるが，その RNA 分子はアミノ酸分子を結合することができる．すなわち tRNA はアミノ酸を結合するアダプターとして機能している．特定の tRNA に特定のアミノ酸が結合することが，翻訳過程の最も本質的部分である．mRNA の遺伝情報に従って，遺伝情報に記録さている特定の tRNA が順番に結合することで，特定のアミノ酸が特定の順に並んだタンパク質が合成されていく（図1-2）．アミノ酸を結合させる反応はリボソームという構造体のなかの rRNA という RNA 分子が触媒している．すなわち，これらの RNA 分子が現在もタンパク質の合成を担っている．

RNA ワールド仮説では，最初にミセル構造の中で自己増殖する RNA が誕生し，リボザイムが様々な代謝活動を担うようになった．RNA ワールド仮説の次の段階では，ミセル構造の中で，こうしたアミノ酸の重合を触媒する仕組みができあがったと想像される．合成されたアミノ酸の重合体（タンパク質）は，RNA 触媒よりも高い触媒活性を持つことが可能であり，それまで RNA 触媒の担っていた反応を順にタンパク質で置き換えていった．こうして，RNA が遺伝情報を担い，タンパク質が触媒機能を担うようになった生物の

世界は，RNA-タンパク質ワールドと呼ばれる．

(4) DNAワールドへの移行過程

上述のRNAワールドの形成過程，RNA-タンパク質ワールドへの移行過程の詳細はほとんどわかっていない．同様にRNAワールドから現在DNAワールドに移行した過程も詳細は不明である．しかし，遺伝物質がRNAからDNAにかわった理由はいくつか考えられる．

前節で述べたように，RNAワールドからRNA-タンパク質ワールドに移行し，様々な反応がタンパク質によって担われるようになってきた．タンパク質のアミノ酸配列の自然淘汰によって，タンパク質の触媒としての機能が極限まで高められると，それまで進化を推進する力として作用していた突然変異が徐々に力を失っていった．すなわち，タンパク質触媒活性は極限にまで高められ，それ以上に突然変異が入ってもむしろ活性を下げるように働く場合がほとんどとなっていった．このような状態では，遺伝の情報を正確に保存し，複製して娘細胞に伝えることが重要となってくる．この点で，DNAはRNAに勝る性質を持っている．

DNAはRNAに比べてヒドロキシル基が1つ少ない（図1-5）．このRNAのヒドロキシル基はRNAが触媒作用を示す際に重要な反応性に富むヒドロキシル基である．DNAはこのヒドロキシル基を失うことによって反応性を失ったが，それと引き替えに分子としてより安定になった．

遺伝情報を担う分子がDNAからRNAに変化する過程で，RNAでは塩基に用いられているウラシルがDNAではチミンに置き換えられた．RNA，DNAともに塩基としてシトシンが使われている．シトシン分子はアミノ基が酸化されるとウラシル分子に変換される．つまり，シトシンの酸化反応によって遺伝の情報が変化してしまう．しかし，DNAの場合にはシトシンの分子の酸化でウラシルができても，チミンとは見分けがつく．ウラシルは，シトシンの酸化によって作られた変異であると認識されて取り除かれ，元の遺伝情報にもどすことができるようになっている．こうした，2つのやり方でDNAはRNAより安定に遺伝情報を保持できるようになった．

こうして，遺伝情報をDNAに保存した生物の世界は，DNA-RNA-タンパク質ワールドあるいは単にDNAワールドと呼ばれる（図1-2）．こうして，地球での現在の生命の遺伝の仕組みができあがった．

(5) 生命の起源の仮説

こうした生命の起原のシナリオのどの段階を生命の起源と言えばよいのであろうか？　生命の定義がない，あるいは生命の定義に関する研究者間の認識の一致がない段階では，生命の起源に関する見解も異なっていて当然という事になる．しかし，生命誕生のシナリオで，どう考えても難しい過程は，遺伝の仕組みの誕生過程である．遺伝の仕組み，すなわち何らかの情報を機能に結びつける仕組みが誕生した段階を生命の起源と呼ぶのがよさそうに思う．つまり，自己複製RNAがリポソームに包まれたものが最初の生命，RNA細胞の誕生を生命の起原と呼ぶのがよさそうにおもう．

RNAワールド仮説の誕生によって，生命の起原の謎が解けたかのように思われたが，そう単純ではなかった．まず，RNAが非生物的に合成される過程は依然，不明である．現在最も支持されている過程は，リン酸緩衝液のなかで比較的簡単な有機化合物を前駆体として，核酸（ヌクレオチド）が最終段階で一度に合成されてしまうという核酸合成過程である（図1-6）．これまで，多くの研究者が考えていた過程，つまり核酸塩基と糖が別々に出来てあとで繋がるという核酸形成過程（図1-6緑の経路）に比べると遙かに天然に起こりそうな過程である（図1-6青の経路）．しかし，この図の青の経路に関しても，本当に太古の地球にこのような反応が起きる環境があったか，疑問を投げかける研究者もいる．

最初に遺伝情報を記録し，触媒活性を持ったの

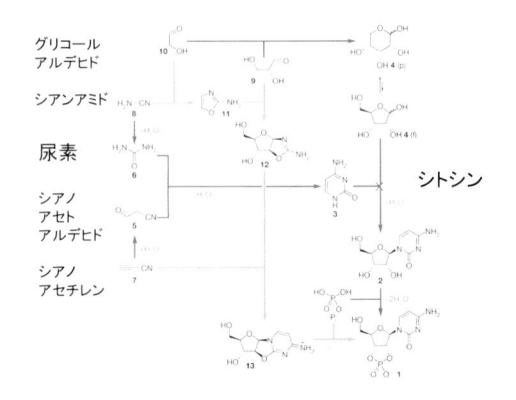

図 1-6 核酸（シチジル酸，右下の化合物 1）の前生物的合成経路．左が原材料となる分子，これまでは青で示した核酸合成回路が想定されていたが，×印（赤）の反応は天然では進行しない．ポウナーらはリン酸緩衝液中で進行する緑の経路を発見した．

は，RNA に似た核酸ではあるが，RNA とも DNA とも異なる核酸類似体だったのではないかという提案もある．しかし，それではその核酸類似体がどのように出来るかというとやはり問題点を抱えている．そういう意味で，遺伝情報と機能が繋がる遺伝の仕組みがどのように誕生したのかは不明である．

また，こうした遺伝の仕組みは何らかの球状構造体（ミセル）の中で誕生したはずであるが，どのような球状構造体であったのかも不明である．候補として提案されている物として，プロティノイド・ミクロスフェア，マリグラニュール，隕石由来脂質膜，鉄硫黄の泡構造がある．これらの点をまとめるなら，最初の生命は何らかのミセル構造の中で誕生した自己複製する RNA 分子，リボザイムである可能性が高い．

1-2　生命の潜在的多様性

1-2-1　水

(1) 水の役割

地球上のすべての生物は水なしに生育することはできない．水は細胞の中で様々な機能を果たしている．水が，生命にとってなぜ必要かという点は必ずしも自明ではない．しかし，以下のように地球上の生命にとって水の重要な性質をいくつか指摘することができる．

①極性溶媒としての機能

水は，分子が分極して極性物質を溶かし込む能力が高い，良い溶媒である．生物を構成する細胞内では，水は高分子や低分子の様々な有機化合物および無機イオンを溶解している．呼吸基質である糖類は，水中で様々な反応を経て水と二酸化炭素に酸化される．その過程でエネルギーの通貨である ATP が合成される．糖類から水と二酸化炭素に至る過程の中間の化合物はほとんどすべて水溶液である．DNA の複製や転写翻訳に至るすべての遺伝に関わる基質もすべて水溶性である．そして，これらの細胞内の多くの反応を触媒する酵素タンパク質は細胞質に溶解している．すなわち，水が極めてよい溶媒であるという点が，地球生命に水が必須である理由の 1 つである．

②高分子化合物の役割と疎水性相互作用

表 1-1 は，細胞を構成する分子を表にしたものである．生物の細胞の 70% は水である．残りの分子の大部分（タンパク質，核酸，炭水化物）は高分子化合物である．高分子化合物のなかでもタンパク質は，アミノ酸が数十個から数百個重合した高分子化合物である．タンパク質の構造はアミノ酸の配列に依存して形成される．図 1-4 のようにタンパク質の構造は一見するとでたらめにみえる．しかし，一見でたらめに見える構造は，遺伝子によってきまるアミノ酸配列で厳密に形成される．すなわち，今アボガドロ数個のあるタンパク質を調べるとそれらのタンパク質分子の構造はす

表 1-1　生命の体の分子組成（大腸菌細胞）

成分（%）	大腸菌
水	70
タンパク質	15
核酸	7
脂質	3
炭水化物	4
無機質	1

べて図のような構造をもっている．そういう意味で，一見でたらめに見える構造であるが厳密に分子の形がきまっていることがわかる．

タンパク質の構造をみると図 1-4 のように，分子にへこみがあることに気が付く．このタンパク質（リゾチームという名前がついている）はこのへこみに基質（反応の対象物を基質と呼ぶ）であるペプチドグリカン（紫の分子）を結合して分解する．すなわち，この構造によって触媒活性が発揮される．タンパク質の機能は，構造によって担われている．アミノ酸が重合してできた高分子をタンパク質と呼ぶが，その中で触媒活性をもつものを酵素あるいは酵素タンパク質と呼ぶ．

そして，タンパク質の構造が形成される際に最も重要な因子が「疎水性相互作用」である．すなわち，タンパク質を構成するアミノ酸の内で疎水性の高いアミノ酸はタンパク質の内側に，親水性の高いアミノ酸はタンパク質の外側に移動することによってタンパク質の構造が形成される．細胞内で様々な触媒機能を担っているタンパク質の構造は，疎水性相互作用によって維持されている．このように生命に対する水の寄与の 1 つとして，機能性高分子であるタンパク質の構造を疎水性相互作用と親水性相互作用によって形成するということがある．

③膜構造を形成するための極性溶媒

第 3 番目に水が極性溶媒であることから，細胞を外界から区切る膜構造が両親媒性の脂質によって形成されているという点がある．生命の定義の項（1-1-2 項）で議論されたように，生命を構成する最小単位である細胞は，膜によって囲まれている（図 1-1）．膜は両親媒性分子の親水基を膜の外側に向けて 2 分子の疎水基を水から遠ざける形で膜を形成している．すなわち，膜構造も水に対する疎水性相互作用によって形成されている．

④様々な生体反応に水あるいはヒドロキシイオンや水素イオンが関与している．

多くの高分子は，脱水縮合した構造を持っている．したがって，その分解の際には加水分解によって分解される．つまり，加水分解や脱水縮合では水分子の出入りが起きる．さらにこれらの反応時には，ヒドロキシイオンや水素イオンが反応に関与している．その他の化学反応でも，ヒドロキシイオンや水素イオンなど水の成分の関与する反応が数多く見られる．水分子が様々な生体反応に関与している．

⑤光合成反応への関与

光合成を行う生物として植物やシアノバクテリアがよく知られている．しかし，現存するさらに原始的な光合成生物として光合成細菌がいる．光合成細菌は光のエネルギーを用いて二酸化炭素を固定し，有機物を合成することができる．

植物とシアノバクテリアが行っている光合成反応では，水を分解して水素を獲得し，この水素を二酸化炭素の還元に用いている．光合成細菌の行う原始的な光合成では，用いることのできる光エネルギーが少ないために，水を分解することができない．そこで，水素の供給源としては硫化水素，水素，低分子の有機化合物等が使われている（有機化合物を使うのに，光合成というのは少し妙に聞こえるかもしれないが，光合成の本質は光エネルギーを利用して有機化合物の中に自由エネルギーを固定することにある．水素源として有機化合物を用いた場合でも，光合成産物に光エネルギーが蓄積するので光合成と呼ぶ）．シアノバクテリアや植物が二酸化炭素を還元するために水由来の水素を用いることができるようになった結果，地球上での光合成の規模が大幅に増加することになった．すなわち，大量に存在する水素供与体としての水の存在が光合成生物の繁栄には必要であった．

⑥温度安定化効果

水の物理化学的特徴としてよく指摘される内容として，比熱，融解熱および蒸発熱が大きいために，液体の状態を保つ条件が広くなるという点がある．また，これらの性質が水の水素結合に由来していることも，化学の教科書の教えるところで

ある．これらが，地球規模で機能して，地球史の大部分の時期に全球凍結と熱暴走のあいだにとどまったことは生命が絶滅しなかった理由として重要であった．この点に関してはハビタビリティの節で詳しく説明する．

⑦宇宙にあまねく存在する

　宇宙の中での元素存在比を考えるならば，水は最もありふれた分子であることを忘れるわけにはいかない．宇宙でもっとも多量に存在する元素は水素であるが，水素分子は極低温，超高圧化でなければ液体とならない．また，ケイ酸やケイ酸塩は1000℃以上の高温でなければ液体とならない．これらの液体が生命を育む液体とならないと言下に否定はできない．しかし，水は宇宙で最も豊富に存在する液体であるといえる．

(2) 水以外の溶媒

　この宇宙には生命がある．少なくとも，この「水の惑星」地球には生命がある．このたった一例により「この宇宙は生命をもつ宇宙なのだ」ということができる．では，なぜこの宇宙に生命が存在するのか．古典的な人間原理あるいは現代的な生命原理からすれば，「この宇宙は生命が存在するべく成り立った宇宙だから」という，何やら禅問答のような答えになる．すなわち，生命がなぜ存在するかということに人類はまだ回答を持っていない．

　この禅問答に対して，ここでは前の(1)の議論を発展させて，水がどのような分子であるかという観点からの解説すると，われわれの宇宙とは「水が豊富に存在するような宇宙」であり，かつ「水が奇妙な振る舞いをするような宇宙」であるということになる．

　まず，「水が豊富に存在するような宇宙である」という点から説明する．宇宙誕生後やがて原子が出来上がったが，宇宙誕生初期3億年間，星はなかった．恒星が誕生してから135億年間，恒星で進行する核融合反応によって，恒星は「元素の工房」として多種多様な元素を生み出した．したがって，各元素の存在度は宇宙の年齢に応じて異なる．

　138億歳になった現在の宇宙の元素組成を見ると，水素Hがもっとも多く，ヘリウムHeと酸素O，そして炭素Cが続いている．ヘリウムは光学的にも化学的にも不活性なので，「われわれが知っている生命」(life as we know it) についてはヘリウムを考えなくてよい．すると，水素と酸素がわれわれが知っている生命に関わる最多の二元素ということになる．その結果，水素Hと酸素Oでできている分子，すなわち水H_2Oが宇宙で最も多い分子の1つとなっている．実際，この宇宙に存在する分子で水よりも多いのは水素分子H_2だけである（一酸化炭素COが水に匹敵するかもしれないが）．

　このように，この宇宙では，水はごくありふれた物質（分子）である．しかし，水は，この宇宙でもっとも奇妙な物質でもある．先の禅問答への2つめの答え「水が奇妙な振る舞いをするような宇宙」へ話を進める．奇妙な振る舞いの代表例として，ここでは「水は何でも溶かす」という性質を取り上げ，前節で説明した「良い溶媒」であるという点について説明する．

　液体の水は，とても多くの種類の物質を溶かす溶媒である．水と岩石が接触すれば，岩石中の鉱物の元素が水に溶け出す．溶けるといっても，易溶性から難溶性まで物質ごとの溶解度の幅は大きく異なる．たとえ難溶性でゆっくりしか溶けないとしても，地質学的な時間で考えると，岩石といえども水に溶けると考えることもできる．

　岩石をつくる鉱物が水と接触する際，酸性・アルカリ性によって溶解度は変わり，酸化的（有酸素的，好気的）あるいは還元的（無酸素的，嫌気的）という条件によっても溶出する元素の種類が違ってくる．地球上には変化に富んだ環境があり，多種多様な鉱物から様々な元素が溶け出してくる．水ほど多くの元素を溶かし，また，溶けた物質同士が作用して新たな物質をつくるような「反応場」となる液体（溶媒）は他にない．

水の特性の背景には，水の分子構造，すなわち分子内極性がある．これがさらに水分子同士の間で水素結合をつくり，さらに奇妙な現象を引き起こす．その一例は「氷が水に浮く」ことである．

氷が水に浮くのは当たり前のように思える．H_2O は液体より固体の方が密度が小さい，あるいは，H_2O は凝固すると（液体から固体になると）体積が大きくなるということである．実際，水が氷ると，体積は約 1 割増しになる．ところが，「氷は水に浮く」という当たり前のことが，この宇宙ではとても奇妙な現象なのである．水のように「固体が液体に浮く」あるいは「凝固すると膨張する」という性質はふつうの物質にはない．逆にいうと，水が異常なのである．したがって，水は「異常液体」といわれることがある．

さてもし，水が異常液体でなく，ごくありふれた性質を示したら，どうなるだろうか．もし，氷が水に浮かばずに沈んだら，という思考実験をしてみよう．たとえば，真冬の池が氷点下の気温で凍ると，表面にできた氷は池底に沈む．表面には液体の水が露出したままで，それもやがて凍って氷となり沈む．その繰り返しで池底に氷が降り積もり，ついには池全体が凍ることになる．これでは，池の中の生物に生存の見込みはほとんどない．

もし，これが池ではなく地球全体で起きたらどうなるだろうか．いわゆる全地球凍結「スノーボールアース」（snowball Earth）で，今から 6 億〜8 億年前，先カンブリア紀の末に起きた地球史の一大事件だ．このとき，北極・南極から赤道まで陸上も海洋も，地球全体が氷に覆われたと考えられている．その時期，先カンブリア紀末にはエディアカラ生物群という，おそらく地球最初の多細胞生物が出現した．また，この 1 億年後に「カンブリア爆発」という，現生動物のほとんどの分類群（脊椎動物門など「門」という大きな分類群）が出揃った．こうした生物界の大事件は全地球凍結が生物進化を刺激したせいだという説も提唱されている（スノーボールアースについては，2-2-2 項で詳説する）．しかし，水が異常液体であるおかげで，氷は浮かんで表面を覆い，氷の下の液体の中で，生物は生存し進化することができた．もし水が異常液体でなく全地球凍結したら，海は表面から海底まで全部凍りつき，生物の進化も生存もなかったかもしれない．

さて次に，水以外の液体を太陽系内に探し，そこでの生命の可能性を検討する．土星の衛星タイタンは厚い大気（約 1.5 気圧）および地表に液体を有することが知られている地球以外で唯一の太陽系内天体である．タイタンの北極・南極域には液体のメタン・エタンでできた湖が分布している．さらに，タイタンの地下には内部湖があると考えられている．木星系の氷衛星に想定されている内部海は主に液体の水であるのに対し，タイタンの内部海はアンモニア水であると考えられている．アンモニア水は，われわれが知っている地球生物には毒物であるが，水と同じように極性を有するので，広い意味での生命を考えた場合，アンモニア水のなかで活動できる生命があるかもしれない．すなわち「代わりの生化学」（alternative biochemistry）を持つ生命がそこに存在しているかもしれない．

タイタンの地表のメタン CH_4 やエタン C_2H_6 の湖は「地表に液体のある天体」という意味では宇宙生物学的に非常に興味深い．しかし残念ながら，メタンもエタンも異常液体ではない．もし，タイタンのメタン・エタン湖が凍りつくようなことがあったら，そこにタイタン生物がいるとしても絶滅してしまう可能性がある．

タイタン地表の−179℃という低温では，水も他の極性液体も凍ってしまう．ところが，メタンとエタンの 1 気圧における融点〜沸点は，すなわちそれぞれ−182℃〜−161℃および−183℃〜−88℃なので，タイタンの地表ではメタンとエタンは液体として存在できる（タイタンの 1.5 気圧の大気下では融点・沸点ともに若干高くなるが，それでも液体として存在できる範囲にある）．特にエタンは液体でいられる温度帯が広い．

ただ問題は極性である．メタンもエタンも極性

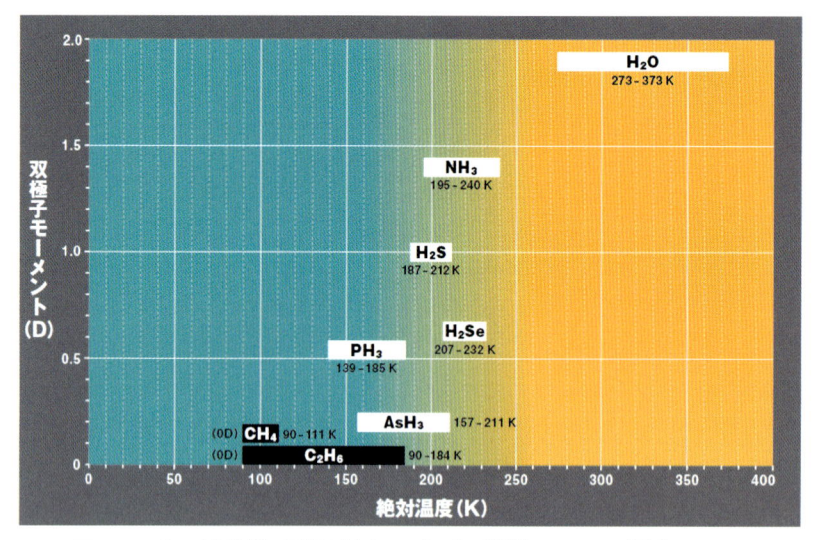

図 1-7 いろいろな溶媒の電気双極子モーメント（縦軸）とそれらが液体でいられる温度帯（横軸，1気圧）．タイタンの地表温度と地球の基本範囲も示してある．

がない，無極性の分子である．液体の極性の指標として電気双極子モーメント（あるいは単に双極子モーメント）が使われる．水の電気双極子モーメントは約 1.94 デバイ，メタンとエタンは 0 デバイである（図 1-7）．

われわれが知っている生命にとって，水の高い極性が重要な役割を果たしている．ならば，無極性のメタンやエタンでは，われわれが知っている生命およびそれに類した生命には不向きであろう．もし，メタン・エタン湖に生命が存在するとしたら，それこそ「われわれの知らない生命」life as we don't know it であり，まさに「代わりの生化学」が営まれているはずである．

われわれの知らない生命を考えるのは大変難しいが，われわれが知っている生命を見直すための視座を得る好機ともなりうる．1つの例として，細胞膜を考えてみる．細胞膜は一義的には細胞の内外を分ける仕切りである．しかし，それは単なる隔膜であるにとどまらず，物質の受動的あるいは能動的輸送に関与するほか，環境シグナルあるいは生体シグナルの受容や情報伝達にも関与するなど，高度に生物学的な機能も有している．

それでもやはり細胞膜の本質的な機能は細胞の内外の仕切りである．地球生命は水との関係の中で生まれ，細胞ないし個体の大部分は水でできている，いわば watery life（みずみずしい生命）である．これを客観的に眺めると，「環境水の中の細胞水」と見ることができる．つまり，water-in-water であり，2つの水の間に仕切りが必要となり，脂質二重膜の細胞膜がその役割を果たしていることが理解できる．

然るにメタンやエタンは脂肪族炭化水素，つまり油の系統であり，タイタンのメタン・エタン湖は「油の湖」と考えてよい．そこに生命が存在するとして，それは watery life だろうか oily life（油っぽい生命）だろうか．生命活動に必要な反応場という意味で，細胞外はさておき，細胞内は watery のほうが好適だろう．すると，ここの生命は water-in-oil という構図になる．水と油は混ざらないので，特別に仕切りをつくる必要はない．つまり，細胞膜が必ずしも要るわけでない．細胞膜のない生命を想定してもよいかもしれないのだ．

われわれが知っている生命の細胞膜は単なる仕切りではなく，高度な機能を有している．もし，そのような細胞膜がタイタン生命にも必要だとしたら，それは脂質一重膜かもしれない．一重膜とは，脂質の疎水部が油側（細胞の外側）に向き，

親水部が水側（細胞の内側）に配向して並んだ状態である．もともと脂質二重膜はwater-in-waterにおいて膜の両側に疎水部を向けるべく二重膜になったと考えれば，water-in-oilなら一重膜でよく，一重膜にも二重膜並みの機能を十分に想定できる．

ここで問題になるのはむしろ細胞内の「水のような極性液体」である．この低温では水は固体なので，水以外の液体を考える必要がある．－179℃という低温でも液体でいられる極性分子は現実的でない．しかし，これよりやや高い温度帯なら液体でいられる極性分子がある．その候補を，タイタンの地表の還元的な雰囲気において安定に存在しうる水素化物のうちに探すとしたら，それは電気双極子モーメントが0.58デバイのホスファン（PH_3）になるだろう（われわれが知っている生命にホスファンは有毒であるが，タイタンの生命にはそうでないことを期待する）．

ホスファンの1気圧における融点〜沸点は－134℃〜－88℃であり（1.5気圧だとやや高くなる），エタンが液体でいられる温度帯の範囲にほぼ入っている（図1-7）．そして，液体エタンに対する液体ホスファンの溶解度はモル比で約3％にもなるという見積りがある（液体メタンに対する溶解度はその半分くらい）．

液体のメタンとエタンの密度はそれぞれ〜$0.45\,\mathrm{g\,cm^{-3}}$，〜$0.55\,\mathrm{g\,cm^{-3}}$とエタンのほうが重いので，湖の底にはエタンが溜まりやすいと考えられる．湖底からの地熱作用でエタンの温度が上がり，液体ホスファンの温度帯にまで昇温したら，液体エタン中にホスファン滴ができるかもしれない．これは非極性液体中の極性液体，すなわち油中の水滴のような状況であり，水滴に相当するホスファン滴が「生命活動の反応場」としてはたらくことが期待できる．

ホスファンは，タイタンの大気には検出されていないが，土星や木星の大気に検出されているので，タイタンの原料物質としてタイタンの地殻内や地表湖に存在する可能性は残されている．また，

ホスファンにメチル基が1つから3つ付加したメチルホスファン類の電気双極子モーメントは1.1〜1.2デバイとさらに極性が高くなり，無極性の液体メタンにおける「生命活動の反応場」としてさらに期待できる．

この項で言及したアンモニア，メタン・エタン，ホスファン以外にも水以外の溶媒になりうる物質はいくつか提唱されている．しかし，上述の物質に比べて存在量や存在条件などの点からいまのところ現実味に欠けるので，ここでは取り上げない．いずれにせよ，水以外の溶媒で営まれる生命活動はわれわれが知っている生命のそれとは異なるものであろう．ここでもやはり「代わりの生化学」が必要となるのである．

1-2-2　酸化還元状態

われわれが知っている生命の唯一の例，すなわち地球生命の体は炭素Cベースである．地球型の岩石惑星の地殻には炭素よりむしろ同じIV族元素（第14族元素）のケイ素Siのほうが豊富に存在する．同じIV族元素の化合物であっても，炭素化合物は複雑で多種多様な構造をとることができるのに対し，ケイ素化合物は安定な形が少ないので単純な構造しかとりえない．また，ケイ素化合物のほとんどは水に溶けないか溶けにくい．したがって，ケイ素は生命体の素材として不向きであり，ケイ素生物はあまり積極的に想定されない．ここでもケイ素ベースの生命体を考えず，炭素生物を前提として論を進めることにする．

われわれが知っている生命は，それを駆動させるエネルギー（1-2-3項「自由エネルギー」参照）という観点で眺めると，「光エネルギーと化学エネルギーで駆動する生命」であり，電子の授受，すなわち酸化還元反応で駆動すると換言してもよい．このことは「われわれがまだ知らない生命」でも大同小異であろう．なぜならば，この宇宙の存在する4つの力（強い力，弱い力，電磁気力，重力）のうち，生命活動に直接的に関与するのは

おそらく電磁気力だけであり，それは光化学反応と酸化還元反応により現出するからである．

他の3つの力は，われわれが知っている生命ではもちろんのこと，われわれがまだ知らない生命にも直接的には関与しないだろう．強い力と弱い力は原子核内で作用するものであるし，重力は地球科学および天文学的な空間の大きさにおいてこそ効果が顕現するものである．いずれも生命体の大きさ（およそ $10^{-6} \sim 10^2$ m）では，生命の駆動力として有効ではない．

電磁気力が発揮される酸化還元の反応場において，炭素ベースの生命体は，炭素化合物の過渡的あるいは準安定的 meta-stable な状態であるということができる．

生物が死んで体が分解するとき，地球表層のように酸化的（好気的）な環境では酸化物，たとえば二酸化炭素 CO_2 になって安定する．あるいは，還元的（嫌気的）な条件では水素化物，具体的には炭素原子1個の C_1 水素化物（メタン CH_4）から C_2，C_3，……と連なる炭化水素になって安定する．したがって，炭素ベースの生命体を，有機物の代表として一般化した炭水化物 $C(H_2O)_n$ として表せば，CO_2 と CH_4 の間にある準安定的な状態として位置づけられるのである．

(1) 準安定な生命体の維持——生命の渦

準安定な状態のものは，条件次第でいつでもより安定な状態へ移行する．還元的な環境にあっては準安定な有機物はメタン CH_4 などの炭化水素になって安定するように変質する（図1-8の実線矢印1）．あるいは，現在の地球表層は酸化的なので二酸化炭素 CO_2 になって安定しがちである（図1-8の破線矢印2）．それでも地球の約40億年の生命史において有機物が存在しつづけてきたのは，有機物が新生および再生されつづけてきたからである．

有機物の新生は，光合成における「暗反応」すなわち CO_2 への水素添加である（図1-8の実線矢印3；後述）．また，ここでは詳しく述べないが，

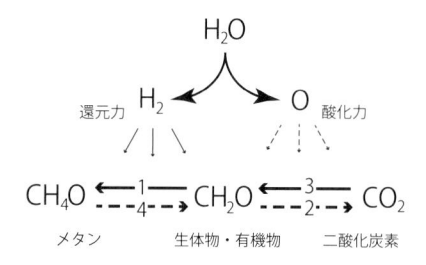

図1-8 準安定な炭素化合物として模式化した生物体の動的平衡（矢印の説明は 1-2-2 項（1）を参照）

光を用いずに同様な有機物新生を行う「化学合成独立栄養」という生活様式もある．一方，有機物の再生には CH_4 など単純な炭化水素同士や CHO 化合物との重合反応を当てはめることができる（図1-8の破線矢印4）．

こうしてみると，生命体ないし有機物という準安定な存在は，CO_2 と CH_4 の間を行きつ戻りつ揺れ動く全体システムの一部として維持されることがわかる．逆にいうと，全体システムの矢印の動きが止まらないかぎり存在できる，いわゆる「非平衡定常状態」あるいは動的平衡であることが理解できる．

このことは「渦」を例にすると考えやすい．水の流れが渦巻くとき，渦をつくる水分子は刻一刻と入れ替わるのに，渦という構造自体は定常的に——水分子の出入りの時間（滞留時間，回転時間）に比べて十分に長い間——存在しうる．生命体も渦巻きのアナロジーで考えることができる．すなわち，生命体をつくる分子や原子は出入りするが，生命体という構造は物質の回転時間に比べて十分に長い間存続する．ここに「生命の渦」というアイデアが生まれる．

生命の渦が回っているかぎり物質構造としての生命体は維持される．この渦を回す駆動力は図1-8の4つの矢印のうち，生命体から離れる矢印（準安定から安定に向かう自然の流れ——エントロピー増大の流れ）でなく，生命体に向かう矢印（安定から準安定に向かう逆流）である．それはすなわち還元力と酸化力の連続した供給である．

(2) 宇宙における還元力の源

酸化と還元は「電子の授受」の両面である．AからBへ電子が移動したら（A-e⁻ → B），Aが酸化されてBは還元されたことになる．その逆にBからAへ電子が移動したら（B-e⁻ → A），Bが酸化されてAは還元されたことになる．

電子が入って来ることが還元である．では，その電子はどこから来るのか，つまり，電子の供給源としての「電子供与体」は何であるのか．それはまた還元力の源，あるいは還元剤とよんでもよい．

一般には水素原子（H → H⁺ + e⁻）や水素分子（H_2 → 2H⁺ + 2e⁻）が還元剤の代表として考えられている．いわゆる「水素添加」と還元がほぼ同義と認識されている所以である．一方，水素イオン（H⁺，陽子（プロトン））は相手から電子を奪うので「電子受容体」すなわち酸化剤としての性質がある．

宇宙空間に漂う星間物質は星間ガスと星間塵からなる．星間ガスはおもに H_2，H，H⁺ からなる．絶対温度で数十Kほどの低温分子雲では H_2 が多く，それより上の中温帯，いわゆる「生物学的な温度帯」ではHが多くなり，さらに高温の領域になるとH⁺が優占する．つまり，アストロバイオロジーに関わる宇宙空間の領域は H_2 やHに富んでいて還元的だといえる．

(3) 宇宙における酸化力の源

宇宙では H_2 やHが代表的な還元剤であるなら，宇宙で代表的な酸化剤は何だろう．原子が電子を引きよせる強さの指標として「電気陰性度」がある．一般に，電気陰性度は「周期表の左下に位置する元素ほど小さく，右上ほど大きくなる」といわれる．実際にはフッ素Fの電気陰性度が最大である．

単体のフッ素Fはふつう二原子分子 F_2 として存在する．これは非常に反応性が強く，水でさえ '燃える'（$H_2O + F_2 → 2HF + (1/2)O_2$）．有機物とも爆発的に反応するので，アストロバイオロジーの範囲外にあると考えてよい．

フッ素の次に電気陰性度が大きい原子は酸素Oである．この単体も標準状態では二原子分子 O_2（酸素分子）として存在する．これがアストロバイオロジーの範囲内では最も強い酸化剤と考えてよい．そして，以下に示すように O_2 は最も多く存在する酸化剤である．

宇宙の元素存在度（実際には太陽の元素存在度）においてOはH，ヘリウムHeに次いで3番目に多い．分子雲においても一酸化炭素COの状態で多く存在する（炭素Cの宇宙存在度は4番目，酸素Oの約半分程度である）．

地球地殻における元素存在度ではOが1位である．ただし，Oは電気陰性度が大きい，すなわち酸化力が強いので，地殻中ではほとんど酸化物の形で存在する．

他の地球型惑星（岩石惑星）も地球と同じように岩石質・金属質からなる微惑星の集積によって形成されたと考えられているので，核・マントル・地殻に分化した構造とそれぞれの元素存在度に顕著な差異はないと推定できる．ただし，惑星の密度の相違（表1-2）を反映した差異はあり，太陽に近いほど密度（未圧縮密度）が高くなる，すなわち '重い' 元素が濃縮している傾向が認められる．

大気については，地球大気では不活性ガスである窒素分子 N_2 が約78％，次いで O_2 が約21％を占める．他の地球型惑星においても，Oは O_2 や CO_2 の形で大気の主成分に含まれている（表1-2）．後述するように CO_2 を酸化剤として用いる微生物がいる．したがって，地球型惑星の大気は O_2 や CO_2 などの酸化剤が相対的に多いといえる．これは木星や土星が H_2 を主成分とした還元的大気をもつことと対照的である．

(4) 酸素の供給源

現在の地球表層は O_2 に富んでいて酸化的である．火星や金星の表層も酸化的であるが，O_2 より CO_2 のほうが多いところが地球表層と異なる．

表 1-2　太陽系における地球型惑星の密度と大気（NASA Planetary Fact Sheets, http://nssdc.gsfc.nasa.gov/planetaryfactsheet）

	太陽からの距離 AU	密度 g・cm^{-3} 平均	大気 地表での気圧	大気 主成分
水星	0.39	5.4	10^{-15}	O_2 42%, Na 29%, H_2 22%, He 6% 他 **
金星	0.72	5.2	92	CO_2 96.5%, N_2 3.5% 他
地球	1	5.5	1	N_2 78%, O_2 21% 他
火星	1.5	3.9	0.004〜0.009	CO_2 95.3%, N_2 2.7%, Ar 1.6%

宇宙全体を見渡すと H_2 や H が優占する還元的な環境が主流であり，O_2 に富んだ環境はもしかするとオアシスのような存在かもしれない．

原始地球も約 24 億年前の「大酸化事変」までは嫌気的・還元的で O_2 に乏しかった．現在の地球では「深部地下生物圏」が嫌気的・還元的で O_2 に乏しいので，ここにおける酸化剤の種類と供給経路をアストロバイオロジーのモデルとして考えることができる．

深部地下生物圏では O_2 に代わる酸化剤として，硝酸イオン，硫酸イオン，三価鉄，二酸化炭素など様々な無機物が微生物に用いられている．それらは硝酸塩呼吸（硝酸還元・脱窒），硫酸塩呼吸（硫酸還元），鉄呼吸（鉄還元），二酸化炭素呼吸（メタン生成）などと呼ばれる「嫌気呼吸」における酸化剤（最終電子受容体）として使われている．さらにフマル酸という有機物を酸化剤として用いる嫌気呼吸（フマル酸呼吸）もある．

これら多様な嫌気呼吸の酸化剤は，地下生物圏にどのように供給されているのか．以下に H_2O の分解を起点とした酸化力（および還元力）の供給経路として 3 例について説明する．

1 つめは「水－岩石相互作用」である．この反応では H_2O によって岩石中の二価鉄 Fe(II)（FeO など）が三価鉄 Fe(III)（Fe_2O_3 など）に酸化される．この Fe(III) が酸化剤として微生物に用いられることになる．

たとえば，マントルを構成するカンラン岩によるこの反応は「蛇紋岩化作用」と呼ばれている．これは酸化剤 Fe(III) の供給源であるとともに，H_2O 分解の結果として生じる還元剤 H_2 の供給源としても重要である．

2 つめは，地殻中の放射性物質の壊変にともなう H_2O の放射線分解（radiolysis）である．たとえば，現在の地殻カリウムの約 0.01% は放射性カリウム ^{40}K であり，その崩壊で生じた β 線などにより H_2O が分解して酸素が様々な形で遊離すると考えられている．

^{40}K の半減期は約 13 億年なので 39 億年前には現在の 8 倍ほどの量が存在していたはずである（$2^{39/13} = 2^3 = 8$ と計算される）．かつては大量に存在した ^{40}K 由来の放射線によってどれだけの酸素が生じたかは不明だが，嫌気的・還元的な地下生物圏にあって貴重な酸化剤の供給源であることは間違いない．

3 つめに，地震による断層破砕に伴い H_2O が機械的に分解して H_2 と酸素が発生することが挙げられる．このことは以前から話題に上っていたが，断層破砕帯における岩石同士の摩擦により水分子が機械的に壊されて水素発生することが実験で確かめられた（Hirose et al., 2011）．

つまり，カンラン岩でなくどんな岩石でも断層破砕のような強い摩擦によって H_2O が壊れて H_2 と酸素が発生することを意味し，それらの発生源が地下に広く存在することを示唆している．

深部地下ではなく天体表層においては光化学反応による H_2O の分解もある．これらの過程などによる H_2O の分解は，酸化剤（酸素）の発生源であるとともに，還元剤（水素）の発生源でもある．しかし，嫌気的・還元的な深部地下生物圏においては H_2 発生よりも，むしろ酸素発生のほうにエネルギー論的な意義があろう．さらに，地球以外の天体にも想定しうる酸素発生過程として，アストロバイオロジーにとって重要な意義もあ

る.

(5) 酸素発生型光合成

地球生命史における初期の光合成は酸素非発生型であったが，いまから35億年前にシアノバクテリアが酸素発生型の光合成を開始したと考えられている．これにより原始地球の表層，すなわち海洋や大気に O_2 が蓄積するようになった．太陽系では地球にのみみられる O_2 発生過程である．酸素非発生型と酸素発生型の光合成の違いは「明反応」とも呼ばれる光化学系にある．明反応では光エネルギーを用いて水素化物を分解し，還元力としての水素と電子が取りだされる．このとき，水素化物に硫化水素 H_2S を用いるとイオウ S が取り残されるが，O_2 は発生しない．

一方，水素化物に H_2O を使うと O_2 が発生するので酸素発生型の光合成（明反応）になる．H_2O は宇宙に豊富に存在するので，この酸素発生型の明反応は宇宙に普遍的であると考えられる．

ここで酸素発生型の明反応を概観してみよう．まず，太陽光により光化学系 II の光反応中心クロロフィル P680 が励起されて P680* になり（* は高エネルギー準位であることを示す），ここから光励起電子がいくつかの分子を経て光化学系 I にわたされる．

ここで，電子を失った P680* は生物界で最強級の酸化剤 P680$^+$ になる．ここで P680$^+$ に電子を与えて当初の P680 を再生するのだが，この電子を獲得するために光化学反応で H_2O を分解して水素と電子（と O_2）を生じるのが明反応なのである．

P680$^+$ から P680 を再生させるための還元力が H_2O の光分解から生じるとともに，強力な酸化剤 O_2 も発生する．これはつまり P680$^+$ の酸化力が O_2 へ転移したということである．また，光合成で O_2 が放出されるのは不要な酸化力の廃棄ということでもある．こうして廃棄された O_2 が地球表層に蓄積し，約24億年前の「大酸化事変」

を経て，現在の地球大気に至っている．

さて，光合成の明反応では，強力な酸化剤 O_2 が発生する一方で，最終的な還元剤も発生する．すなわち，光合成の「暗反応」という一連の反応を経て無機物の CO_2 に水素添加してできた有機物を還元剤と考えることができる．

暗反応における電子伝達をみてみよう．前述の光化学系 II から光化学系 I にわたされた電子は，いくつかの分子を経て電子伝達体 NADP（ニコチンアミドアデニンジヌクレオチドリン酸）にわたり，その還元型である NADPH をつくる．ちなみに，地球の全生物が使っている「生体エネルギー通貨」と呼ばれる ATP（アデノシン三リン酸，1-2-3項（1）参照）もこのときにつくられるが，ATP 生産については後述する．

NADPH は，光合成の暗反応において CO_2 に水素添加するときの，すなわち CO_2 を還元してブドウ糖 $(CH_2O)_6$ やデンプンなど一連の有機物をつくるときの還元剤である．こうして生産される有機物である糖が総称的に $(CH_2O)_n$ と略記されうることを知れば，有機物が還元力の貯蔵庫としてはたらくことも理解できる．

結局，光合成とは光エネルギーで H_2O を分解し，還元力の貯蔵庫たる有機物 $(CH_2O)_n$ と強力な酸化剤たる O_2 に分離するような光化学反応であるということができる．

(6) 発酵と呼吸

酸素発生型の光合成と呼吸（酸素呼吸，好気呼吸）は一対の鏡像のような関係にある．もっとも単純化した反応式を並べると，そのことがよくわかる．しばしば"呼吸は酸化反応である"というが，正しくは"呼吸は酸化還元反応"である．有機物という還元力の貯蔵庫を O_2 で酸化すれば酸素呼吸（好気呼吸），O_2 以外の酸化剤で酸化すれば嫌気呼吸という．しかし，O_2 が最も強い酸化剤なので，好気呼吸のほうが嫌気呼吸より多くのエネルギーを獲得できる，すなわち，より多くの ATP を生産できることになる．

地球表層では光合成でもATPをつくれるが，太陽光が届かない深部地下生物圏では光合成ができず，発酵と呼吸（特に嫌気呼吸）が重要なエネルギー生産過程，すなわちATP生産過程となっている．

発酵でも呼吸でも，有機物に貯蔵された高エネルギー準位の電子が少しずつ低エネルギー準位に移動しつつATPが生産される．比喩的には貯水ダムからの落水で水力発電するように，高エネルギー準位の電子の貯蔵ダムのような有機物から電子が落下してATPを生産するようなものである．生物界でもっとも普遍的なATP生産過程は「解糖系」である．これはブドウ糖に高エネルギーのリン酸結合をつけて活性化することから始まる．逆説的だが，この最初の反応ではいったんATPを消費する．しかし，これで活性化したブドウ糖を段階的に酸化分解しながらATPを生産していくと，最終的なATPの生産量は最初の消費量より多くなるので，結果的に差益が得られる．

解糖系では，ブドウ糖$C_6H_{12}O_6$の酸化分解から2倍モルのピルビン酸$C_3H_4O_3$が生じる．ここで用いる酸化剤は先述の$NADP^+$に類似するNAD^+（ニコチンアミドアデニンジヌクレオチド）であり，これ自身は還元されてNADH（還元型NAD）になる．

ここでNAD^+がすべて還元されると，そこで解糖系は止まってしまうので，NAD^+の再生すなわちNADHの酸化が必要になる．好気的な環境ではNADHの酸化にO_2を用いるのだが，嫌気的な条件では解糖系の産物であるピルビン酸自身を酸化剤として用いる．この結果，ピルビン酸自身は還元されて乳酸$C_3H_6O_3$になる．これが「乳酸発酵」であるが，その本質はNAD^+を再生させて解糖系を連続的に進めることである．

乳酸発酵以外にもピルビン酸による酸化でNAD^+を再生する反応がある．たとえば，アルコール発酵では，ピルビン酸自身はNADHを酸化しつつ，自身は還元されて分解し，エタノールC_2H_6Oと二酸化炭素CO_2を生じる．これがアルコール発酵である．ただし，これで得られるエネルギーではATP合成に至らず，熱として放散されるのみである．

他にもいろいろな産物を生じる発酵がある．しかし，その多様性にかかわらず，発酵の本質は解糖系を進めるための酸化剤たるNAD^+の再生にあるといえる．

発酵で得られる化学エネルギーは決して大きいとは言えない．やはり強い酸化剤であるO_2を用いた好気呼吸のほうが，嫌気呼吸より10倍以上のATPを生産できる点で優れている．

(7) 火星表面の酸化剤

火星は「赤い惑星」である．おもに地表を覆う酸化鉄，いわゆる"赤さび"，すなわち赤鉄鉱Fe_2O_3の呈色である．

その赤い土壌の表層直下に"水の氷"があることを直接観察したNASAの火星着陸機「フェニックス」（2008）は，pH 7.7 ± 0.5の土壌の表面に過塩素酸ClO_4^-が0.4〜0.6％（重量比）で含まれることも見出した（Hecht et al., 2009）．過塩素酸には水の氷点を下げる効果もあるので，寒冷な火星表面でも水が液体でいられるように作用する．

さらに過塩素酸は塩酸や硫酸より強い酸（超酸）であり強い酸化剤である．希薄水溶液としてはあまり酸化力がないが，酸性pHや高温では強力な酸化剤となる．地球には過塩素酸で有機物を酸化する，すなわち酸素呼吸の代わりに嫌気呼吸の1つとして「過塩素酸呼吸」をする微生物が存在する．

地球の微生物は実に多芸多才で，多様な無機物を酸化剤に用いて多彩な嫌気呼吸を行う．最近，水酸化鉄$Fe(III)(OH)_3$を酸化剤としてメタンを酸化して生きる微生物の嫌気呼吸が報告された（Beal et al., 2009）．このことから，火星の表面を覆う"赤さび"，赤鉄鉱$Fe(III)_2O_3$もまた酸化剤として利用できることが推察されている．

一方，原始火星を考えてみると，原始火星の表

層にはカンラン岩に似たコマチアイトが多かったと考えられている．すると「水−岩石相互作用」でH_2Oから還元力と酸化力が分離して生じる．また，この反応で生じたH_2が原始火星大気のCO_2と反応して生命活動を支えたかもしれない．こう考えると，原始火星は生命活動に適していた可能性を推察することもできる．

(8) 酸化剤としてのCO_2

光合成で生産された有機物は炭素循環から少しずつ漏れだしながら，地下に埋没する．埋没有機物の一部は分解して酢酸CH_3COOHを生じる．酢酸は地下の微生物，たとえば硫酸還元菌には還元剤として利用される．また，酢酸は分解してメタンCH_4とCO_2を生じる．この分解反応は酢酸分解型の「メタン生成」といい，ある種の古細菌がこれを行う．この反応はまた非生物的にも起こる．

これに対し，玄武岩や花崗岩などの火成岩は埋没有機物がほとんどないので，火成岩でのメタン生成は酢酸分解によるものではない．それはCO_2への水素添加，すなわちCO_2の還元反応による．これは化学分野では「サバチエ反応」（$CO_2 + 4H_2 \rightarrow 2H_2O + CH_4$）として知られる反応である．微生物学分野ではこれを水素利用型のメタン生成といい，ある種の古細菌がこれを行うことができる．

地下でのサバチエ反応に用いられる還元剤H_2の供給には，上述の水−岩石相互作用およびH_2Oの放射線分解・機械的分解などが寄与していると考えられている．これらの反応は地球のような岩石天体にひろく想定しうるので，アストロバイオロジーにおける1つの研究焦点になるかもしれない．

1-2-3 自由エネルギー

前項では様々な代謝の説明を行った．本項ではまず，自由エネルギーの重要性について説明する．生命にとって，自由エネルギーが極めて重要な因子となっている．また自由エネルギーに関連している様々な性質が生命の特徴として強調される場合も多い．たとえば生命の以下の性質が強調される．それらは開放系，非平衡系，負のエントロピー，動的平衡，散逸系などである．これらの特徴のうちのどれが，生命に取って重要かというのは，生命のどの側面を重要と考えるかという点によっている．この点に関しては，生命の定義の任意性にも似て，研究者間でもまだ議論が続いている．以下では，それぞれの考え方を説明する．

(1) 自由エネルギー

われわれ動物は，食べ物（餌）が無ければやがて飢え死にしてしまう．また，空気の供給が遮断されるとやがて窒息して死亡する．すべての好気性従属栄養生物は，有機物と酸素の反応によって得られる自由エネルギーを用いて生命の維持と増殖を行っている（図1-9）．

本項では単に自由エネルギーと書くが，もう少し厳密には食べ物と酸素の反応前後での自由エネルギー変化が生命活動に利用される．一般には，自由エネルギーではなく単にエネルギーと呼ばれることも多い．有機物と酸素の反応によって自由エネルギーを得ることを生化学の分野では呼吸と呼んでいる．生物学者以外にとっては，呼吸というと空気を肺に吸い込むことを意味する．動物が空気中の酸素を取り込んで呼吸すると，酸素が体中の組織に運ばれて，究極的には細胞の生化学的意味での呼吸をサポートしていることになる．一般の使い方で，空気を取り込んで呼吸をすることによって，生物はより生化学的に厳密な意味での呼吸，すなわち有機物と酸素の反応を起こして自由エネルギーを得ていることになる．

生物は，呼吸以外にもいくつかの方法で自由エネルギーを獲得する．光合成生物の場合には，太陽光エネルギーを変換して還元力を得ると同時にATPを合成している．ATPは生物の細胞中で自由エネルギーの媒介分子として用いられている．

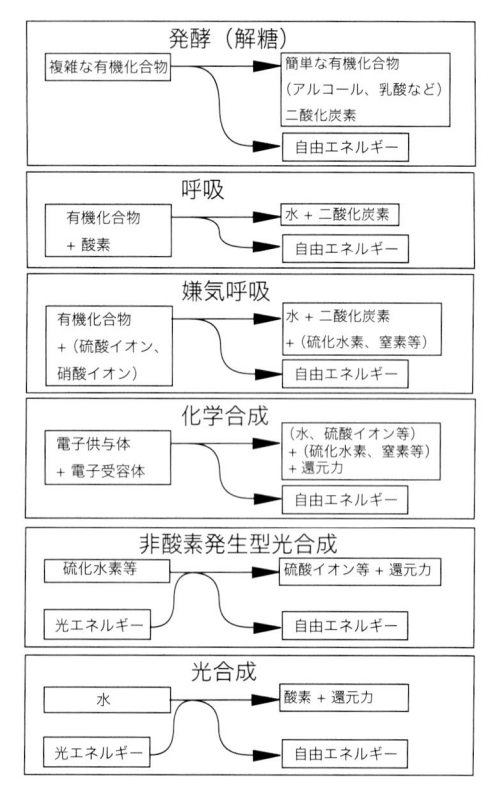

図1-9 地球上の生物の様々な自由エネルギー獲得法．発酵では，複雑な有機化合物を分解してより低分子の有機化合物にする際に自由エネルギーを獲得する．呼吸では有機化合物と酸素の反応で自由エネルギーを獲得する．嫌気呼吸では酸素の代わりに硫酸イオンや硝酸イオンなどの酸化型イオンを用いて有機化合物を酸化して自由エネルギーを獲得する．化学合成では一般的に電子供与体（還元型物質）および電子受容体（酸化型物質）と呼ばれる2つの化合物の酸化還元反応から自由エネルギーを獲得する．非酸素発生型および酸素発生型の光合成では光エネルギーが自由エネルギー源となる．図では，光合成反応に必要なもう1つの因子，水素原子獲得に必要な化合物（硫化水素あるいは水）および反応の結果発生する分子（硫酸イオン等と酸素）も記載してある．化学合成，非酸素発生型光合成および光合成においては，還元力と自由エネルギーを用いて二酸化炭素を還元し，有機化合物を合成する（図には書いてない）．

つまり図1-9で自由エネルギーと記した所はATPによって媒介されている．光合成では，太陽光エネルギーで得られた還元力とATPを用いて二酸化炭素を還元して糖を合成する．化学合成生物の場合には，無機的な酸化型化合物（電子受容体）と還元型化合物（電子供与体）の組み合わせで自由エネルギーを獲得する（図1-9）．獲得した自由エネルギーで二酸化炭素を還元し，糖を合成する．光合成生物や化学合成生物のように，光や化学反応で獲得した自由エネルギーを利用して二酸化炭素から糖（広い意味では有機物）を合成できる生物は独立栄養生物と呼ばれる．独立栄養生物の場合にも，自由エネルギーが十分に得られない条件では蓄積した糖を利用して自由エネルギーを得て様々な生体内の様々な反応に用いられる．この段階は，従属栄養生物と同じである．すなわち，どのような生物も様々な反応から自由エネルギーを獲得して生命維持と増殖を行っている．

こうして，様々な反応で獲得した自由エネルギーは，ATPのリン酸基の結合エネルギーに変換された後，様々な生命活動に用いられる（図1-10）．高等動物の場合には，筋肉を用いた運動や神経活動などのマクロな活動に用いられる．微生物も含めた細胞レベルでも様々な活動に自由エネルギーは用いられる．それらは，1）細胞内外での様々な分子やイオンの取り込みや排出と濃度勾配の維持，2）細胞骨格を用いた細胞内での物質の運搬と細胞そのものの運動，3）生体内のすべての高分子（DNA，RNA，タンパク質）や脂質の合成，などである．すなわち，地球上のすべての生物は様々な方法で自由エネルギーを獲得し，それを自己の生命活動に利用している．

(2) 負のエントロピー

生命は負のエントロピーを取り込んで自分の細胞や体を維持しているという表現が行われることもある．この表現は生命の構造や遺伝情報などの特徴として整然とした構造が保たれている点に着目した考え方である．物理学者シュレディンガーは，著書『生命とは何か』（1951年，岩波新書）の中で，負のエントロピーという考えを提唱した．整然とした状態はエントロピーが低く保たれているというわけである．しかし，情報のエネルギーとしての負のエントロピーの値は生化学反応によ

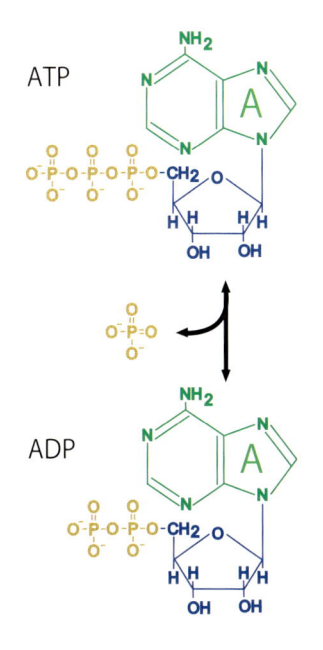

図 1-10 ATP．ATP（アデノシン三リン酸）はアデニン（緑）にリボース（青）が結合したアデノシンにリン酸基（黄土色）が3つ結合している．リン酸基のうちの1つが解離してADP（アデノシン二リン酸）になるときにエネルギーが放出される．

ってやり取りされる数 kcal/mol から数十 kcal/mol に比べると極めて低い．エントロピーにせよ，エネルギー（厳密な言葉としてはエンタルピー）にせよ，その大部分は生体分子を合成することに使われる．また，エネルギーとエントロピーは互換であり，反応の方向を決定しているのは自由エネルギーである．

　ここで，反応と自由エネルギーの関係を少し説明しよう．反応はエネルギーが減少する方法に進行する．また，反応はエントロピーが増大する方向に進行する．実際の反応ではエネルギーとエントロピーの両者とも変化する．両者の差で表される自由エネルギーが反応の方向を決定するというのが熱力学の法則である．すべての反応は熱力学の法則に従っており，反応は自由エネルギーの減少する方向に進行する．生命活動も熱力学の法則に従っている．したがって生命活動においてもっとも重要な熱力学量は自由エネルギーである．この点はシュレディンガーも著書の注で認めてい

る．したがって，生命がエントロピーの低い状態を保っているという点は確かであるが，恒常性の維持のために用いられる自由エネルギーの方が負のエントロピーよりもはるかに大きい．また，生命活動を維持するうえでは自由エネルギーの供給が最も重要である．

(3) 動的平衡

　成人は1日に数Lの水を飲料水あるいは食物とともに取り込む．ほぼ同量の水を尿や汗，呼気とともに排出している．したがって，数十kgの体重の体に含まれる水は10日余りですべて入れ替わる計算になる．その他の元素も何百日の間には入れ替わる．すなわち，同じ個人であっても分子や原子レベルでは数百日後にはまったく異なったものに変わっていることになる．ほとんど変わらないかに見える骨でさえも，破骨細胞による破壊と造骨細胞による骨形成とのバランスでその構造が維持されている．つまり，骨を構成する元素ですら長期間の間には入れ替わっている．こうした生物の性質は古くから知られ動的平衡と呼ばれている．

　動的平衡は川の流れや滝，噴水に喩えられる．川の流れをみていると，川そのものはその場所に存在し続けているが，そこを流れている水分子は次の瞬間にはもう別の分子に置き換わっている．これも動的平衡である．

　動的平衡は自由エネルギー（厳密には自由エネルギー差，利用可能なエネルギー）によって駆動され維持されている．動的平衡を維持するためには常に自由エネルギーが供給される必要がある．系（たとえば細胞）の動的平衡を維持するためには物質あるいはエネルギーが系の外から出入りすることが必要である．こういった系は開放系と呼ばれ，この状態は非平衡とも呼ばれる．

　物質の出入りもエネルギーの出入りもない閉鎖系では，自由エネルギー差は時間とともに反応によって消失して自由エネルギー差がゼロになったとき平衡に達する．その状態では生命は存在する

ことができない．動物が密室に閉じ込められ，食物がなくなりあるいは空気中の酸素がなくなって死ぬのは，入手可能な自由エネルギーがなくなったためと考えることができる．その段階でも，個々の細胞は嫌気的反応である解糖によって利用可能な自由エネルギーが存在するので，細胞そのものはしばらく生存を続ける．やがて，糖類（あるいは利用可能な有機物）を使いつくすと細胞も死滅する．

生命を動的平衡（Kinetic dynamic stability）の存在として一般的な化学反応と区別しようという考え方もプロウンによって提唱されている．彼は，生命が死滅すると，動的平衡の法則から外れ，単なる化学的平衡反応の法則に支配されるという考えを提案している．ただし，プロウンは動的平衡が定量不可能な量であるともしている．

こうした考えを統一的にまとめるならば，以下のようになる．化学反応は本来ならば平衡に向かって進行して停止してしまう．生命とはこの化学反応を継続的に行う構造（細胞）である．しかし，構造的には閉じているが，そこに物質の出入りが起きる解放系であることが生命の特徴である．細胞は反応の非平衡を維持するために，常に自由エネルギー源を取り込む必要がある．自由エネルギー源の取り込みのためにも自由エネルギーが必要である．周辺から自由エネルギー源を取り込むために必要な自由エネルギーが細胞内になくなったとき，細胞は動的平衡状態を維持できなくなる．動的平衡を維持できなくなった細胞は化学反応の平衡状態，すなわち死んだ状態に移行する．

(4) 散逸構造

動的平衡と似た考え方であるが，自由エネルギーと反応の共役という点に生命の特徴を見いだした考え方がある．これは生命を散逸構造であるとしてとらえる考え方である．その例として，ジャボチンスキー反応という反応が知られている．この反応は自己触媒作用によってフィードバックがかかる反応である．いくつかの反応が連続して起きる反応系があり，そこに負のフィードバックと正のフィードバックがあるとき，時間的あるは位置的に周期的な繰り返し反応構造を形成する場合がある．ジャボチンスキー反応と呼ばれる反応はその代表例で，酸化還元反応によって色の変化する反応が時間的にもあるいは位置的にも周期構造を持って繰り返し起きる．この反応系はすべての基質が使い尽くされた時に終了する．したがって，この反応系は自由エネルギーに駆動された周期的繰り返し反応である．この反応の性質が生命と類似しているとして注目された．

ジャボチンスキー反応に代表される散逸構造は，動的平衡すなわち自由エネルギー差の存在を利用した構造（低エントロピー状態）の維持という点は生命と共通している．しかし，通常のジャボチンスキー反応は溶液状態でおきる．生命を構成する細胞の場合には，細胞膜という区切りをもち，そこでの物質あるいは自由エネルギーの出入りによって維持されている．細胞とジャボチンスキー反応とは区切りがあるのかないのかという点で異なっている．しかし区切りはないものの，ジャボチンスキー反応は，反応を駆動している自由エネルギーによって構造が維持され，自由エネルギー源が消費しつくされたとき，反応は停止し，死滅する．この点は確かに，生命に似ている．

1-2-4　元素の可能性

(1) 生物を構成する元素

図1-11は宇宙の元素組成である．太陽系の元素の大部分は太陽にある．また銀河全体をみても元素の大部分は恒星にある．太陽は一般的恒星の1つなので，太陽の組成はほぼ銀河の組成であると考えてよい．銀河によって原素の存在比は多少異なるものの，宇宙での元素存在比率は原子番号の低いものほど多い．この宇宙における元素存在量比は，宇宙での元素の起源に由来している．すなわち宇宙の誕生時に水素がまず生成した．その後，恒星内部の核融合反応で原子番号の大きな元

表 1-3 ヒトの乾燥重量当たりの元素組成
(the ICRP/ICRP Publication, 1975)

元素	乾燥重量（％）	元素	乾燥重量（％）
C	61.7	F	痕跡
N	11	Si	痕跡
O	9.3	V	痕跡
H	5.7	Cr	痕跡
Ca	5	Mn	痕跡
P	3.3	Fe	痕跡
K	1.3	Co	痕跡
S	1	Cu	痕跡
Cl	0.7	Zn	痕跡
Na	0.7	Sn	痕跡
Mg	0.3	Se	痕跡
B	痕跡	Mo	痕跡

素が合成された．原子番号偶数の元素は隣の原子番号奇数の元素よりも多い．これも，恒星中の核融合反応で元素が生成する反応と原子核の安定性とによっている．

表 1-3 は生物の体の元素組成である．生物の体は，宇宙でも存在比率の高い元素で構成されていることがわかる．生物の体は水を除くと，炭素，酸素，水素，それに窒素からなる有機物でできている．ヘリウムとネオンなどの希ガスは，原子が安定で反応に関与しないため生物の体を構成する元素として使われていない．それを除くと，生物の体は宇宙で最も多い元素 4 種類で作られていることになる．すなわち，生物の体は宇宙由来の元素でできているといってよい．

次に多い元素は，カルシウム，ナトリウム，カリウム，マグネシウムなどの金属イオンと，塩素

である．これらのイオンは海水を構成するイオン種と一致している（表 1-4）．海は命の源といわれることがあるが，イオン組成の点でも海の成分と生命の成分は似ている．ただし，イオン成分の中で硫酸イオンを構成する硫黄の存在状態は海水と生体中で異なっている．海水中で硫黄は硫酸イオンとして存在している．生体内の硫酸イオン濃度は低いが，硫黄はアミノ酸（メチオニンとシスチン）を構成する元素として使われている．

さて，生体内のアルカリ金属イオンの組成をみると，細胞内ではカリウムイオンが多く，ナトリウムイオンは非常に少ない．逆に，多細胞動物の細胞外の体液（血液，リンパ液，組織液）ではナトリウムイオンが多い．植物では動物の体液に対応する液体は存在しないが，細胞内でカリウムイオンが多いという点で動物の細胞と一致している．

海水にはナトリウムイオンがカリウムイオンより多いという点では，海水は多細胞動物の体液に似ている．多細胞動物の体液は海水由来であると考えるとうまく説明できることになる．しかし，それではなぜ細胞内にはカリウムイオンが多いのであろうか．生命誕生時の海水に，カリウムイオンがナトリウムイオンよりも多かったという証拠は現在ない．

この点に関して，興味深い知見が得られた．それは，陸上の温泉のイオン組成である．陸上の温

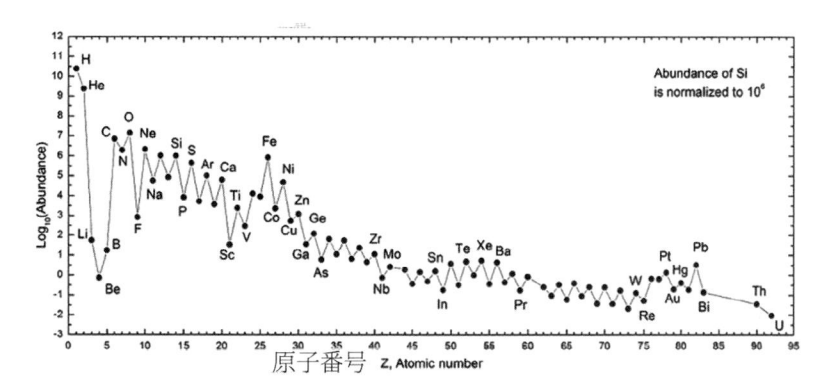

図 1-11 宇宙の元素組成．ケイ素の含量を 10^6 とした相対値を対数で示してある（Lodders, 2003）．

表 1-4 生物（ヒト）と自然界の元素組成

ヒト	%	海水	%	地殻	%	大気	%	宇宙	%
O	65	Cl	58.20	O	46.6	N	78	H	92.5
C	18.5	Na	32.42	Si	27.7	O	21	He	7.35
H	9.49	Mg	3.85	Al	8.1	Ar	0.47	O	0.07
N	0.99	S	2.70	Fe	5.0	C	0.02	C	0.03
Ca	0.45	Ca	1.24	Ca	3.6	Ne	0.001	Ne	0.01
P	0.3	K	1.20	Na	2.8	He	0.0003	N	0.01
K	0.12	Br	0.20	K	2.6			Mg	0.003
S	0.09	C	0.08	Mg	2.1			Si	0.003
Cl	0.06	N	0.03	Ti	0.4			Fe	0.003
Na	0.06	Sr	0.02	P	0.1			S	0.002
Mg	0.03	B	0.01						

泉の水は地下深部で地下水が加熱されて熱水となる．温度が非常に高い場合には，地中の高圧下で熱水と蒸気に相分離する．カリウムイオンは熱水よりも蒸気に濃集する．そこで，蒸気が凝縮して出来た熱水にはカリウムイオンがナトリウムイオンよりも高濃度で含まれることになる．このカリウムイオンに富む陸上の温泉のなかで細胞，すなわち最初の生命が誕生したのではないかという説がある．生命誕生の場所が陸上温泉なのか，海底熱水噴出口なのか現在論争の対象となっている．

さて，このように宇宙での元素の存在比率を考えると，現在の地球上の生命を形成している元素は宇宙でありきたりの元素を利用していることがわかる．もう少し詳しくみてみると，有機物を構成する元素は宇宙全体でも多い元素であるが，同時に大気中でも（おそらく原始大気中にも）多い元素である．有機物の由来は化学進化の項で説明されるが，生命誕生前の有機化合物の合成は宇宙あるいは原始地球の大気中で進行したと推定されている．宇宙空間あるいは原始大気中で合成された有機物が，現在にいたる生命構成元素としての有機物の起源となり，誕生した生命もその成分構成を引き継いでいるのかもしれない．

次に，陽イオンと塩素イオンに関しては，海水あるいは温泉の熱水由来と考えられる．これらは，さらに元をたどるならば，地球の地殻から溶け出てきたものである．硫黄も元々は硫化鉱物の成分として地殻に含まれた物が海水中（現在は硫酸イオン）を経て生命に取り込まれた．こうして考えるなら，生命は宇宙あるいは地球でありきたりの元素を材料として誕生したといえる．

最後にリンは，上記の元素に比べると宇宙での存在比率が低いにもかかわらず，生体内に多く含まれている．宇宙や海，地殻に比べて濃集している元素である．リンはリン酸として，核酸（DNAやRNA）の構成成分となっている．リン酸の代わりにヒ酸を用いて核酸と類似の構造を形成することも可能である．しかし，ヒ酸の場合にはリン酸に比べてかなり不安定になる．適度な安定性が核酸には必要なのかもしれない．

(2) 生物構成高分子の重要性

さて，次に生物を構成する元素が他の元素に置き換わる可能性を検討する．地球生命を分子で見たときの特徴として，水を除くと生命は高分子で構成されている（表 1-4）．高分子であることが生命にとって絶対必要条件であるかどうかは，現在われわれの知識が地球生命に関する知識に限定されていることを考慮すると即断できない．しかし，地球生命において高分子であることが，機能にとってどのように関連しているかについてはかなりのことがわかっている．

地球生命で，高分子が最重要に関与しているのはタンパク質による触媒機能である．まずタンパク質を構成する 20 種のアミノ酸が遺伝子によって予め遺伝的に指定される順番（配列）で並ぶことが，遺伝情報の意味である（図 1-2 参照）．次に，遺伝情報に従って並んだアミノ酸は例として図 1-4 に示したように，特定の形状をとる．このタンパク質の形を見ると上側に凹みがあることがわかる．この凹みは，触媒反応を受ける基質分子がちょうどはまり込む形となっている．すなわち，タンパク質分子の形状と反応を受ける基質分子の形状は，鍵と鍵穴の関係となっている．また，鍵穴にはまり込んだ基質分子に対して，タンパク質の特定のアミノ酸が，基質分子に触媒反応をするのにちょうどよい場所に配置されるようになっている．このタンパク質の構造は遺伝子で決まるアミノ酸の並び順で決まっている．つまり，タンパ

ク質が基質分子に触媒機能を発現する形状が遺伝情報によって間接的に決定されていることになる．

（3）1次元情報保持のための高分子

さて，このことを一般化するならば，遺伝情報の特徴はまず1次元の情報を記録できる点にある．この情報はDNAである必要はなく，また核酸である必要もない．しかし情報を記録するためには最低2種類の分子が必要である．次にこの情報が最終的にタンパク質のように翻訳されて機能を持つ形状になりうる必要がある．タンパク質の場合には標準的には20種のアミノ酸が1次元的に結合している．何れの場合にも，2から20種類の分子がまず1次元に重合して，その後自発的に機能を持つ形状になる必要がある．

こうした条件を実現する分子としては，2つの官能基をもって線状（1次元）に結合しうることと，さらにもう1つの側鎖をもって複数種類の特性を賦与できることが挙げられる．したがって，まず重合する単量体の中心には結合の価数が3以上の元素が必要である．次に，その元素の両側に重合しうる官能基が結合する必要がある．現在の核酸では，リン酸基と水酸基2つが関与する結合（ホスホジエステル結合と呼ばれる）が1次元の情報保持に関与している．タンパク質の場合には，アミノ基とカルボキシル基が関与するペプチド結合が関与している．それ以外にもたとえば，エステル結合（カルボキシル基とヒドロキシル基），エーテル結合（2つのヒドロキシル基），硫酸ジエステル結合（硫酸基と2つのヒドロキシル基）等が理論的には1次元の情報を保持するための1次元構造を形成しうる．こうした複数種の官能基を構成するという点では，炭素，酸素，窒素の関与する分子が好都合であることは間違いない．

しかし，リン酸結合の代わりに，硫酸結合あるいはヒ酸結合の関与が不可能かと問われれば，可能であろうと推定できる．水中では安定性は硫酸結合の場合には高まり，ヒ酸結合の場合には低下する．しかし，こうした結合に対応した反応環境あるいは反応経路が誕生すれば，リン酸基の代わりとなって，核酸の1次元構造形成に関与しうる．

また，現在の核酸は4種類（現在のA, G, C, TあるいはA, G, C, U）であるが，4種類でなく6種類以上の分子があってもよい．なぜ，2種類でも6種類でもなく4種類なのかはそれなりの理由があるのではないかと推定されるが，その理由は明らかではない．同様にアミノ酸の種類，標準的なアミノ酸としてなぜ20種類が使われているのも明らかではない．

（4）有機物の代わりとなるケイ素化合物の可能性

宇宙において存在量が比較的多いにもかかわらず生命元素として用いられていない元素としてケイ素がある．ケイ素は宇宙空間では大部分が二酸化ケイ素として存在している．二酸化ケイ素は広い温度域で固体である．二酸化ケイ素は極めて安定であり，その還元には大きなエネルギーが必要である．上述のように，様々な官能基をもって高分子を形成するためには，酸素以外の元素との多様な結合をする必要がある．その場合には，二酸化ケイ素を還元することになる．二酸化ケイ素が非常に安定なことは，こうした多様な官能基をもった分子の形成にとって障害となる．炭素の様々な化合物が宇宙空間で検出されているのに比べて，二酸化ケイ素以外のケイ素化合物はほとんどない．こうした点を考慮すると，ケイ素を基礎にした生命は炭素を基礎にした生命に比べて極めて誕生しにくいと推定される．しかし，炭素の化学（有機化学）に比べてケイ素化学の研究は遙かに少なく，様々な反応がどの程度困難であるのか，あるいは意外と容易な場合がありうるのか，まだよくわかっていない．

この項では，様々な生物構成元素の必然性を検討した．地球生物を構成する元素は，宇宙あるいは地球で大量にあることが第1の理由であるように思える．しかし，何らかの地球と異なった環

境で他の元素が多い環境があるならば，別の形態
の生物が誕生することは可能性として考えておく
必要がある．

コラム1　ヒ素細菌

　リン酸基は生体内での様々な反応に関与している．ヒ酸はリン酸と構造が大変似ているので，ヒ酸が存在するとリン酸の代わりにヒ酸が取り込まれる．しかし，ヒ酸のエステル結合はリン酸基のエステル結合に比べて不安定なため，加水分解によって分解してしまう．生体での正常な機能が阻害されるため，ヒ酸は生物にとって毒となる．特に DNA 分子が切断されると修復されない限りやがて細胞の死をもたらす．DNA へのヒ酸の取り込みは深刻な問題となるはずである．

　米国の NASA アストロバイオロジー研究所（NASA のバーチャル研究所）のグループは，ヒ酸を含みリン酸をほとんど含まない培地で生育できる菌を単離した．カリフォルニア州サンフランシスコの近くにあるモノ湖はヒ素濃度が高い．そこから採集した試料から，ヒ酸を含む培地で長期間培養を行うことで，ヒ酸培地で生育できる菌が単離された．ヒ酸を含む培地で培養した菌体内にはヒ素が高濃度に蓄積されていた．

　ヒ酸は生物にとって猛毒であるため，生物はヒ酸を解毒するシステムを持っている．ヒ酸は亜ヒ酸に還元された後，メチル基が付加されて解毒される．メチル化したヒ素のヒ素原子のまわりに結合している酸素原子は3個以下である．ヒ素で生育した細胞内のヒ素原子の周りの構造を分析すると，ヒ素原子の周りには4つの酸素原子が取り囲み，少し離れて4つの炭素原子があることがわかった．したがって，ヒ素細菌の細胞中に蓄積しているヒ素の大部分は通常の解毒過程でできるメチル化ヒ素とは異なった化合物であることがわかる．ヒ酸が核酸中に取り込まれているとするとヒ素の周りの酸素は4個となり隣接元素の測定結果とつじつまがあう．

　しかし，DNA を単離して DNA 中のヒ素とリン酸基の割合を測定した結果は解釈の難しい結果である．すなわち，リン酸で培養した菌体にもヒ素は 0.5% 含まれている．ヒ素で培養した菌体から単離した DNA にはヒ素が 4% 含まれていた．ヒ素の含量は増えているが，DNA 中のリン酸がすべてヒ酸に置き換わっているわけではない．それでも DNA 中にかなりのヒ酸が取り込まれており，ヒ酸が十分にリン酸の代わりをしているともいえる．ただし，測定した DNA の純度が十分高くない可能性があり，DNA に本当にヒ酸がはいっているかどうかという点の疑問も残っていた．その後，リン酸が無ければこの菌は生育できないこともわかってきた．生命にとってリン酸の代わりにヒ酸が使える可能性があるかもしれないという可能性に注目させたというのがこの研究の意義であるが，地球上の生物がリン酸なしでは生育できないことが再確認された．

コラム2　酸化鉄（三価鉄）還元細菌

　鉄は地球の地殻において4番目に多い元素である．地球全体では鉄が最も多く，これは地球型の岩石惑星に共通の性質とされている．自然界では鉄酸化物は主に二価鉄（Fe (II)）や三価鉄（Fe (III)）の酸化鉄，水酸化鉄として，岩石・土壌・河川または海底の堆積物中などに幅広く分布している．二価鉄は pH5 以上の有酸素環境では容易に酸化されて酸化鉄を生じるが，pH5 以下の酸性条件では酸素があっても比較的安定である．一方，三価鉄は硫化水素などの適当な還元剤の存在によって容易に還元されて二価鉄を生じる．

地球上のほとんどの生物はヘモグロビンやフェレドキシンなどのように鉄を含有した生体成分を利用している．さらには微生物の中には鉄を酸化・還元することでエネルギーを得ているものも多数存在している．鉄酸化菌には中性・微好気的環境で二価鉄の酸化を行う *Gallionella* 属・*Leptothrix* 属細菌や，酸性・好気的条件下で鉄酸化を行う *Acidithiobacillus* 属などが知られている．一方，鉄還元菌は嫌気条件下で三価鉄を電子受容体として有機物や水素を酸化することでエネルギーを獲得する微生物群で，鉄呼吸微生物と呼ばれることもある[1]．こうした鉄還元菌は細菌・アーキア（古細菌）に幅広く分布している．発酵性細菌や硫酸還元細菌・メタン生成アーキアで見られる鉄還元反応は必ずしも生育に必要なものではない．それに対して，*Geobacter* 属・*Shewanella* 属細菌や *Geoglobus* 属・*Geothermobacter* 属などの超好熱性[2]のアーキア・細菌では鉄還元によって生育するためのエネルギーを獲得していることが示されている．

自然界では水酸化鉄やヘマタイト（赤鉄鉱）などのように不溶性の三価鉄鉱物も多い．こうした不溶性の三価鉄に対して，ある種の鉄還元菌はその表面に直接接触するか，菌自身が産生するナノワイヤーを介して電子伝達を行い，鉄を還元すると考えられている．さらには電子シャトルとなる可溶性物質を介して三価鉄に接触することなく鉄還元したり，三価鉄を部分的に可溶化するリガンドを産生して細胞内に取り込み鉄還元する可能性も指摘されている．こうした鉄還元反応は，生物的にも非生物的にも起こりうるが，いずれにせよ不溶性の三価鉄を可溶性の二価鉄塩としたり，マグネタイト（磁鉄鉱）やシデライト（菱鉄鉱）のような二価鉄を含む鉱物を生じさせている．

一方，鉄還元菌は有機物や水素の酸化と共役することができる．典型的には有機物の嫌気分解過程で生じる単糖類やアミノ酸，酢酸，有機酸などの酸化分解を行うが，芳香族化合物や長鎖脂肪酸も分解するものもあり，こうした鉄還元菌は有機物に汚染された地下帯水層の浄化においても重要な微生物群と見なされている．また近年では嫌気的環境下で鉄還元あるいはマンガン還元と共役してメタンを酸化する微生物の存在することが示唆されている．

上述のように鉄還元能は幅広い細菌・アーキアの系統群に見られ，また系統樹上最も深い位置で分岐したと考えられている超好熱性アーキア・細菌にも多いことから，地球における初期の微生物呼吸系ではないかと考えられている．地質学的にも生物が出現する以前の地球には酸化鉄も多く存在し水素濃度も高かったこと，さらには先カンブリア時代の地層には鉄還元菌の代謝産物の可能性があるマグネタイトが多く含まれていることも鉄還元微生物の'古さ'を支持するものである．したがって，もし火星のように酸化鉄の多い惑星において生命体が存在する（した）としたら，それは鉄還元微生物のようなエネルギー獲得形式を持つものかもしれない．

1) 多くの鉄還元菌は Fe^{3+} 以外にも Mn^{4+}, Se^{4+}, S^0, 腐植酸など様々な金属・半金属・化合物等を還元することができる．
2) 超好熱菌は生育至適温度が 80°C 以上にある．

コラム3　嫌気性生物と代謝の進化

生命は，遺伝情報と自己複製，自己と非自己を区切る境界（細胞では膜）と，代謝で基本的に定義される．代謝は，体を作り活動・増殖するための分子を合成し，膜内外の濃度勾配にさからってイオンなどを輸送し，モーターを駆動するためのエネルギーを化学的な様態のエネルギーを用いて供給する．現存する生物は，適応度の高い遺伝子が自然選択され，あるいは不要なものを消失した結果生命活動を支える代謝の仕組みを獲得した．遺伝・複製や膜に比べて代謝は多様である．代謝は，複雑な生化学反応のネットワークにより駆動されることもあって，その進化の歴史はよくわかっていない．

酸素発生型光合成生物は太陽光エネルギーにより水と二酸化炭素を酸素とバイオマスへ変換し，地球環境を変貌させた．好気性の真核生物は，細胞共生により獲得したミトコンドリアの働きによりバイオマスを酸素と反応させてエネルギーを得る．この真核生物と比べて，細菌，古細菌の代謝の仕組みは多様で，高濃度の酸素環境への耐性のない種も多い．嫌気性生物は様々な地球化学的資源に依存している．嫌気性生物の多様な代謝は，利用する基質（燃料），炭素源，エネルギー産生のための酸化剤で特徴づけられる．燃料となる基質には，メタンや他の有機物に加えて，H_2, CO, S, H_2S, Fe^{2+}, Mn^{2+}, NH_4^+, NO_2^-, PO_3^{2-}, AsO_3^{3-} がある．代謝の炭素源としては，CO_2 やバイオマス有機物の他に，$HCOO^-$, CH_4, CN^- も加わる．エネルギー産生での酸化剤としては，O_2 や Fe^{3+}, Mn^{3+}, Mn^{4+} のほかに，NO_3^-, NO_2^-, $C_4H_2O_4^{2-}$（フマル酸），S, SO_4^{2-}, AsO_4^{3-}, SeO_4^{3-}, ClO_4^-, CO_2 などが使われている．

代謝の反応で得られるエネルギーは，燃料と酸化剤の酸化還元電位の差である．たくさんの組み合わせの中で，得られるエネルギーが最大となるのは好気性生物の呼吸代謝が使う有機物と O_2 の組み合わせであるが，嫌気性生物は他の多くの組み合わせを利用する．生物の進化は，共通の祖先から多様な生物を派生させたが，「発明した仕組み」はかたくなに伝承してきた．生物が多様な代謝にもかかわらず伝承している共通仕組みには，生物のエネルギーの通貨である ATP や，代謝過程での還元生成物のキャリアである NAD やチトクロムなど一群の化学種がある．

代謝の進化の歴史を解明する困難さは，細菌，古細菌では遺伝子の水平移動が容易であったり，生命活動でつくられる化学種の化石は化石としての寿命が短く，同位体化石は非生命的にも作られる可能性があって決定打にはならない等の理由による．代謝の進化に関わる最大の興味は最古の共通祖先はどのような代謝の仕組みを備えていたかである．単純さが必ずしも始原的ではないが，共生関係にある生物群の範囲で代謝のネットワークの最小のセットはどのような姿だろうか．そして，様々な代謝の発明はどのような順でいつごろなされたのだろうか．

炭素を含む単純な分子から複雑な物質を合成したりそれを代謝基質として利用し始めた年代は，炭素の同位体化石から38億年前（ただし確実なのは35億年）にたどることができる．そして，27.5億年よりかなり前にはメタンの代謝は始まっただろう．鉄による酸化・還元，非酸素発生型光合成がそれに続き，イオウによる還元（35億年），酸素発生型光合成，チッ素固定と脱窒（27億〜20億年前），そして24.5から23.2億年より前には酸素呼吸が発明された．それぞれの代謝の「発明」は生物の進化の歴史の積み重ねであり，さらに地球史にも規定されている．好気性生物に制圧されたようにみえる生物圏のなかでそれぞれの特殊なニッチに生息する多様な嫌気性生物は，代謝の始まりとその進化について重要な手がかりを与えてくれるかもしれない．

1-3 生命の連続性と地球型生物の世界

すでに，1-1-2項で論じられているように，生きているということすなわち生命，あるいは生きているものすなわち生物を，短い文章で定義することは困難である．われわれは，地球に現にいる生物と過去にいた生物，いいかえれば「地球型」生物しか知らないので，地球型生物の属性のうちどれは地球型生物に固有であり，どれはより広い意味での生物に共通な属性であるのかを知らない．しかも，地球型生物をみれば，個々の生物にしても，それらが織りなす生物の社会にしても，極めて複雑である[*1]．しかし，生命というシステム，あるいはその具体的な表現である生物の最も重要な特徴は，遺伝プログラムによって基本的に統御されていることであろう（星，2013）．

約38億年前に，この地球に誕生ないしは出現したと考えられる地球型生命というシステムは，様々な天変地異を乗り越えて，今日に至るまで絶えることなく連綿と続いており，恐るべき頑健さを備えたシステムといえる．地球型生命を具現するものたち，すなわちわれわれが知っている限りの生物が織りなす世界は，地球全体と比べれば，空間の広がりからも，物質量のうえからも，まったく微々たるものに過ぎないが，その内実は驚くほどに多様にして多彩である．

この節では，生命の連続性を支える機構と，生物世界の多様性について概観する．

1-3-1 生命の連続性

ごく初期の生物はバクテリア（細菌）であったと考えられているが，バクテリアからヒトに至るまで，われわれが知る限りの現生生物は，以下のいずれも基本的に共通しているので，単系統である（同じ祖先に由来する）と考えられている．

1. 細胞の基本構造[*2]
2. 生体内で営まれる化学反応
3. 生体における遺伝情報の流れ
4. 遺伝暗号
5. 生体が使う直接的なエネルギー源
6. タンパク質を構成するアミノ酸，およびその立体異性

たとえば，あらゆる生物で遺伝情報はDNA→RNA→タンパク質という順に伝えられており，この事実はセントラルドグマと呼ばれている．また，遺伝子が持つ情報にしたがってタンパク質を合成する段階では，使用されるアミノ酸は特定の20種類のL-アミノ酸（Magic Twenty）に限定されている．しかし，生体内にみられる他のL-アミノ酸やD-アミノ酸などを構成分とした人工タンパク質を作ることは可能である．また，すべての生物が，その活動の直接的なエネルギー源として用いるのはATPで[*3]，これとよく似た構造のGTPは，細胞における情報の伝達などでは重要であるが，エネルギー源として直接用いられることはない．

図1-12に現生生物の系統樹の一例を示したが，単系統であればこそ，1つの系統樹にまとめられるわけである（多数の種の枝を周囲に配しているのでもはや樹には見えないが）．

原核生物から真核生物への進化は，大きな飛躍であったが[*4]，細胞の構造という意味では，細胞内に膜で仕切られたコンパートメントを持つか否かという点に，両者の本質的な違いがある．この構

[*1] たとえば，成人1人は 6×10^{13} 個の細胞からなるシステムで，5×10^{23} 分子のタンパク質を含み，血管の総延長は 10^5 km，DNAの総延長にいたっては 10^{11} km（地球と太陽の間を300回往復しても，なお余りがある）にも達する．それぞれの種は，複雑な種社会を形成しているのみならず，直接・間接に数多くの生物と種を越えて複雑な関係を持っている．
[*2] 筆者はウィルスを非細胞性生物として「生物」に含めるべきであると考えているが，ここでは，多くの教科書に倣い，「生物」を細胞性生物という狭義の意味に限定して用いる．
[*3] 1-2-3項（1）参照．
[*4] 2-1-3項（12）参照

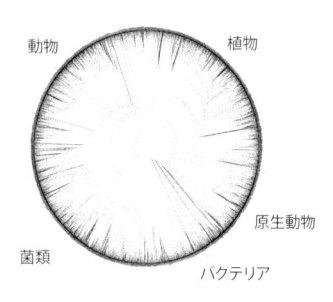

図1-12 生命の樹．約3000種の現生生物の系統関係をrRNAの塩基配列に基づいて描いた図とその部分拡大図．（Pennisi, 2003）

約38億年にわたって，あらゆる天変地異を乗り越えてきた生命の連続性は，細胞を構成する分子は刻々と換わっても，細胞は維持され，細胞は次々と死んでも，多細胞生物では細胞更新によって失われた細胞が補充されて個体は維持され，個体は死んでも生殖によって種は維持され，種は絶滅しても進化によって新しい種を形成すること（種形成）によって保障されてきた．いいかえれば，それぞれの階層の要素・構成成分の入れ換えによって1つ上の階層を維持するという方式を，分子から生物全体にいたるまでの各階層を貫いて集積することによって生命というシステムは維持されてきたのである．この意味で，生命は脆弱にして頑健なシステムといえよう．

1-3-2　個体の維持と再生産

生命の連続性を支える主要な柱である生物の進化（種形成）については，第2章で詳しく述べられているので，ここではもう1つの重要な柱である個体の維持と再生産（生殖）について述べる（星，2007a；星，2014）．

前節で触れた多細胞化が進むにつれて，外界に直に接することのない細胞の出現をもたらし，単細胞生物では考えられない「内部環境」が大きな意味を持つようになる．いいかえれば，多細胞化は細胞とは階層の異なる個体の確立であるのみならず，外界から独立した内部環境の確立でもある．内部環境を外部環境から独立して安定させることができれば，大部分の細胞を安定した環境におく

造上の違いは，細胞内に複数の物理化学的な状況を実現できるか否かの違いでもある．初期の真核生物はいずれも単細胞性であったが，多細胞体制を確立することによって，真核生物はさらなる飛躍を遂げる．単細胞生物では細胞自体が自律的な活動の単位となっているが，多細胞生物では分化した様々な細胞を部品として集積し，組織・器官・器官系というより大きな単位に順次組織化することによって構築された個体（多細胞体，クローン細胞からなる社会[*5]）が，自律的な活動の単位となっている．このように，単細胞生物と多細胞生物では，「細胞」の持つ意味が質的に異なっており，多細胞生物が営む様々な活動は，たとえ直接的には細胞の活動に関わるものであっても，個体という視点を抜きにしては，生物学的な意味を見失うことになる．単細胞生物から多細胞生物への進化は，原核生物から真核生物への進化にも匹敵する大きな一歩であった．

---

*5　動物では，個体は比較的容易に認識できるが，植物や，菌類では個体は必ずしも明確ではなく，1本の木やキノコが個体なのではない例がたくさん知られている．一山の竹はすべて地下茎でつながったクローンであるし，美しい黄葉で有名なアスペンの仲間では，5万本近い樹がすべて地下茎でつながったクローンであることが知られている．また，ある種のキノコには，同じ菌糸が一山10 km^{2}を覆っているものがある．

*6　古くなったり，障害を受けた細胞が，細胞分裂による新しい細胞の形成と，形成された細胞の分化とによって更新されること．

*7　単細胞生物では，細胞の死は個体の死となる．

ことになる（恒常性）．個体を構成する細胞数が増すにつれ，外界と接する細胞の割合が減るので，外界からの情報を受け止めて内部に伝える必要が生ずる．また，外界とのガス交換，養分の取り入れ，老廃物の排出などを拡散などに頼ることはできず，体内の隅々にまで物資を輸送する必要も生ずる．これらの諸活動は，個体というシステムの整合性を維持しながら行う必要があり，そのために様々な情報を統合し，判断する必要も生ずる．さらに，病原菌などの攻撃を排除し，自分の細胞であっても感染・がん化・老化・損傷・死亡したものを処理することも必要である．多細胞生物の諸器官は，個体という高次システムの統一性を維持し，整合的に運営して，再生産するために発達したものである．

生物の最も基本的な属性の1つである生殖は，個体の再生産，すなわち個体が自己と似た次世代の新しい個体を生み出すことであり，一般に個体数の増加をもたらす．次世代の新個体がさらにその次の世代を生み出すまで成長することがなくては，生殖は意味をなさない．したがって，生殖は発生と密接に絡み合っており，生殖なしに発生はなく，発生なしに生殖はない．

単細胞生物では，生殖は細胞の分裂に他ならない．この過程では，母細胞のすべてが娘細胞に引き継がれ，母細胞自体は消滅するが，死んだわけではない．しかし，多細胞生物では，細胞分裂は発生，成長，組織や器官の更新にとどまり，直接的には生殖とはならない．

生殖には多くの様式があるが，性を伴わない無性生殖と，性と生殖が共役した有性生殖とに大別できる．性が生物学上意味するところの本質は，同種異個体に由来する細胞が，減数分裂という核分裂・細胞分裂と，受精（配偶子接合）という核融合・細胞融合を通じて，ゲノムを混合・再編成（組替え）して多様化させるとともに，若返り（老化プログラムのリセット）を実現することにある[*8]．

単細胞生物であるゾウリムシなどで知られてい

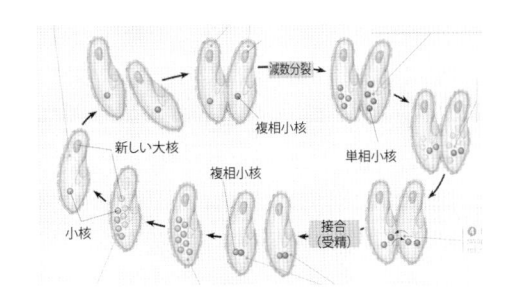

図 1-13 ゾウリムシの接合（Cambell, 2005 を基に作成）

る接合では，減数分裂と受精に相当する核融合とがみられるが，細胞の全面的な融合には至らない（図 1-13）．接合前の2細胞と接合後の2細胞では，核には変化があるが，それ以外の部分は基本的に変わっていない．ゲノムは混合・再編成され，細胞は若返ってはいるが，それ以外の細胞の構造はそのまま引き継がれているので，いわば純粋な「性」と喩えることもできよう．

多細胞生物であれ，単細胞生物であれ，有性生殖は減数分裂と受精という細胞レベルでの営みを介して行われる．しかし，多細胞生物の無性生殖には，多細胞体レベルで行われるものもある．たとえば，プラナリアは体のほぼ中央で横分裂して2個体となった後に，それぞれ欠けた部分を再生することによって，完全な個体となる（図1-14）．この過程で，親個体は消えるが，死んだわけではなく，そのすべてが娘個体に引き継がれる．プラナリアは有性生殖も行うが，このときには2匹の親個体はやがて死ぬ（星，2007b）．

プラナリアの例に端的に示されているように，多細胞生物の有性生殖は，無性生殖ではみられなかった親個体の自然死[*9]を最終的にはもたらす．多細胞生物というシステムでは，体細胞と生殖細胞という2系統の細胞を発生の早い時期に分離し，

[*8] 原核生物ではこの意味での「性」は見られないが，大腸菌などでは，いわば雌雄のようにタイプの異なる細胞の間で，方向性のある DNA の部分的な移動とその結果としての組み替えが知られており，バクテリアの性と呼ばれる．
[*9] ゾウリムシなどの単細胞生物でも，一定回数分裂を繰り返したのちにクローン細胞全体が死ぬ現象が知られている．これは，受精卵に由来するクローン細胞集団である多細胞生物の個体の自然死に相当する現象といえよう．

プラナリアの生活環

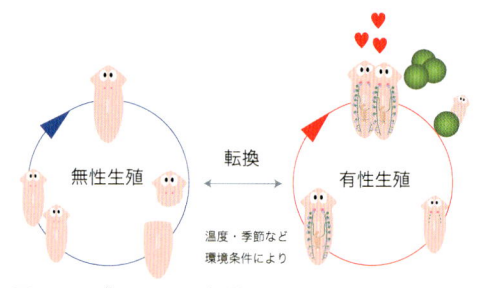

図 1-14 プラナリアの生殖様式（星，2007bを基に作成）

体細胞の数を増やすことによって個体の大型化と複雑化を図るとともに，個体の自然死という形でこれらの細胞を廃棄することによってゲノムにおけるエラーの蓄積を避けている．同時に，生殖細胞という形で，全能性[*10]の細胞を単細胞生物と同じように不死の系譜として維持していると解釈できる．多細胞体制や有性生殖と寿命の関係については，最近良書が出版されたので参照していただきたい（高木，2009; 2014）．

1-3-3 生物の多様性

38 億年という進化の歴史を経た現在では，地球の表層には遍く（生態学的には隙間なく）生物が生活している．焼けつくサハラ砂漠の表面の砂 1 g には百万というバクテリアが存在するし，人間の居住地の空気 100 mL には平均して複数のバクテリアが含まれている．世界でも有数の巨大都市，東京にある明治神宮の森は，植林を始めてからやっと 100 年という若い人工の森であるが，その土壌中には平均して片足の面積当たり 7 万 5000 匹ほどの線虫をはじめとする多くの小動物が生息している．菌類やバクテリアはその数もしれない．これらの「有象無象」がいればこそ，この森は成り立っているのである．この一事を見ても，熱帯雨林のように生物多様性がはるかに豊かな生態系が，どれほど多様な生物から成り立っているのかは，われわれの想像を超える．

しかし，生物の世界は物理学が対象とする世界と較べれば，空間，時間，質量，エネルギーレベルのいずれからみても，まことに狭い範囲に限られている微々たるものに過ぎない．たとえば，われわれが知る限りの生物の世界は，地球表層の厚さ 20 km ほどのごく薄い一皮に限られているし，現存する生物の総質量は地球の質量の 100 億分の 1 と推定されている．いいかえれば，地球を手で持つことのできる地球儀ほどの大きさとすると，生物の世界（生物圏）は肉眼ではほとんど認識できない厚さしかないし，地球の質量を大人 1 人の質量と仮定すると，現生生物の総質量は睫毛 1 本分にもならない（星，2013）．

かくも微小な生物の世界が地球表層の物理化学的な環境を劇的に変えてきたことは，大気中の酸素分子 1 つを見ても明らかであろう．われわれの生活に欠かせない化石燃料は言うにおよばず，鉄鉱床の多くをはじめ，生物の活動が原因となってもたらされたものは，地質学的レベルにおいても少なくない[*11]．

この「睫毛一本」という物理学的には微小な世界の内容が，いかに多種多彩にして多様であるかは，現存生物の総種数が数千万とも数十億とも推定されていることからも明らかであろう[*12]．しかも，それぞれの種を構成する個体の多様性もまた驚くほどに大きい．このような様相を，生物多様性という概念を世界に定着させるうえでも大きな貢献をしたウィルソンは「生命現象において最も不思議なことは，微々たる物質から驚くほどの多様性を生み出していることであろう」と表現している（Wilson, 1992）．

これらの生物が，直接，間接に相互作用しているのが生物の世界であることを思えば，その複雑さが知れよう．さらに，個体 1 つを取り上げてもきわめて複雑であることは，われわれの体が単

---

*10 分化全能性ともいう．受精卵のように，個体を構成するすべての細胞に分化しうる能力．
*11 2-2 節参照．
*12 分類学者によって記載されている種の数は，実数で約 150 万種程度に過ぎない．これは，多めに見積もっても全生物種の数 % 以下にしかならない．

一の細胞（受精卵）に由来する 60 兆というクローン細胞からなることをみても明らかであろう．この膨大な数の構成員が作り上げる細胞社会が，常に構成員を更新しながら単一のシステムとしての統一性を失うことなく，数十年に亘って機能し続けていることは驚異と言わざるをえない．[*1]

1-3-4 多様にして一様な生物の世界

1-3-1 項で述べたように，われわれの知る限りの生物は，その祖先をたどれば皆同じ（単系統）であると考えるべき十分な科学的根拠がある．言い換えれば，驚くほど多種多彩な生物が存在しているが，いずれも同じ祖先の子孫であり，基本的な成り立ちは驚くほどに変わっていない．生物の極々一部しか知らない[*12]にもかかわらず，生物学が成立するゆえんである．

生物が 38 億年という進化の歴史を経てかくも多様化しているにもかかわらず如何に変わっていないかは，核酸とタンパク質の対応関係を決めている遺伝暗号が，バクテリアから植物やわれわれに至るまで基本的にまったく同じであることひとつからも明白である．遺伝暗号が共通であるのみならず，遺伝子の情報が発現するまでの流れも基本的に共通であればこそ，ヒトの遺伝子に基づいて特定のタンパク質を大腸菌に作らせるといった遺伝子工学の技術が可能になるのである．

生物は多様にして一様な，一様にして多様な存在である．いいかえれば，われわれが知るすべての生物は，「生命の詩」という同じ音楽を，それぞれの種やグループに固有の変奏曲として奏でているのである．ある変奏では隠れてしまうテーマも，別の変奏でははっきりと見てとれるように，たとえばヒトを理解するためには，ヒトだけを見ていたのではわからず，他の「奇妙」な生物と較べることによって初めて見えてくるものも少なくない[*13]（星，2013）．

すでに 1-3-1 項で述べたように，驚くべき生命の連続性は，個々の個体や種が連綿と続くことによるのではない．分子から生物全体にいたるまでの各階層を貫いて，階層の要素・構成成分の入れ換えによって 1 つ上の階層を維持するという方式を集積することによって生命というシステムは維持されてきたのである．このような観点から，生物総体を生物圏という空間的な広がり（Biosphere）と，系統（進化）という時間的（歴史的）な広がり（Phylon）とを併せて，生命系（Spherophylon）として捉えることが提唱されている（岩槻，1999）．このように捉えると，個々の生物はダイナミックに変化する生命系の，特定の時空における表現ということになり，生命系のダイナミックな表現そのものが生物の多様性ということになる．地球型生命がこの地球上で独自に誕生したのであれば，われわれが属する生命系は地球内に閉じることになり，地球型生命の起源が他の天体に由来するものであるならば，われわれが属する生命系は地球を超えて存在することになる（星，2013）．また，他の天体に，われわれとは独立な生命が存在するならば，複数の生命系が存在することになる（と筆者は予想している）．アストロバイオロジーはいずれこれらの問いに答えるものと期待している．

展望　生命発生研究の将来

生命の因果律

これまでの各論に述べられているように，万人が納得するような生命の定義はない．代わって，生命の属性が述べられているが，これは生命を「機械」とみなし，部品の構成と部品間の相互作用を述べているに過ぎない．機械論の立場に立つと，生命機械は遺伝情報に従って動く機械，すなわちコンピュータなどと同じ「情報機械（＝情報を処

[*13] 医学における重要な概念や現象には，ヒト以外，哺乳類以外，脊椎動物以外，さらには動物以外の生物で見つかったものも少なくない．たとえば，がんと密接な関係にある細胞分裂の制御に関わる二大役者は，ウニの研究とコウボの研究から見いだされたものである．

動物学者の見た明治神宮

明治神宮の森は温帯地方の巨大都市にある百年にも満たない人工の森
しかし貴方が一歩足を踏み入れると…

Aoki et al., 1977
Tamura, 1977
Kitagawa, 1977

図 1-15 動物学者が見た明治神宮の森

理する機械）」である．この立場からは，ソフトウェアは遺伝子，ハードウェアは細胞である．細胞は膜で仕切られた袋であり，その働きは外界から食物として取り込んだ栄養分を分解し，そこからエネルギーを引き出すこと，すなわちエネルギー代謝を行い，得られたエネルギーを用いて自己増殖する．本文中に述べられている生命の3つの属性，遺伝，代謝，細胞膜はこれに対応する．

これから生命の起原研究はどう進めたらよいであろうか．20世紀中葉以降，生命科学は目覚しい発展を遂げたとよく言われるが，それは生命という情報機械の部品が何であり，部品がどう動くか，特に部品同士がどう連動しているかという「相互作用」が理解されたにだけである．コンピュータのアナロジーで言うと，内部の仕組み，多数のトランジスタを集積したICがどう組み合わされているか，どのスイッチを押すとどのICチップが働き始め，それがどの基盤に伝えられ，その結果，こちらのソフトウェアが起動して，……ということが，理解できるようになったのである．ここまで理解できれば，ハードディスクを増設したり簡単なソフトウェアを考案するなどコンピュータの改造くらいはできる．生命についても同じで，工業や農業に都合のよい性質を持つように生命の部分的な改変を行うことができるようになっている．これがバイオテクノロジーである．

しかし，これでは根本的な理解はできていないから，現行の0と1を使った2進法のコンピュータに代わって，遺伝子が4種類の塩基から出来ていることに倣って4進法のコンピュータを作ろうとか，最近注目されはじめているトランジスタを使わない量子パラメトリックコンピュータといったまったく違ったコンピュータを作ることはできない．コンピュータの最も中心的な部品であるCPUは，なぜトランジスタの集積物なのか，なぜ内部の回路はこうでなくてはいけないのか，といった根源的な問いに対する答えが必要である．同じように，生命の定義に迫るには，なぜ遺伝子は核酸なのか，核酸はなぜ4種のプリンヌクレオチドとピリミジンヌクレオチドからできている4文字系言語なのか．タンパク質はなぜ，20種のアミノ酸の重合体なのか，細胞膜脂質はなぜグリセリンの誘導体なのか，なぜ糖代謝の中心はグルコースなのか，核酸の糖はグルコースではいけなかったのかといった生体部品，生体反応の「因果律」を理解する必要がある．これがわかると，地球生命の根源的な理解だけでない．宇宙生命の構成や属性も推理することができるはずである．そして，そのためには生命の起原やその初期進化に関するより高次な研究が必要である．

(1) Magic 20

生命のハードウェアの中心部品であるタンパク質は生体内で合成するとき，20種のアミノ酸の重合によって作ることから始まる．このとき用いられる20種のアミノ酸は最下等の微生物からヒトまで同じ20種が用いられ，しばしば「マジック20（Magic20）」と呼ばれる．この言葉は，はじめDNAの二重らせん構造の提唱者として有名なクリックが，Magic number 20と呼んだのを受けて，ガモフがMagic20と言い換えて広まったものらしい．

Magic20のメンバーのアミノ酸がなぜ，どのようにして選ばれてきたかはまったくの謎である．完全に出来上がったタンパク質は，一部のアミノ酸が「翻訳後修飾」を受け別のアミノ酸残基に変わるので，生物全体のタンパク質の構成アミ

ノ酸の種類は20よりはるかに多い．たとえば，われわれ高等動物で最も多いタンパク質は，皮膚や骨を作り細胞間の接着も担っているコラーゲンであるが，コラーゲンはほぼ3残基ごとにプロリンが水酸化され，オキシプロリン（＝水酸化プロリン）に変わるから，オキシプロリンは量の上からは，われわれの体の中の全タンパク質には特別に多く存在するアミノ酸の1つである．しかし，Magic20のメンバーには選ばれていない．なぜ，大量に必要なアミノ酸が除外されているのであろうか？　そのほかの修飾アミノ酸残基には，アセチル化されたリシン，メチル化されたリシン，リン酸化されたセリン，トレオニンやチロシン，カルボキシル化されたグルタミン酸など生理機能上の核となる重要なアミノ酸が多く存在する．大切な働きをするアミノ酸をなぜMagic20のメンバーに入れておかないのだろうか？　メンバーは慎重に選び抜かれたものではないのだろう．

Magic20がいい加減な選び方であるかのように見えるのは，別の側面からも言える．酸性アミノ酸はグルタミン酸とアスパラギン酸の2つがメンバーに入っている．この2つはメチレン基（＝CH_2）1つの違いである．同じ酸性アミノ酸だから，働きは同じで，ただタンパク質の中では，酸性残基であるCOOH基をCH_2基1つ分，すなわち1.5 Åほど位置をずらすに過ぎない．タンパク質の表面の上でこの差は，テニスボールの上の2 mmほどの違いに相当する．しかし，タンパク質にとって，このわずかな位置のずれが重要で，この2つの似たアミノ酸を使い分けているというのなら，その反対である塩基性のアミノ酸リシンについても，CH_2が1つ違ったオルニチンもMagic20のメンバーに入れておいたらよい．ところが，オルニチンはメンバーでない．しかもオルニチンは微生物から高等生物まで，ほぼすべての生物が持っているアミノ酸である．それどころか，われわれの手垢などを分析すると，1番多く存在するアミノ酸の1つである．なぜなら，オシッコの主成分である尿素を作るのに必要なアミ

ノ酸であるから．体内に多く存在する．それなのに，Magic20のメンバーからはずしているのはなぜなのか？　Magic20のメンバーはいい加減な選び方である，すなわち偶然に固定されたメンバーで，必然的な理由はないように見える．

側鎖が炭化水素からできている疎水性アミノ酸は，アラニン，ロイシン，イソロイシン，バリンと4種もあるが，分岐鎖が作れないアラニン（アラニンの側鎖はCH_3，分岐鎖はありえない）以外はすべて分岐鎖で，直鎖はない．逆に，親水性のアミノ酸，すなわち上記のグルタミン酸，アスパラギン酸，リシン，さらにグルタミン，アスパラギンはすべて直鎖の炭化水素鎖からできている．なぜだろう？　現時点では，理由は考えつかない．生命が誕生する過程で偶発的に固定されたとしか思えない．しかし，地球外生命が見つかり，そのタンパク質も同じメンバーのMagic20から合成されるのなら，われわれは選択された「理由」を真剣に探さなければならない．

これに関連して，近年台頭著しい合成生物学の進展は見逃せない．この分野では，Magic20から10種，時にはそれ以上のメンバーを削り取って，機能を発揮できる「タンパク質」を合成することに成功している．逆に，Magic20に加えもう1つ別のアミノ酸を要求し，それがないと生存できないMagic21の大腸菌を創製している．

同じことは生命のソフトウェアを担う核酸にも言える．核酸はなぜリボースを使うのか．代謝の中心となるグルコースでないのはなぜか？　塩基はプリンかピリミジンであるが，それぞれ2種類，計4種の塩基を使う．これらはなぜ，どうやって選ばれたのであろうか？　さらに，なぜ4種なのか？　また，タンパク質の構成アミノ酸と同じように，4種の塩基も修飾反応を受けるので，核酸，特にRNAを構成している塩基は4種よりはるかに多い．

DNAはコンピュータのソフトと同じ役割だから，現実のコンピュータのソフトのように0と1を用いる2文字系でよいはずである．プリン塩

基の 1 つ，アデニンは（原始地球上でも，われわれ生物体内でも）簡単にヒポキサンチンに変わる（旨みの調味料の 1 つイノシン酸はヒポキサンチンの誘導体）．DNA 二重らせんの発見者の 1 人であるフランシス・クリックは，アデニンとヒポキサンチンを用いる 2 文字系遺伝システムを論じているが，アデニンとヒポキサンチンから成る "DNA" でも二重らせん構造は作れるので，遺伝子として機能することは可能であろう．宇宙生命の中にはアデニンとヒポキサンチンからなる 2 文字系の遺伝子を持つものがいるだろう．

(2) 不斉（キラリティ）の起原

生化学の教科書には「Magic20 のメンバーはグリシンを除いて，すべて L 型アミノ酸である」と書いてある．さらに Magic20 のメンバーは，すべて α-アミノ酸である．この学術用語は死語になりつつあり，分子内部の化学構造を論じる際，原子の位置はギリシャ文字でなく数字で記述するルールになっている．しかし，生化学ではアミノ酸を論じる際に便利なので，今でも β-アラニン，γ-アミノ酪酸など α，β，……を使う．α-アミノ酸とは，1 つの炭素原子（これが α-炭素）にアミノ基（$-NH_2$），カルボキシル基（$-COOH$）が 1 つずつ結合しているアミノ酸の総称である．Magic20 のメンバーはそれに加えて，α 炭素原子には必ず 1 つの水素原子が結合している．炭素の原子価は 4 であるので，α-炭素はあと 1 つ原子か原子団を結合することができ，Magic20 のアミノ酸では，それが水素原子（グリシンとなる）とかメチル基（アラニン）など 20 種の原子か原子団が結合している．

ここで文字通りの「机上実験」をしてみよう．Magic20 のメンバーのアミノ酸のどれか 1 つを取り上げて，その α-炭素原子に結合しているカルボキシル基とアミノ基を机の表面に付着させる．さらに手前にカルボキシル基を引き寄せて，アミノ基を遠くに置くと，α-炭素はこれら 2 つの原子団の中間で，机の面より少し上に位置する．自分自身がコビトになったと仮定して，カルボキシル基の上からアミノ基のほうに向かって歩いて α-炭素原子の上に立つと，上述の Magic20 に共通する α-炭素原子に結合している「水素原子」はコビトとなったあなたの右側に位置している．左側に水素原子以外のどんな原子でも原子団でも結合すると，分子は左右対称性を失い，α-炭素原子は「不斉炭素原子」となり，アミノ酸は L 型となる．不斉炭素原子を含む分子は光学活性であり，旋光性を示すが，旋光性を表す D, L も今では死語であり，有機化学では R, S 表示を用いる約束となっている．これに従うと，Magic20 のメンバーは「18 種が S 型であるが，システインは R 型，グリシンはどちらでもない」と記述することになり，不便であるので，生化学では，特にタンパク質構成アミノ酸を論じる際は，今も D, L 表記を使う．机上実験を続けよう．「Magic20 は，すべて右側に水素原子が結合している」と記述すれば，わざわざ「グリシンを除いて L 型……」と記述する必要もない．たまたまグリシンでは左側にも水素原子が結合しているだけである．

核酸では糖リボース（またはデオキシリボース）は D 型である．もし，D, L を混在させると，二重らせん構造は取れない（DNA の二　は右巻きであるが，L 型デオキシリボースを用いれば左巻きらせんとなる．遺伝子としての働きは左巻きでも支障はないはずである）．アミノ酸も D, L 混在では，規則的な二次構造が取れない．タンパク質中の α-らせんは右巻きらせんであるが，もし構成アミノ酸が D 型なら，その鏡像，すなわち左巻きらせんとなる．しかし，混在しているとらせん構造がとれない．同様に，β シート構造も作れない．だから，宇宙の生命もタンパク質や核酸を用いる限り，アミノ酸や糖は D, L どちらかに限定される．

地球生命の場合，不斉炭素原子の起原はどのようなことだったのであろうか？　不斉の起原は，生命の起原問題の核心であるばかりか，その考え

方が「生命の起原」のミニアチュア版である．生命の起原と同じで，

1　不斉起原は必然，すなわち，今後も地球上で生命が発生するなら必ずL型アミノ酸，D型リボースの生命となる
2　偶然，地球上の生命の誕生の過程のどこかで，たまたまL型アミノ酸となったので，D型アミノ酸生物となる確率も五分五分だった
3　争って勝った，すなわち原始地球上ではL型アミノ酸生物もD型アミノ酸生物も生まれたが，両者は争ってL型が勝利した，

以上3つの可能性のどれかである．実験研究者にとって悩ましいのは，1のケース以外は実験で検証することが不可能（3のケースは実験を計画することは不可能ではないが極めて困難）であり，ケース1に賭けるしかないことである．

ケース1を信じて実験研究をするなら，不斉とは非対称な現象であるから，原始地球上にありえた非対称な自然現象を見出す必要がある．しかし，日常的な世界は対称である．たとえば水晶には左水晶，右水晶という非対称な世界があるが，水晶の産地全体ではほぼ半々で結局は対称な世界である．非対称な世界は極端に大きな世界と極端に小さな世界にしか見出せない．たとえば，宇宙の構造には非対称な世界がある．身近には太陽系ではすべての惑星が同じ向きに回転している．一方，素粒子の世界では，パリティ非保存則のような非対称な世界がある．いずれも20世紀後半には，遠心機の中で有機合成を試みるとか，パリティ非保存則に基づくCo^{60}から放射される偏向したγ線でアミノ酸の不斉合成，あるいは逆にアミノ酸のラセミ体からD，Lどちらかがより早く分解しないかといった実験は行われたが，有意な結果は報告されていない．

ケース2はどんな機構が考えられるか？　光合成の研究で有名なメルビン・カルビンはかつて自触媒反応を論じた．自触媒反応とは，反応の産物がその反応を触媒する反応系のことである．すなわち，触媒と反応産物が同じ物質である．生命は一種の自触媒系である．親が食料（＝反応原料）に働いて，子孫＝親と同じ生物ができる．すなわち，親は触媒であり子は産物であり，両者は同じである．原始地球上で得られるCO_2，CH_4などの原材料からα-アミノ酸を生み出すような自触媒系があったとしよう（私にはそのような化学反応は思いつかないし，カルビンも思いつかなかったが）．長い反応時間がかかり（なぜならはじめは触媒は存在していないから）最初の分子が生まれると，そのアミノ酸が触媒となり比較的短時間のうちに，2番目のアミノ酸が生まれる．このとき，最初のアミノ酸分子がL型なら，第2の分子もL型である．こうして，この系からはLアミノ酸のみが作られる．原始地球上のあちこちでこのような現象が起こると，地球全体ではラセミの世界となり，不斉の起原とはならないが，反応が極めて不利で，すなわち，簡単には最初の分子が生まれず，一方，触媒は非常に効率のよい触媒活性があると，第2番目の反応が起こる前に原材料を使い果たすからD，Lどちらかの一方しか合成されず，非対称な世界ができる．残念ながら，そのような反応系は思いつかないし，思いついても実験は難しい．最初のアミノ酸分子は，何千万年とか何億年とかに一度くらいしか誕生しないような反応速度の遅いものでなければならないから．

ケース3は，結局はD-生物かL-生物に有利な環境，すなわち初期地球上に非対称な環境を求めるから，ケース1と同じ問題に悩むことになる．

(3) 生と死の境を越える

生命の起原の研究者は化学進化の結果，最初の地球生命が生まれたとするオパーリン-ホールデン仮説を信じて研究をしている．化学進化仮説は，突き詰めれば物質から生命が生まれたという学説である．すなわち，生命の起原学説は，死から生への境は越えられると述べている．しかし，これまで生命の起原研究者は，この最も核心的な命題を取り上げていない．物質から生命への移行は，

下等生物では頻繁に見られる普遍的な現象といってよいであろうから，生命の起原研究者はもっと勇気を持って，この課題に取り組むべきでないか．

微生物は日常的に凍結乾燥して保存し，長年月保存した後に容易に再生している．原核生物はもとより真核生物でもできる．あまりに手軽に，かつ容易にできるので，多くの場合，物質から生命を生んでいるという感覚なしに行われているが，凍結乾燥した微生物細胞は，干からびた"物質"であり，本書でも生命の定義に代わる生命の属性の1つと述べている「代謝」は行われていない．だから干からびた微生物は生きてはいない，死体である．もっと具体的なイメージで言うなら，凍結乾燥した微生物細胞は要するにスルメである．世界中の微生物を扱う研究室では，未熟な初学者でさえ，スルメをイカに戻して泳ぎ始めさせるような実験をしている．

同様な現象は細菌よりずっと高等なクマムシやネムリユスリカなどでもできることが知られている．乾燥しスルメ状態のクマムシは，適当な条件のもとで生き返り動き，食べものを摂取する．また，植物の種子も似たような現象でないか．発芽率は多少低下するが，何年も引き出しの中に放置してあった種子（この間，代謝は行われていない）でさえ，生き返って生命の属性である代謝も自己複製も復活する．

問題は条件である．物理学者のフリーマン・ダイソンは，生と死は相転移として理解できるのではないかという．相転移は可逆である．すなわち，2つの状態の間は行き来できる．生と死が相転移なら，生と死も行き来できる．風呂場の浴槽から立ち上る湯気は，天井からしたたり落ちてくる水滴と同じ物質である．湯気は液体の水が相転移したに過ぎない．生と死も同じであろう．仮想実験として，今，あなたのそばにいる誰かを絞め殺した（ナイフで刺殺したでもよい）としよう．死を挟んで，タンパク質や核酸を分析したり，筋肉や臓器の代謝活性を測定したら，ほとんど変化はないはずである．要するに死を挟んで物質としての変化は極めてわずかで，状態が変化したに過ぎないから，ヒトの死でさえも水滴と湯気との間と似た関係であろう．水滴と湯気は（いうまでもないが）常圧のもとでは単に100℃を挟んで温度を変化するだけで，行き来できる．残念ながら，下等な細菌の生死でさえ，われわれは，どのパラメータをどう変化させればよいか理解していない．しばしば凍結乾燥できない新種の細菌に出会うことがある．そのときは，凍結乾燥以外の乾燥法にすがって問題を解決している．どんな状態の細菌が凍結乾燥に適し，どんな状態の細菌は適さないかなど組織だった知識は得られていない．生命の起原研究者たちも微生物学者たちも，生と死の間を往復するこれらの現象をもっと真剣に研究すべきであろう．

乾燥でないやり方からの蘇生実験も行われてきた．古くは20世紀中葉には，タバコモザイクウィルスを結晶化し，後にタバコに感染させて増殖させた．結晶とは鉱物である．すぐあとでは，ウィルスのタンパク質部分と核酸部分を別々に精製し，結晶化し，しばらくの期間放置した後に両者を混合して蘇生させている．ただし，ウィルスは自己複製能はあるが，代謝能と細胞構造は欠いているから，生物の属性のうち2つを欠いている．だから，この実験は「生物は生死を行き来できる」とはいえないと難癖をつけることもできる．多くの生物学の教科書では，ウィルスは生物に入れていないことが多い．しかし，多くの微生物学の教科書では，ウィルスを微生物の一員としている．

生命合成の分野では，近年成功した人工細菌は見逃せない．これは細菌の遺伝子DNAを抜き去り，そこに，別種の細菌の遺伝子DNAをお手本として，化学合成により人工的に合成した遺伝子DNAを注入して天然には存在しない「人工細菌」を作ることに成功した．この人工の細菌の遺伝子DNAには，これを「合成」することに従事した多数の研究者の名前が書き込まれた．さらにある物理学者のリチャード・ファインマンが述べたとされる格言にちなんで「What I cannot build, I cannot understand」が書き込まれている．この格言と同様な考え，すなわち「作れないということは理解していないということ，あるいは，作ることが理解することである」という考えは，ギリシャ哲学の昔からあったといわれているし，元来，天然物有機化学の世界では，新たに発見された天然有機物の構造の最終証明は「合成」であった．同様に，生命を作ることは，生命とは何かに迫る最終の実験研究手法である．

第 2 章　地球史と生物進化

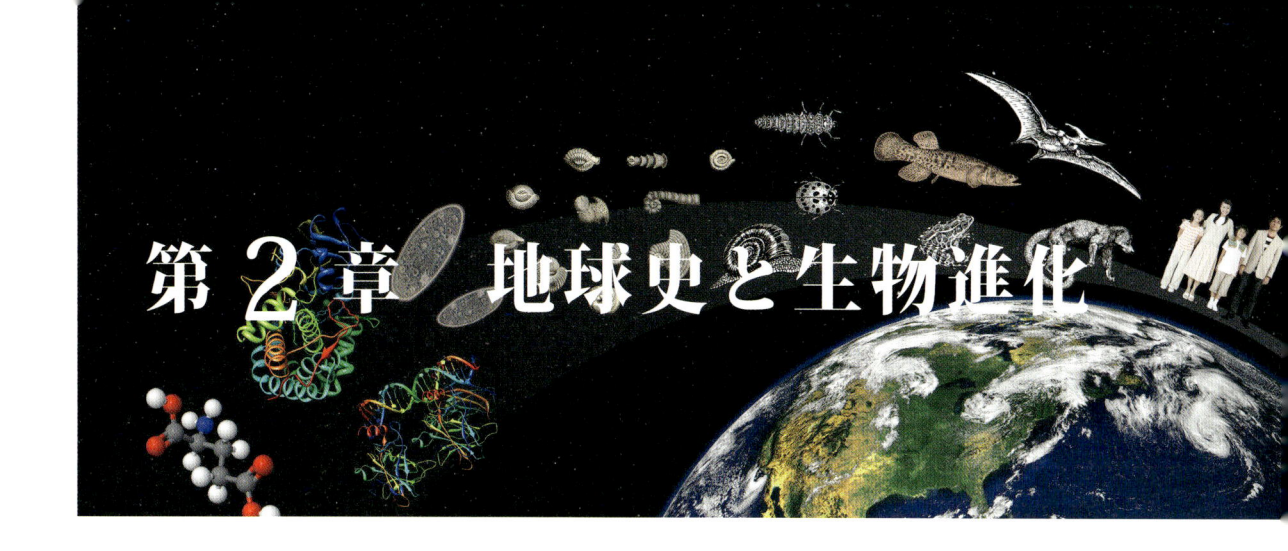

2-1　生命の起源

2-1-1　生命前駆物質

(1) 惑星形成の場 – 星間分子雲

　恒星間の空間にある希薄な星間ガスが濃い部分は，星間分子雲と呼ばれ，その構成主体は分子となっている．星間雲中にこのような濃い部分が存在することは1970年前後に電波天文観測により明らかになった．20世紀当初から2原子分子が彗星に存在することは知られていたものの，当時の常識では，宇宙空間には星からの紫外線が満ちているために多原子分子は存在しえないとされていた．ところが1963年に水酸基（OH）が発見されて以来，次々に星間雲中に分子（星間分子）が発見され，その後も有機分子を含む多原子分子が発見されてきた．星間分子は，星間分子雲のみならず赤色巨星周囲や系外銀河でも多数検出されている．

　星間分子が存在する星間分子雲は，また，恒星や惑星が誕生する場でもある．星間分子雲は極低温の世界であり，その温度は絶対温度でおよそ10 K（摂氏でおよそ−260℃），星の誕生した現場の周囲などの暖かいところでも数百K程度である．また，その密度も極めて低く，薄いところでは1 cm^{3}当たり水素分子が数十個程度，濃いところで$10^5 \sim 10^8$個程度である．このような物理的条件であるが，星間分子雲の重力収縮による恒星・惑星形成には1000万年程度もの長い時間を要することが知られている．

　原始星や惑星形成に関する標準的な考え方を図2-1に示す．星間分子雲中には，HやHeなどの星間ガスのほか，星間塵（ダスト）と呼ばれる大きさ1μm前後の微粒子が含まれており，ダストが集積することにより微惑星とよばれる小天体が形成される．微惑星はさらに合体集積して地球型

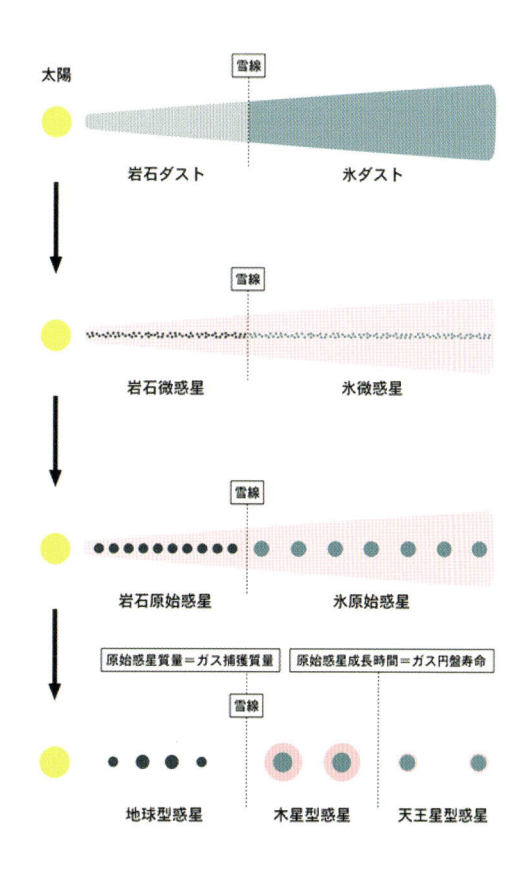

図 2-1　原始太陽系円盤からの太陽系形成の概念図（理科年表オフィシャルサイト（国立天文台・丸善出版））

惑星をつくる原始惑星やガス惑星のコアが形成される．ガス惑星は固体惑星が円盤ガスを大量に捕獲することによって形成される．円盤温度が水（H_2O）の昇華温度になる場所（雪線）の内側では水は水蒸気となり，外側では氷となる．雪線の内側では惑星の材料物質は岩石と金属鉄のみで原始惑星は大きくなく十分なガスを集められない（地球型惑星）のに対し，雪線の外側では大量の氷が材料物質に加わるほか，太陽重力の影響が弱く，広い領域から材料を集めることが可能なため，原始惑星も大きく十分なガスを集積できる（木星型惑星）．一方，円盤ガスが消失した後にできた氷惑星（天王星や海王星）はガスを十分に集積せずに残る．天王星や海王星領域より遠方では，微惑星の成長は遅く，ガス円盤中の水蒸気は微惑星上に昇華・集積して，彗星核を形成する．この際，水蒸気だけではなく，星間分子雲中で生成された他の分子種も同様に集積することが予想されている．なお，惑星形成に関する詳細については，第3章を参照のこと．

(2) 星間分子の組成と生成機構の概観

では，星間分子雲中にはどのような物質が存在しているのであろうか？　2015年現在，知られている星間分子の種類はおよそ180個である（未確認のものも含んだ数字）[*1]．日本の国立天文台を中心とするグループも，国立天文台野辺山にある45 m大型電波望遠鏡を用い，17種の星間分子を発見した．これらの星間分子を大別すると表2-1のように分類できる．星間分子として最も多いのは，水素分子である．星間分子の組成比のほぼ100%が水素分子である．次に多いのが一酸化炭素（CO）と水蒸気（H_2O）で，水素分子に対して1万分の1程度の存在比である．星間分子雲が極めて希薄であることを反映し，地球上では極めて短時間しか存在できない分子イオンやラジカル類[*2]が多く存在することも星間分子の特色の1つである．また，われわれの身近に多量に存在する有機分子も数多く存在している．

表2-1　星間分子の分類例

分類	分子種
単純な分子種	H_2, CO, H_2O, CO_2, NH_3, など
分子イオン	H_3^+, HCO^+, H_3O^+, HCO_2^+, など
ラジカル	C_nH, C_nO, C_nS (n=1, 2,....), など
環状分子種	c-C_3H, c-SiC_2, c-C_3H, c-C_2H_4O, など
安定分子種	H_2CO, HCOOH, CH_3OH, C_2H_5OH, など

多くの星間分子は，ガス中におけるイオン分子反応[*3]や中性‐中性反応により生成されると考えられている．一方，有機分子などは気相反応だけでは観測されている量を生成できず，星間塵上における表面反応が主たる生成機構であると考えられている．星間塵の表面には，水素原子が多数存在している．水素原子は20 K以下の極低温でもトンネル効果により表面上を移動することができる．そこにガス中の，たとえば一酸化炭素が吸着すると，表面上を動き回ることができる水素原子が徐々に一酸化炭素と反応し，ホルムアルデヒドを経由して最終的にメチルアルコールになると考えられている．このようにして星間塵表面で生成した有機分子は，当初は塵の表面に留まっている．星間分子雲の中で星が生まれると，星からの紫外線が当たることによって塵の温度が上昇し，塵表面の有機分子が蒸発してガス中に出てくると考えられている．この考えは，星間有機分子の多くが生まれたばかりの星の周囲に残存しているガス中に検出されることから提唱されたものである．

(3) 生命の素材となる有機物質

宇宙の有機分子を分類してみると，アルデヒド，アルコール，エーテル，ケトン，アミドなどに分けられる．アルデヒドの中で最初に発見されたのがホルムアルデヒド（H_2CO）で，1969年のことであった．当時知られていた星間分子は，OH,

---

[*1]　最新情報については，たとえば，理科年表を参照のこと．
[*2]　分子や原子の最外殻に位置する電子が対になっていないために反応性が高い物質．
[*3]　反応物の片方がイオンでもう1つが中性であるイオン分子反応の場合，2つの反応物が接近すると中性側の物質に分極が生じ，クーロン引力の働きのためにエネルギー障壁がなくなるので，極低温でも反応が進行する．

NH_3, H_2O のみであり, 4 原子分子が発見された驚きは相当のものであったという. しかし, ホルムアルデヒドの発見に触発され, 1970 年代には, メチルアルコール (CH_3OH), ギ酸 (HCOOH), チオフォルムアルデヒド (H_2CS), メチレンイミン (CH_2NH), フォルムアミド (NH_2CHO), アセトアルデヒド (CH_3CHO), メチルアミン (CH_3NH_2), ジメチルエーテル (($CH_3)_2O$), シアナミド (NH_2CN), エチルアルコール (C_2H_5OH) が発見された. アミノ基を持つ物質が既に 1970 年代には見出されていたのである.

生命素材物質については, 電波望遠鏡の感度向上に伴い, 2004 年に最も簡単な糖であるグリコールアルデヒド (CH_2OHCHO) が発見された. また, 2008 年には, 最も簡単なアミノ酸であるグリシン (NH_2CH_2COOH) の前段階物質であるアミノアセトニトリル (NH_2CH_2CN) が発見された. アミノアセトニトリルが水と反応するとグリシンになるため, アミノアセトニトリルの存在はグリシンと等価であると考える研究者もいる. また, 2014 年には, 国立天文台野辺山 45 m 大型電波望遠鏡を用いた観測により, グリシンの別の前段階物質であるメチルアミンが非常に豊富な天体が複数見つかった. これらはいずれも星形成領域の中心にある暖かい領域で見いだされており, グリシンを含めたアミノ酸などの生命素材物質も他の有機分子と同様に星間塵上で生成されていることを示唆している.

1970 年代以降, アミノ酸や核酸 (その前駆体を含む) を直接検出するための多くの努力が払われてきたものの, 2014 年現在, 発見には至っていない. これは星間分子雲中におけるアミノ酸の存在量が (おそらく) 少ないこと, したがって, 極めて高感度かつ高空間分解能な電波望遠鏡を使わなければならないことが背景にあると考えられる. 2012 年に部分稼働を開始したアルマ望遠鏡[*4]は, この条件を満たすため, 星形成領域, 原始惑星系円盤や彗星を対象とした観測をアルマ望遠鏡によって実施することによるアミノ酸を初めとする生命素材物質の検出に世界の期待が集まっている.

(4) 地球外起源の生命素材物質の地球への運搬

彗星は, 星間分子雲が収縮してできた原始惑星系円盤の中で, 中心星から遠いところで形成されたと考えられ, 星間分子雲中で形成された物質をそのまま保持していると言われている小天体である. 地上からの観測により, 一酸化炭素 (CO), メタノール (CH_3OH), メタン (CH_4), 二酸化炭素 (CO_2) などの炭素化合物やアンモニア (NH_3) やシアン化水素 (HCN) といった窒素化合物の存在が知られていた. また, ハレー彗星を探査したジオットや, ヴィルド第 2 (Wild2) 彗星を探査した NASA のスターダスト (Stardust) により, 彗星核には, 多環芳香族炭水化物 (PAH) などの複雑な有機物が含まれていることも明らかになった. 2009 年にスターダスト研究グループはヴィルド第 2 彗星から持ち帰った彗星からの物質を分析したところ, アミノ酸であるグリシンが含まれていたと報告した. 彗星中にグリシンがあることは, 星間分子雲中にもグリシンや他のアミノ酸などが存在する可能性を示唆している.

かつてミラーの実験 (2-1-2 項を参照) により, 当時想像されていた強還元型の原始大気成分 (メタン, アンモニア, 水素, 水蒸気) からアミノ酸などの有機物を合成できることが示された頃は, 地上における化学反応により生命素材物質が十分生成できると言われていた. しかしその後の研究により, 原始地球の大気は二酸化炭素, 窒素, 水 (非還元型) あるいはこれに一酸化炭素が加わった弱還元型の大気であると考えられるようになった. このような大気の下では地球上では十分な量の有機物質が生成できないことがわかり, 生命素材物質を地球外から運搬することが生命の起原に主要な役割を果たしたのではないかとの考えが広がってきている. 最近では, 水と同様に有機物質

[*4] 国立天文台が米欧と協力し, チリのアタカマ砂漠に設置した大型電波干渉計.

のほとんどが彗星によりもたらされたというまとめも発表されている（Ehrenfreund et al., 2002）.これは，生命の素材となる有機物質の多くが地球外起源を持つ可能性を示している.

(5) キラリティの起源？

右手と左手は，ちょうど鏡に映したような関係になっている．同様に，ある分子がその鏡像と結合の組換えなしに重ね合わせることができない場合，分子が「キラリティ」を持つ，あるいは，キラルな分子という．キラルな分子のうち，分子に当たった直線偏光が右回りに回転する場合をD体，左回りの場合をL体と呼んでいる．われわれが知っている生命体では，L-アミノ酸とD-糖が使われている．その起源は未だに不明ではあるが，いくつかの考えが提唱されている．宇宙空間でアミノ酸が生成され，そこにパルサーや星間塵によって生じた円偏光が照射されることにより，一方のキラリティを持つ割合が増えたことが原因だとする宇宙原因説，あるいは，素粒子レベルで働く力である弱い相互作用が非対称であることが原因となってL体のアミノ酸が増えたとするもの，などである．前者の場合，照射される円偏光によってはD体のアミノ酸を主として利用する生命が宇宙のどこかにいる可能性を示唆するし，後者であれば，宇宙のどこで生命が発生・進化しても生命体はL体のアミノ酸を主として用いることを示唆する．いずれにしても，どちらかのキラリティを持つ分子が過剰になった後に他のキラリティのものを"駆逐"する増幅機構が必要となる.[*5] その1つの可能性として，触媒の働きをする分子が反応分子をその触媒分子に変えてしまう有機自己触媒反応が提唱されている．このため，アミノ酸や糖に有機自己触媒作用があるかどうかを調べることが課題となっている．

(6) 本項のまとめ

本項では，恒星や惑星の誕生の場である星間分子雲中で生命の素材が形成されていること，その素材が彗星や隕石などによって惑星に運搬された可能性があること，を述べた．生命素材が宇宙起源であるというこの考え方を支持する研究者はどんどん増えている．太陽系外に多数の惑星が見つかっていることを踏まえると，われわれの銀河系内や系外銀河においても，生命が発生している惑星が存在する可能性が非常に高まってきたと言えるだろう．

2-1-2 化学進化：生体有機物と生体機能の進化

(1) 化学進化研究のはじまり

1859年，パスツールが現在の地球上で生命が自然発生しないことを証明したことにより，地球生命がどのようにして誕生したかが科学上の大問題に浮上した．1920年代になり，オパーリンとホールデンは，独立にこの問題を考察し，共に以下の考えにいたった．それは，原始の海洋中で様々な有機物が蓄積し，それらが化学反応により徐々により複雑な物質に進化した結果，生命が誕生したとする仮説で，一般に生命起源の「化学進化仮説」と呼ばれる．しかし，当時は，何億年もかかったであろう化学進化過程を，実験的に検証するのは困難と見られていた．

1950年代になると，この化学進化の実験的検証が本格的に始まった．1951年，ガリソンらは二酸化炭素と鉄(II)イオンを溶かした水に加速器からのヘリウムイオンを照射することにより，ギ酸，ホルムアルデヒドといった有機物が生成することを報告した．その2年後，ミラーは，フラスコにメタン，アンモニア，水素，水を入れ，その混合気体中で火花放電を行うことによりアミノ酸が生成することを報告した．この結果は，アミノ酸という重要な生体分子が単純な分子から容易に生成しうることを示し，多くの科学者を生命の

[*5] 素粒子をベータ崩壊させる弱い相互作用に関わる素粒子は，そのスピンの方向が運動の方向と逆のものしか知られていない．このことから，宇宙が左巻きキラリティを好んでいるために一方のキラル分子のみが選択されたという考え方．

起源研究に引き込んだ．

（2）化学進化研究の進展と問題点

　生命の起源を解明するアプローチとして，原始環境で存在したと考えられる物質を材料として，「生命の材料」を作っていくものと，現存する生命から生物進化を遡り，最初の生命にたどり着こうとするものがある．前者はボトムアップ的アプローチ，あるいは化学進化的アプローチであり，後者がトップダウン的アプローチである．前者では，いかに原始環境に存在した分子を推定するかが大きな問題となる．

　また，化学進化実験では，ミラーの実験のように，単純な分子をフラスコ等につめ，エネルギーを与えることによって生じる物質を分析する，ワンポット反応型の実験と，特定の分子を順次加えていくことにより目的の分子を作ろうとする有機合成型の実験の2つのタイプがある．

　ワンポット反応実験では，「模擬原始大気」を使う実験が多く報告された．しかし，原始地球大気は，現在の地球には残されておらず，さまざまな仮定のもとに推定するしかない．ミラーの実験の成功により，1960年前後にはメタンやアンモニアを主とする，「強還元型大気」を想定した実験が相次いだ．また，放電実験により，まずシアン化水素 HCN やホルムアルデヒド HCHO が多く生成するという知見をもとに，ミラーらは原始海洋に溶け込んだこれらの分子やアンモニアが反応して，

$$HCN + HCHO + NH_3 \rightarrow NH_2CH_2CN \xrightarrow{2H_2O} NH_2CH_2COOH + NH_3$$
（グリシン）

のような反応（ストレッカー反応として知られていた）によりアミノ酸が生成したのではないかと推定した．アミノ酸が生成すれば，それらが反応してペプチドができ，また，核酸も，その構成分子である核酸塩基，糖（リボース），リン酸が順次結合して生成した，という有機合成型の実験も行われ，成果が報告された（図2-2）．

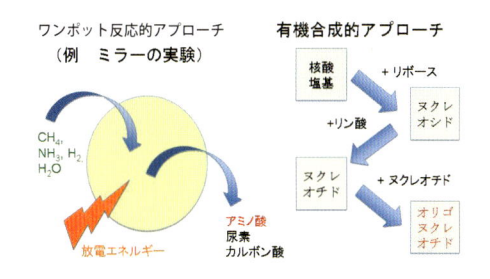

図 2-2 化学進化実験の2つのアプローチ．左のワンポット反応は，ミラーの実験のように原始環境に存在すると考える単純な分子を混ぜ合わせ，放電や熱などのエネルギーを与えた後，生成物を分析する．多種類のものが同時に生成するため，個々の化合物の収率は一般に低い．右の有機合成反応は，生成物を作るのに必要と考えられる分子を順次反応させていく．一般に高濃度・高純度の出発材料が必要である．

　しかし，1970年代以降，太陽系形成論や初期地球大気の光化学などの惑星科学的知見をもとに，メタンやアンモニアが原始大気中に高濃度で存在した可能性は低いと考えられるようになった．非還元型大気（二酸化炭素，窒素，水蒸気型）もしくは，これに一酸化炭素（またはメタンや水素）が加わった弱還元型大気からは，放電や紫外線などではアミノ酸等の生体有機物はほとんど生成しない．ただし，宇宙線（高エネルギー放射線）や隕石衝突時のエネルギーなどの寄与を考えれば，弱還元型大気からならばアミノ酸などの生成は幾分期待できる．

　また，有機合成型の実験においては，出発材料が低濃度の場合，あるいは高濃度であっても妨害物質が存在する場合には，収量が極めて低くなる問題がある．さらに，図2-3に示すように，生命の誕生に必要とされる生体分子（ペプチドやヌクレオチドなど）は異性体（結合の位置が異なる分子）が多く，その中で「正しい」結合のものが生成する確率が低いことも問題であった（図2-3）．

　さらに，化学進化で期待される多くの反応（アミノ酸の結合によるオリゴペプチドの生成や，ヌ

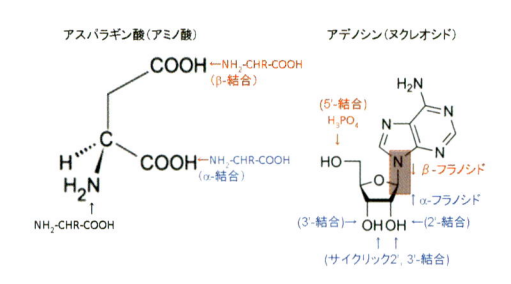

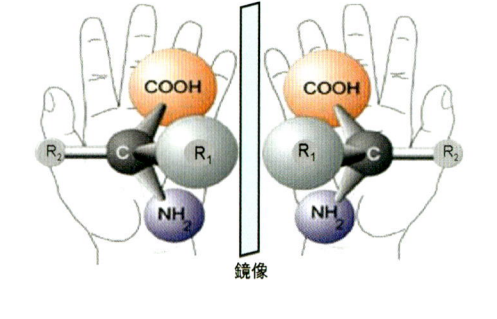

図 2-3 生体有機物の位置・立体異性体．アミノ酸同士が結合してペプチドができるが，アスパラギン酸のようにカルボキシル基 (-COOH) を 2 つもつアミノ酸の場合，α 位の -COOH に別のアミノ酸のアミノ基 (NH_2) が反応しなければ「正しい」ペプチドにならない．ヌクレオチドの場合はより複雑で，リボース（5 員環のフラノシド構造をとっている必要がある）の 1′ 位の -OH に，塩基（アデニン）中の「正しい」窒素 (-NH-) が，正しい方向（図では上方）から結合する必要がある．このヌクレオシド（アデノシン）の 5′ 位にリン酸がついて初めて「正しい」ヌクレオチド（AMP）ができる．

クレオチドの結合によるオリゴヌクレオチドの生成など）は，水を引き抜いて分子同士を結合させる「脱水縮合反応」であり，水の中で起こすのは難しい．そこで，干潟のような環境を考えたり，脱水縮合剤を別に用意したりといった工夫が必要である．

（3）地球外有機物の寄与

20 世紀後半，天文観測や惑星探査により，地球外に様々な有機物が存在することが知られるようになった（2-1-1 項参照）．とりわけ，隕石（炭素質コンドライト）の熱水抽出物からは 70 種類以上のアミノ酸が同定されている．さらに，クローニンとピザレロは，隕石中の一部のアミノ酸に，L 体（左手型）が D 体（右手型）よりも多い「エナンチオ過剰」があることを報告した[6]（図 2-4）．

これらのことから，隕石などにより地球に届けられた有機物が生命の起源に重要な働きを示した可能性が示唆される．まず，原始大気の組成は未だ確実なことはわからないが，たとえ有機物を合成するのに不向きな非還元型大気であったとして

図 2-4 炭素質コンドライト中に見出されたアミノ酸のエナンチオ過剰．アミノ酸の多くは，1 つの炭素に $-NH_2$, -COOH, -H（図では R_2）と，これらと異なる別の基 $-R_1$ が結合しているため，鏡像異性体（エナンチオマー；L 体と D 体）が存在する．たとえばアラニンは $R_1 = CH_3$, $R_2 = H$ である．地球生物は基本的に L 体のアミノ酸のみを使ってタンパク質を作っている．タンパク質に含まれないアミノ酸の中には，$-NH_2$, -COOH が結合した炭素（α-炭素）に -H がないものがある．イソバリンは，$R_1 = C_2H_5$, $R_2 = CH_3$ である．隕石中のイソバリンのように α 炭素に水素が結合していないアミノ酸にエナンチオ過剰がみつかっている．

も，地球外物質からの有機物の供給は期待できる．なお，供給されたアミノ酸（またはアミノ酸前駆体）の L 体の過剰は小さい（たかだか 10％程度）が，それを種として，自己触媒反応により L 体[7]アミノ酸の過剰を増幅し，ほぼすべてのアミノ酸が L 体になるようなメカニズムを東京理科大学の硤合憲三は提案している．

（4）生命の誕生の場としての海底熱水系

地球外から運ばれてきた有機物は原始海洋に溶け込んだと考えられる．さらに，原始大気がある

---

[6] Cronin and Pizzarello（1997）．通常の化学反応では，D 型と L 型が等量できるが，地球上の生物が使うのは，原則として L 型のアミノ酸のみである．化学進化の過程で，いかに L 型のアミノ酸のみが選ばれたかは生命起源研究上の大問題である（2-1-1 項（5）参照）．

[7] 分子 A が B に変化する反応を B が触媒するような反応のこと．B の濃度は加速度的に増加する．また，この B が不斉分子であり，左手型の分子（B_L）が B_L の生成を，右手型の分子（B_R）が B_R の生成を触媒するならば，最初は B_L が B_R よりもわずかに大きい場合，自己触媒反応によりほとんどが B_L となることが確認されている．

程度還元的であれば，原始大気から生成した有機物もこれに加わったであろう．ただし，これらはあくまでも有機物であって生命ではない．有機物から生命への「進化」の場としては，海が想定されてきた．理由としては，現在の地球生命を構成する元素が，海水のそれと非常に類似しているためである（表2-2）．では，生命が誕生した「原始スープ」の海は，どのような海だったのだろうか．冷たいコンソメスープ説，暖かいポタージュスープ説などの比喩が用いられていたが，1970年代にこれを覆す新たな発見が，深海底探査によってもたらされた．

1977年，深海探査艇アルビン号は，東太平洋ガラパゴス沖の深海底を探査中に海底から濁った海水が噴き出しているのを観測した．その水温は300℃を超えていた．これは，海底地殻の割れ目から入り込んだ海水がマグマにより加熱され，周辺の鉱物やマグマからのガスと反応しながら冷たい海水中に噴出したものである．発見者のバロスやコーリスらは，この「海底熱水噴出孔」が生命の起源に重要な役割を果たした場ではないかと考えた．理由としては以下のことが挙げられる．

a) 有機物の無生物的合成には，還元的な環境が必要であるが，海底熱水系にはメタン，水素，硫化水素などの還元的なガスが多く含まれている．

b) 有機物を効率的に合成するためには，適当なエネルギーと，生成物をそのエネルギーによる分解から守る場が必要であるが，海底熱水系ではマグマの熱と，冷海水への噴出による急冷が期待できる．

c) 有機物生成反応の触媒となることが期待される金属イオン（鉄，亜鉛など）が高濃度に含まれる．

これらの化学的な利点に加え，後に以下の生物学的利点が加えられた（2-1-3項参照）．

d) 地球生物の共通の祖先が高度好熱菌であった可能性が高い．なお，これらの多くは，光がなくてもメタンや硫化水素などの物質のもつエネルギーを用いて有機物を合成する「化学合成生物」である．

海底熱水系の探査，理論的考察，そして室内模擬実験による海底熱水系の化学進化に関する研究が広く行われている．初期の実験では，オートクレーブ（高圧釜）を用いた実験が主流であった．しかし，実際の熱水噴出孔は，常に海水が流れながら反応する「フローリアクター」とみなせる．そこで，1990年代からは，上記のb）の利点に着目して，フローリアクターを用いた実験が行われるようになり，アミノ酸，ペプチド，有機物凝

表2-2 自然界の主要元素組成

元素	宇宙	地殻	海水	人体
水素	91	0.22	66	63
ヘリウム	9.1			
酸素	0.057	47	33	25.5
窒素	0.042			1.4
ナトリウム	0.042	2.5	0.28	0.03
炭素	0.021	0.19	0.0014	9.5
ケイ素	0.003	28		
マグネシウム	0.002	2.5	0.033	0.01
鉄	0.002	4.5		
イオウ	0.001		0.017	0.05
カルシウム		3.5	0.006	0.31
リン				0.22
塩素			0.33	0.03
カリウム		2.5	0.006	0.06
アルミニウム		7.9		

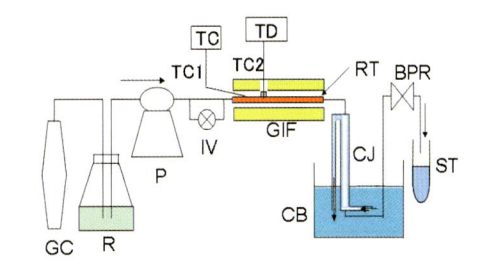

図2-5 海底熱水系を模したフローリアクター．海水を模した水溶液をRに入れ，ガスボンベ（GC）からのガスをバブルすることにより，還元的な環境を保ち，背圧制御器（BPR）で高圧（〜25 MPa）に保った状態で送液ポンプ（P）によりヒーター（赤外線ゴールドイメージ炉（GIF））に送り込む．途中の注入バルブ（IV）から試料を導入する．炉内の反応管の外側の温度は熱電対TC1により，温度制御器（TC）で設定した温度に保ち，その時の反応管内の温度は熱電対TC2により測定し，表示器（TD）に表示される．反応溶液は炉を出てすぐに，冷水浴（CB）およびその水を循環させた冷水ジャケット（CJ）で0℃に急冷された後，サンプル管（ST）で回収する．

集体の生成等が報告されている．フローリアクターの一例として筆者らが用いているものを図2-5 に示す．

(5) タンパク質が先か，核酸が先か

　生命を，代謝を行いつつ自己複製する分子システムと考えるとき，その誕生には，代謝を司る分子と自己複製を司る分子が揃うことが必要となる．地球生物の場合，前者をタンパク質，後者を核酸（DNA, RNA）が担っている．ともに分子量数万あるいは数十万の巨大かつ複雑な分子であるが，両者が同時に生成したとは考えにくい．しかし，タンパク質の生合成では，核酸の持つ情報が必要なのに対し，核酸の生合成時にはタンパク質である酵素の触媒作用が必須である．そこで，どちらが先にできたかが常に論議の的になってきた．

　分子生物学者は，自己複製をより重視する傾向がある．さらに，触媒作用を有するRNA（リボザイム）の発見により，生命誕生の歴史の中でタンパク質やDNAを必要としない，RNAのみで成立していた時期が存在したとするRNAワールド説がギルバートにより提唱されると，多くの支持を集めるようになった（詳細については次の2-1-3項を参照）．ただし，RNAの無生物的合成は問題が多い．特に糖（リボース）の生成と，それと塩基からのヌクレオシドの生成過程が問題である．近年，ポウナーらは，核酸塩基と糖を出発材料にしないピリミジンヌクレオシドの合成経路を提案し（Powner et al., 2009），注目されているが，高濃度の出発材料を異なる環境下で順次用いるという，いわゆる有機合成化学的アプローチであり，前生物的に起きたかどうかに問題が残る．

　一方，タンパク質が先とする説の根拠は，化学進化実験でアミノ酸の方が核酸塩基や糖よりもはるかに容易に生成し，隕石などにも多く検出されていることである．アミノ酸を熱重合したプロティノイド微小球は触媒活性を有することが報告されている．このことは，アミノ酸重合物が核酸の情報に基づいた正しい配列を有しなくても，ある程度の代謝機能を持ちうることを示している．

　原始地球上でのタンパク質や核酸という高分子化合物の無生物的生成が必ずしも代謝や自己複製の起源とは限らないとの考え方も提案されている．たとえば，ケアンズ＝スミスは，粘土鉱物を最初の自己複製物質と考えた．この「粘土鉱物ワールド説」では，粘土鉱物がまず自己複製機能を担い，後に，RNAにその機能が引き継がれたとするものである（ケアンズ＝スミス，1987）．

　一方，代謝に重きをおく考えには，ヴェヒタースホイザーやダイソンのものがある．ヴェヒタースホイザーは，海底熱水系などに多くみられる金属硫化物鉱物（硫化鉄＝パイライトなど）が一連の化学進化反応を触媒することに着目し，金属硫化物ワールド説（または鉄イオウワールド）を提唱し，地球化学者などの多くの支持を集めている（Wächtershäuser, 1992）．アメリカの物理学者ダイソンは，タンパク質や核酸といった精密な分子が化学進化の時代にいきなり生成するのは不可能という立場から，原始海洋中に多数生じた原始的な機能を有する雑多な分子を含む袋状構造物間の淘汰により，より高度な機能を有する生命が誕生したというゴミ袋ワールド説を提案している（Dyson, 1999）．

(6) 生命の起源（Origins of Life）を探る惑星探査

　生命の起源研究には，地球上の生命の起源を探るThe Origin of Life 研究と，宇宙における生命の成り立ちを考える Origins of Life 研究がある．これまで述べてきたのは主として The Origin 研究であった．これには，生命が誕生した当時の地球環境や，生命の誕生前後の分子化石が現在の地球上に残っていないという問題点がある．生命になりかけの有機分子は，誕生後の生物によって消費しつくされてしまっただろう．また，海底熱水系などで，現在も生命が誕生する可能性がないわけではないが，現在の地球は生物に覆い尽くされ

ており，新たに誕生した原始的な生命やその痕跡が，進化した現存の生物に伍して生き延びることは極めて難しいといえるだろう．

そこでクローズアップされるのが，地球外に残された化学進化および生命誕生の痕跡である．20世紀後半より始まった太陽系惑星探査により，これらの痕跡を見いだす可能性がふくらんできた．なお，ここで得られる情報は，必ずしも「地球生命の起源」に関するものとは限らず，生命一般に関する，つまり Origins of Life に関するものといえる．

惑星探査で得られる第1の情報は，生命の材料となった始原有機物に関するものである．小惑星や彗星は地球外有機物のキャリアーと考えられるが，これまで日本の小惑星探査機「はやぶさ」や米国NASAによる彗星探査機「スターダスト」によりサンプルリターンがなされた．今後，日本の小惑星探査機「はやぶさ2」による有機物に富んだ小惑星試料の採取や，欧州ESAの彗星探査機「ロゼッタ」による彗星有機物の現場分析の成果が待たれる．さらに，彗星などから生じたと考えられる惑星間塵は，これまで地球圏内でのみ採取されていたが，日本の「たんぽぽ計画」[*8]により国際宇宙ステーション上での惑星間塵採取も期待される．

第2の情報として，惑星・衛星環境下での化学進化の痕跡を探るものが考えられる．その中で土星最大の衛星のタイタンは最も期待される天体である．タイタンの，窒素を主成分としメタンを副成分とする濃厚な大気に，紫外線，宇宙線，土星磁気圏電子などの作用により多種多様な有機物が生成し，また複雑な有機物からなるエアロゾルが存在することがカッシーニ・ホイヘンス探査などにより明らかとなった．さらに，タイタン上に液体エタン・メタンからなる湖が発見され，大気中で生成した有機物のさらなる化学進化が湖において起きていることが考えられる．今後の探査とそれらの解析により原始地球大気や海洋中での化学進化解明の大きなヒントが得られることが期待できる．

第3の情報は，地球生命とは異なる生命システムの発見である．太陽系では，火星の他，木星の衛星のエウロパ，土星の衛星のタイタン・エンケラドゥスなどが生命誕生に必要な有機物・水（溶媒）・エネルギーの観点から有望とされている．これまで，化学進化の経路を考える上でその出口は地球生命1つしか知られていなかった．地球のものとは異なる生命がみつかれば，その比較により，化学進化の複雑な道筋の解明が飛躍的に進むと考えられる．

第4の情報として，生命の惑星間移動の可能性の検証も考えられる．地球生命の起源として，主として地球での誕生を考えてきたが，他の天体で誕生した生命が地球にたどりついて広まったとする「パンスペルミア説」も完全に否定することは難しい．その検証法として，現在われわれが知っている唯一の生命形態である地球生命が地球外に進出しているかどうかを探るのがまずすべきことである．先に紹介した「たんぽぽ計画」では惑星間塵の捕集に加えて，地球周回軌道での地球微生物の探査も行う予定である．そこで地球微生物が検出された場合，次のターゲットは月や火星への地球微生物の到達の可能性となる．

(7) 本項のまとめ

これまで，地球上での生命の誕生に至る化学進化を探る研究例について紹介してきた．その多くは，タンパク質，核酸といった現在の地球生命に必須の生体分子の起源を探るものであった．アミノ酸の前駆体は原始惑星環境や星間環境で比較的容易に生成する．しかし，それが縮重合して，ペプチド，タンパク質となり，機能を発現するためのハードルはまだ高い．一方，核酸に関してはRNAがDNAに先行したことは間違いないが，

[*8] 国際宇宙ステーション・日本実験モジュール（きぼう）曝露部を用いて行うアストロバイオロジー実験．超低密度シリカゲル（エアロゲル）による高速で飛来する宇宙塵の捕集・分析と，微生物や有機物が宇宙環境に曝露した時の安定性の評価などを行う．平成27年度に開始．

RNAの無生物的生成には問題が山積しており，RNAワールドの存在を認めた場合でも，その前段階のプレRNAワールドを議論することが必要である．

地球生命の誕生（The Origin of Life）ではなく，宇宙における生命の誕生（Origins of Life）を一般的に考える場合は，地球外生命が本当にタンパク質，核酸を用いているかも含めて検証する必要がある．その場合にキーとなるのは，「代謝」「自己複製能」「外界との境界」などを担う分子の生成と考えられる．その前段階としては，まずは代謝の前提としての触媒分子，自己複製の前段階としての自己触媒分子，細胞膜の前段階としての自己凝集分子などの無生物的生成がターゲットとなるであろう．

近年，ワンポット反応実験により一酸化炭素，メタン，アンモニア，窒素，水などの単純な分子から放射線などにより生成する分子が高分子量の「複雑分子」であること，地球外（隕石，彗星，タイタン）などに存在する有機物の多くもまた高分子態の複雑有機物であることがわかった．これらの分子は，ペプチドやヌクレオチドのような決まった構造を持っていないが，上記の機能の萌芽を有する可能性が議論され初めている．今後は，そのような研究からOrigins of Lifeを検証し，その中の1つとしてThe Origin of Lifeを考えていくことが必要と考えられる．

2-1-3 初期進化

(1) 生命誕生の場所

生命が誕生した場所に関しては諸説ある．表2-3には生命が誕生した場所として提案されているものをまとめてある．暖かい池はダーウィンによって100年以上前に提案された．熱水説や地下説は，タンパク質の重合反応がこういった環境で非生物的に進行することを重視して提案されている．火星は生命誕生には陸地が必要で，その点では初期火星が初期地球よりも優れている点に着目して提案された説である．これらの説は提案理由となった事柄だけに着目すればそれなりの理由がある．しかし，いずれの説も生命の起原の様々な点を考慮して提案されているとは言えない．

何よりも，RNAワールドが誕生するためには，RNAが合成されることが必須であるにもかかわらず，提案されている生命誕生場所の多くはRNA合成を考慮していない．図1-6で説明した核酸合成は，海の中で進行するとは想定しづらい．核酸合成は陸上で進行した可能性が高い．核酸の合成に必要なリン酸イオンを含む環境としても陸上の温泉が良い候補である．

RNAに関連したもう1つの問題として，仮にRNAの単量体が合成されても，それが重合する条件が見つかっていないという問題があった．しかし，リポソームとRNA単量体の混合物をもちいて，湿潤と乾燥を繰り返すことによって，RNAが100塩基以上の長さにまで重合するということがわかった．陸上の池が乾燥と湿潤を繰り返すことによって池に溶けたRNAが重合したかもしれないということになる．1-2-4項（1）で述べたカリウムイオン濃度の問題を合わせて考えたとき，陸上の温泉が生命の起原の魅力的な場所として浮上している．しかし，海底熱水噴出口を生命誕生の場であると考える研究者も多く，論争が続いている．

(2) 生命誕生のシナリオ

図2-6は，誕生して間もない生命の初期進化のモデルである．生命の定義の節で議論したように，生命は何らかの膜で囲まれている必要がある．化学進化で合成された物質の中で，なにが最初の構造体（ミセル）を形成したかに関していくつかの

表2-3 生命が誕生した場所の候補

候補地	提唱者
暖かい池	Darwin
初期水圏	Oparin
粘土表面	Cairns-Smith
海底熱水噴出孔	Matsuno
地下	Nakazawa
陸上温泉	Mulkigjanian
火星	Kirschvink

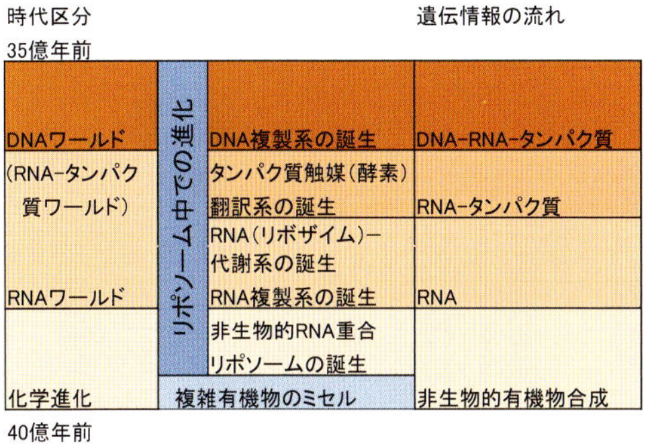

時代区分		遺伝情報の流れ
35億年前		
DNAワールド	DNA複製系の誕生	DNA-RNA-タンパク質
(RNA-タンパク質ワールド)	タンパク質触媒(酵素)翻訳系の誕生	RNA-タンパク質
	RNA(リボザイム)-代謝系の誕生	
RNAワールド	RNA複製系の誕生	RNA
	非生物的RNA重合リポソームの誕生	
化学進化	複雑有機物のミセル	非生物的有機物合成
40億年前		

（縦軸中央に「リボソームでの進化」）

図 2-6 生命の初期進化モデル．生命誕生前の非生物的有機合成（化学進化）によって様々な有機物が合成された．そのなかで，何が最初のミセル（球状構造）を形成したかは明らかではない．図では複雑有機物が最初のミセルを形成し，やがてリポソームがそれに置き換わった．リポソーム中のRNAが湿潤と乾燥の繰り返しによって非生物的に重合することから最初のRNA多量体が形成された．その中から，自己複製するリボザイムが誕生した（RNA複製系の誕生）．RNA複製以外の様々な反応を触媒するリボザイムを持つリポソームが進化していった（RNA代謝系）．リボザイムの中にアミノ酸の重合を触媒するものが誕生した（翻訳系の誕生）．出来上がったタンパク質の中から触媒機能によって選択が起こりタンパク質触媒（酵素）により代謝を行う生物が誕生した．それまでRNAに保持されていた遺伝情報がDNAに保存されるように代わった（DNA複製系の誕生）．

候補があり，確定していない．図 2-6 では複雑有機物がミセルを形成したのではないかということにしてあるが，不明である．隕石には長鎖の脂肪酸およびアルコールが極少量含まれている．これら長鎖の脂肪酸やアルコールは膜を形成してミセルを作ることができる．生命の誕生前後の生命は隕石中の脂肪酸を材料としたリポソームで形成されたかもしれない．

しかしいずれにしても，遅かれ早かれリポソーム中で遺伝情報システムが進化していった．最初に起きたのは，リポソーム中での乾燥と湿潤の繰り返しによるRNAの重合であった．この反応で，100分子ほどの多量体RNAが合成された．その中から，自己分子を複製できるRNA分子が誕生した（RNA複製系の誕生）．RNAワールドの誕生である．

RNAでできた触媒のことをリボザイムと呼ぶ．タンパク質でできた触媒である酵素を英語でエンザイムとよび，RNAをリボ核酸と呼ぶことから，触媒機能をもつRNAがリボザイムと名付けられた．RNAワールドというのは，RNAが現在のDNAの代わりに自己の遺伝情報を担うと同時に，RNAがリボザイムとして現在のタンパク質の代わりに触媒機能も担っていた生物の世界のことである．自己複製するリボザイム（RNA）を囲んだリポソームは，最初の細胞といってもよい．境界に囲まれた，遺伝情報（RNA）をもって複製する細胞の誕生は，最初の生命の誕生ともいえる．

こうして誕生したRNA生物が増殖するためには周りからRNA単量体が供給される必要がある．しかし，たとえばもしRNAを合成することのできる細胞が誕生すれば，増殖に有利となる．やがて，RNAを合成するためのリボザイムが誕生した．同様に，脂質を合成するためのリボザイム，細胞を複製するためのエネルギーと材料を得るためのリボザイム等の様々なRNA（リボザイム）代謝系が誕生していった．

その次の画期となったのは，翻訳系の誕生である．原始スープの中にはおそらく非生物的に合成されたアミノ酸が大量に存在していた．やがて，アミノ酸を重合させるリボザイムが誕生した．アミノ酸は1分子でも反応を触媒する場合がある．アミノ酸が2分子以上重合することで触媒活性が上昇する．しかも，重合の順序をRNAの配列として記録し，その配列に基づきアミノ酸を重合する翻訳系が誕生した．その結果，リボザイムが

表 2-4 生命の起源に関わる仮説

生命の起源に関わる仮説	
ベシクルを重視する説	
コアセルベート	Oparin
プロティノイド・ミクロスフェア	Fox, Harada
GADV 仮説	Ikehara
マリグラニュール	Yanagawa
ゴミ袋	Dyson
「ガラクタ」	Kobayashi
隕石抽出脂肪酸	Deamer
鉄-硫黄	Martin and Russesl
反応を重視する説	
鉄-硫黄	Wächtershäuser
遺伝情報を重視する説	
RNA ワールド	Gilbert

担っていた代謝反応がだんだんとタンパク質触媒（酵素）に置き換えられていった．RNAワールドの第2段階，RNA-タンパク質ワールドの誕生である．

タンパク質の配列が変異すると，変異したタンパク質の中からより触媒活性の高いタンパク質が誕生する．触媒活性の高いタンパク質をもつ細胞は生存に有利になる．リポソームの増殖の効率を媒介として効率の高い代謝系が進化していった．しかし，進化が進行して触媒活性が究極にまで上昇するとやがて，配列の変異が触媒活性を低下させることはあっても，活性を上昇させる頻度は低下していった．すると，変異を起こすことよりも，遺伝情報を保存することがより重要となってきた．この点で，DNAはRNAに比べて情報を安定的に保存することができる．そこで，DNAを合成して遺伝情報をDNAに保存できるリポソームが誕生した．DNAワールドの誕生である．

(3) 独立栄養生物の誕生

オパーリンの考え方を踏襲するならば，最初に誕生した生命は従属栄養生物であった．彼はそれをプロトビオントと呼んだが，ここでは原始細胞と訳しておく．原始細胞は豊富に存在する有機物のスープ（原始スープあるいはPrimordial Soup）から必要な化合物を取り込み，増殖した．大型の分子がまず使い尽くされた．すると，原始細胞の中には，より簡単な分子から自分自身が必要とする分子を合成可能となった原始細胞がより有利となる．ダーウィン型の進化によって，原始細胞は様々な細胞成分を自分自身で合成できるように進化していった．オパーリンはこうして，細胞の複雑な代謝系が誕生していったと考えた．

周りの有機物に依存して増殖する生命は，非生物的に合成された有機物に依存して生育する．こうした生物は従属栄養生物であるといわれる．従属栄養生物は，細胞を構成する有機物だけでなく，必要なエネルギーも有機物から獲得する．それに対して，エネルギーを無機化合物の化学反応から獲得できる生物を化学合成生物と呼ぶ．前項で説明したRNA生物は従属栄養生物であった．化学合成生物がRNA生物の時代に誕生したのかタンパク質合成ができるようになってから誕生したのかはわかっていない．遺伝子の解析から当時の進化の様子が推定できるとよいのであるが，当時の様子はもう遺伝子の情報としては残されていない（もう少し正確に記述するならば，現在の遺伝子解析技術では当時の情報を解析することには成功していない）．しかし，従属栄養生物から独立栄養生物への進化はおそらく38億年前までに進行した．

(4) 最古の化学化石

地球に残された最古の生命の証拠として，38億年前の地層に残された炭素の粒がある．最古の化石を含む岩石は黒色をしており，黒色は炭素の粒に由来している．炭素は無機的にも生成しうるため，炭素の粒があったとしてもそれを生物由来と結論することはできない．しかし，38億年前の岩石中の炭素の同位体組成が調べられた．炭素同位体のうち質量数13の炭素 ^{13}C の ^{12}C に対する比率が，炭素が生物由来かどうかを判定する指標として使われている．生物は，光合成あるいは化学合成によって二酸化炭素を固定して有機化合物を合成する．二酸化炭素を固定する際に働く酵素の作用によって，^{13}C の比率は減少する．したがって，光合成や化学合成をする独立栄養生物の有機物の炭素 ^{13}C の比率は大気中二酸化炭素に比べて減少する．従属栄養生物の場合にも，光合成あるは化学合成などの独立栄養生物由来の有機化合物を取り込んで生育しているので，従属栄養生物の有機化合物中の ^{13}C の比率も減少することになる．そこで，岩石中の炭素微粒子の同位体比率を分析して，当時の大気中二酸化炭素濃度を反映する炭酸塩鉱物と比較することから，その炭素微粒子が生物由来かどうかを判定することができる．38億年前の地層の炭素微粒子は生物由来であろうと推定されている．すなわち，今から

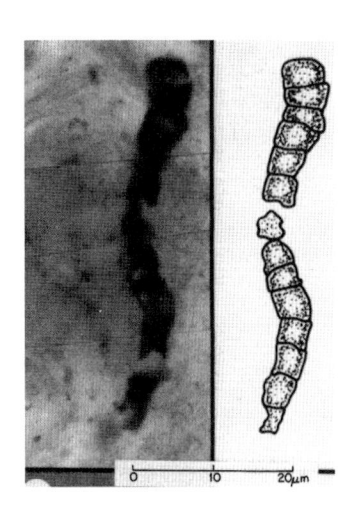

図2-7 ピルバラ地方から産出した最古の細胞の微化石（Schopf, 1992）．左は顕微鏡写真で右はそのスケッチ．

38億年前には地球上に生物が誕生していたものと推定される．また，誕生した生物の中には独立栄養生物も含まれているはずである．

(5) 35億年前の細胞化石

35億年前の地層からは，細胞の微化石が報告されている．最初の細胞微化石は，オーストラリア北西部ピルバラ地方から発見された（図2-7）．この化石は，細胞が数珠状につながった形をしており，その大きさが幅数 μm，長さ数十 μm あった．細胞の大きさは通常の原核生物に比べるとだいぶ大きい．大型の細胞をもつ真核生物の誕生は地球史のもっとあと，20億年前ころと推定されているので，35億年前の化石が真核生物のものとは考えにくい．35億年前の化石はシアノバクテリアの化石であろうと推定された．シアノバクテリアは光合成をするが，核を持たない原核生物である．しかし，原核生物細胞がふつう 1 μm の大きさの細胞であるのに比べて，シアノバクテリアは比較的大きい細胞である．また，シアノバクテリアの中には細胞が数珠状につながった構造をもつものがある．そこで，ピルバラの35億年前の化石はシアノバクテリアの化石であろうと推定された．

しかしその後，これがそもそも生物細胞の化石であるのかという論争が起こった．非生物的な熱水反応によって，微生物細胞とそっくりの構造が形成されることから，35億年前の化石が細胞の化石かどうかという疑問が生じた．この点に関しては，同じ時代の地層の炭素の粒の同位体分析によっておそらく35億年前の地層にも生物由来の炭素と思われるものが見つかっていることから，35億年前には生命が誕生していたと考える研究者が多い．

さて，しかしその後ピルバラの地層は海底熱水地帯の地層あろうという推定が行われた．すると，そこでは光が届かず光合成生物であるシアノバクテリアが生育するとは考えにくい．化学合成細菌の中には原核生物よりかなり大型の数珠状の細胞をもつものがある．したがって，ピルバラの地層から発見された微化石は化学合成細菌かもしれない．

また，同時代35億年前の南アフリカの地層からも微化石が見つかっている．こちらの化石の細胞の形状はあまりはっきりしていない．しかし，おそらくバイオマット（微生物が形成する膜状あるはマット状の固まり）であろうと推定される数mmの大きさの固まりが見つかっている．また，この場所の地層の分析から，ここは当時海の浅い場所であったと推定された．しかも，波によって変形されたと思われるバイオマットの形状の化石見つかった．つまり，ここは光の当たる場所なので，これは光合成微生物の物であろうと推定された．当時シアノバクテリアが誕生していたかどうかわからないため，この化石は非酸素発生型の光合成細菌のものであろうと推定されている．

こうした，いくつかの場所で見つかった微化石の解析から，35億年前の微化石は生物の細胞と推定できるが，それがどのような生物であるのか，いくつかの可能性があり確定していない．あるいは35億年前には，様々な種類の化学合成細菌や光合成細菌がすでに誕生していたのかもしれない．

(6) 遺伝子からわかる生命の進化

さて，いつ頃生命が誕生したか，あるいはいつ頃，真核生物になったのか，というような生命進化の時間軸は化石の証拠に頼る以外の方法はない．また，生育環境の情報も化石の地層の解析から手に入る．しかし，化石そのものに生物の分子の情報は残されていない．化石中に残るDNAは理想的な条件でも新生代以降の化石でしか保存されていない．タンパク質はもう少し前の時代のもの，恐竜ティラノザウルスのタンパク質のアミノ酸配列が残っている．ただし，それも数千万年前中生代末期の物である．それ以前の化石に遺伝子の情報は残されていない．

しかし，現存する生物の遺伝子は太古の昔に生存していた祖先生物から綿々と受け継がれてきた物であり，その配列には過去の生物の遺伝情報が残されている．遺伝子のDNAあるいはアミノ酸配列の情報を基に作成された系統樹は分子進化系統樹と呼ばれている．ここで，分子進化系統樹というときの「分子」は，遺伝子を解析する学問を分子生物学あるいは分子遺伝学と呼ぶことに由来しており，遺伝子をDNAレベルで調べることを意味している．化石の中に残されている化学物質（分子）も生物の情報を残しているが，これは「化学化石（分子化石）」と呼ぶので両者を混同しないようにする必要がある．

アミノ酸配列はDNAの配列から翻訳されて出来上がるが，情報としては基本的にDNAの配列と同じ意味を持っている．したがって，DNAの塩基配列を用いて解析する場合と，タンパク質のアミノ酸配列を用いて解析する場合で本質的な差はなく，それ以外の点を考慮して両方の配列の一方が解析に用いられる．

遺伝子は過去の生物から受け継がれてきたので，同じ遺伝子は似たアミノ酸配列を持っている．しかし，過去から現代に至るまでの進化の過程で突然変異によって遺伝子が変異をしている．現存する2つの生物の同じ遺伝子を比較したとき，2つの生物で異なった文字の数は，2つの生物の共通の祖先から現代にいたるまでに遺伝子に起きた変異の総和になる．変異の数は2つの生物が分かれてからの時間が長いほど多くなるため，3つ以上の生物が分岐した順序を遺伝子の比較から推定することができる．現存する多くの生物の遺伝子を相互に比較して統計的な処理を行うことから，生物の分子進化系統樹が作成される．

分子進化系統樹は，本質的には系統樹作成に用いた遺伝子の系統樹である．したがって，分子進化系統樹が必ずしも生物の系統樹にならない場合もあることが知られている．たとえば，遺伝子は生物から他の生物に移動することが知られている．これは，ウィルスの感染やプラスミドの移動によって媒介されている．遺伝子が通常，親から子へ受け継がれることを垂直伝播というのに比較して，遺伝子が生物から他の生物に移動することは，遺伝子の水平伝播と呼ばれている．生物の進化系統を推定するためには，遺伝子の水平伝播の他にも，いくつかの点に注意しなければならないが，ここでは詳細は省略する．

(7) 全生物の進化系統樹

図2-8は全生物の分子進化系統樹である．この系統樹はrRNA遺伝子という遺伝子の塩基配列に基づいて作製された．この遺伝子は，タンパク質合成に関与しているRNAの遺伝子で，すべての生物がもっており，どの生物でも同じ重要な機能

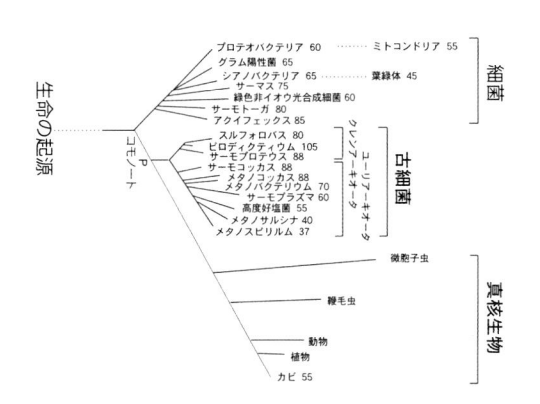

図2-8 全生物の系統樹．rRNA遺伝子に基づいて作製された（Woese *et al.*, 1990 および Yamagishi *et al.*, 1998）

を担っている．その機能が生物にとって極めて重要であるので，この遺伝子の水平伝播はないものと推定されている．したがって rRNA 遺伝子の進化系統樹は，生物その物の系統樹を反映している可能性が高い．

この系統樹はウーズが作成した系統樹で，この系統樹をもとに，全生物は3つのグループ（ドメイン）に分類されている．それらは細菌（Bacteria），古細菌（Archaea）それに真核生物（Eukarya）と名付けられた．これらのうち，細菌と古細菌は核を持たない原核生物に属しており，真核生物は核をもつ大型の細胞を持っている．細菌の仲間には，大腸菌や，納豆菌，乳酸菌などが属している．古細菌は，塩田に棲む高度好塩菌，嫌気的環境に棲むメタン菌，温泉に棲む好熱性古細菌など極限環境に棲む菌が多い．真核生物は微胞子虫，べん毛虫などの単細胞真核生物（いわゆるプランクトン）とカビ，それに動物，植物などの多細胞生物である．

(8) 全生物の共通祖先

現存する生物を過去にさかのぼると枝の最も基部で1つの生物にたどり着く．この生物は，現存する地球上の生物すべての祖先である．この，全生物の共通祖先は様々な呼び方をされている．LUCA，LCA，センアンセスター，コモノートなどと呼ばれる．生物はコモノートから2つの枝に分かれた．一方の枝は，現在の細菌の仲間になった．もう一方の枝は，さらに分岐して，現在の古細菌と真核生物の仲間になった．

この系統樹は現在多くの研究者に支持されており，様々な教科書にも採用されている．しかし，様々な点に関して議論が続いている．まず，この全生物の共通祖先がこの図では1種類であるが，共通祖先は多種類いたのではないかという主張がある．rRNA 遺伝子で作成した系統樹は図 2-8 のような樹形になるが，様々な遺伝子で系統樹を作成すると，必ずしもこのような樹形にはならない．生命の進化初期においては遺伝子の水平伝播が非常に頻繁に起きており，そもそも系統樹を1本の樹の形で表すことはできないのではないかという考え方である．

全生物の共通祖先が，どのような生物であるかについても様々な議論が続いている．生物細胞を構成するタンパク質成分は細菌と古細菌では一細胞当たり数千種類，真核生物では数万種類以上ある．これらのなかですべての生物が持っているタンパク質は 100 前後しかない．それらの大部分はタンパク質合成（翻訳）に関わるタンパク質である．したがって，全生物の共通祖先（コモノート）が，翻訳をしてタンパク質を合成できる生物であったことは確実である．しかし，たとえばもっとも大事な機能にも思える DNA を複製する酵素は，すべての生物が持っているものの，細菌，古細菌，真核生物のドメインごとにだいぶ離れた系統関係にある（似ているがだいぶ違う）．これは，コモノート（LUCA）は RNA をゲノムとして持つ生物で，生物が3つのドメインに分かれた後に（あるいは時に）DNA ポリメラーゼ（複製酵素）を獲得したのではないかという提案（全生物の共通祖先 RNA 生物説）もある．

(9) 全生物の祖先，超好熱菌説

様々な生物の rRNA 遺伝子配列が解析され，全生物の系統樹が作成されるほぼ同時期に，超好熱菌の発見が相次いだ．超好熱菌（至適生育温度 80°C 以上の生物）が，系統樹上で全生物の共通祖先の近くに枝分かれすることから，全生物の共通祖先が超好熱菌なのではないかという説が提案された．超好熱菌説を支持する解析結果も多いが，超好熱菌説に反する解析結果も少なからず報告され，現在に至るまで，両説が並立する状態である．しかし，ごく最近，コモノートのタンパク質を再生する試みが行われ，コモノートは超好熱菌であるという可能性が高まっている．

系統樹から，生物の分岐年代を推定する試みは簡単そうに見えてそれほど簡単ではない．まず，系統樹に時間のメモリを入れる必要があるが，こ

れは化石から求まっている生物種の分岐年代を用いる．明確に化石から推定されている分岐年代としては，古生代初期が最も古い．それ以前には明確な分岐年代は不明である．したがって，それ以前の分岐年代を系統樹から推定する場合には外挿する必要が出てくる．

図2-8の系統樹みると左の生命の起源から，右方向に現在に向かう時間の流れは比較的理解しやすい．しかし，右方向の枝の末端の位置はそろっていない．これは，遺伝子の進化速度が生物によって異なっていることを意味している．遺伝子の進化速度は，生物によっても，遺伝子によっても，さらに同じ遺伝子の遺伝子内部での部位（座位）によっても大きく異なっている．したがって，分岐年代推定にするためにはしばしば，グラフを外挿する必要が出てくることを合わせて考えるとき，生物進化初期の分岐年代推定は極めて不正確なものとなる．

そこで，できる限り多くの遺伝子を平均化することによって誤差を小さくする試みが行われている．こうした解析から，全生物の共通祖先が細菌と古細菌＋真核生物に分岐した年代は37.8（40～33）億年前であると推定されている．

(10) 地球初期の生態系

光合成生物の誕生は今から30～20億年前ではないかと推定されている．したがって，地球初期の生態系は太陽光以外の自由エネルギーに依存していた．自由エネルギー獲得の手段としては，前述の化学合成と考えるしかない．生命誕生直後には，それまでに蓄積した有機化合物を炭素源かつ自由エネルギー源とする従属栄養で生育した原始生物は，次第に有機物を利用しつくしていった．その過程で，細胞の必要とする成分を細胞自身で合成できる機能を獲得した細胞が進化していった．そのなかから，化学合成能を獲得した生物が誕生した．

こうした，進化の過程が分子系統樹から推定できそうな気がするが，実際には難しく，研究はあまり進んでいない．呼吸酵素は亜硝酸還元酵素から誕生したこと，すなわち呼吸は化学合成から誕生したことが報告されている．また，シアノバクテリアでは呼吸系と光合成系で成分が共用されているので，光合成と呼吸もまた関連して進化してきた．しかし，こうした代謝経路の進化的順序は明らかではない．

いずれにせよ，初期の生態系は化学合成に依存していたと推定される．その様子は現在の陸上温泉や海底熱水噴出地帯の生態系に類似している．すなわち熱水地帯では地中から噴出する熱水に含まれる還元型物質を利用した化学合成生物が生態系を形成している．熱水系地下では岩石と熱水の反応によって還元型の硫黄（硫化水素，チオ硫酸，無機硫黄），水素，メタン，還元型金属イオン（鉄，マンガンなど）が熱水中に溶け込む．溶け込んだ還元型物質は海水中の酸化型の物質（二酸化炭素，硫酸イオン，硝酸イオン等）との反応によって自由エネルギーを供給できる．現在の熱水系には，この酸化還元反応によって自由エネルギーを獲得する生物が生態系を形成している．現在の地球全体をみた場合には，酸化型物資の供給の大部分は光合成による酸素発生によって行われている．地球史初期，光合成誕生前には大気圏上空での水の光分解によって酸化型の物質が供給されていたのかもしれない．すなわち，水が分解すると酸素と水素になるが，水素は大気圏から外へ逃げていくため，酸素が大気圏中に残り，海水中に酸化型の物質を供給することになる．地球史初期には，水の分解供給される酸化型物質と地底から供給される還元型物質で形成された生態系が海底熱水噴出口周辺に形成されていた．

(11) 真核生物の誕生

図2-9は原核生物細胞（細菌，古細菌）と真核生物細胞の構造を模式的に示している．細菌と古細菌はいずれも核を持たない原核生物である．原核生物細胞の周囲は脂質膜で囲まれ，その外側には細胞壁があって機械的強度を保っている．原核

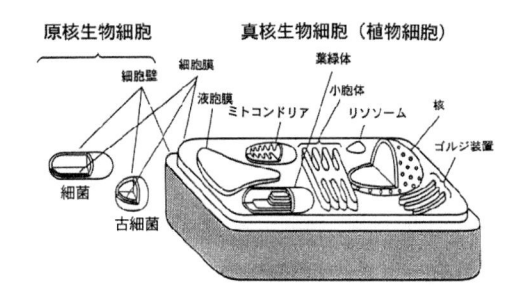

図 2-9 原核生物（細菌と古細菌）と真核生物である植物細胞の模式図.

生物細胞の内部には区画はない．核酸（DNAとRNA）タンパク質，その他の代謝基質がすべて同じ場所にある．光合成を行う原核生物（シアノバクテリア）や化学合成細菌では細胞内部に膜によって区切られた構造が見られるが，その場合にもその構造の膜は1枚（脂質2層膜1枚）で囲まれているだけである．

それに対して，真核生物細胞の場合には非常に複雑な膜系が内部を埋めている．それらは，核，ミトコンドリア，葉緑体，小胞体，ゴルジ装置，液胞，リソソームなどである．核は二重の膜（核膜）で囲まれているが，核膜はしばしば小胞体膜と連結している．核膜には核孔とよばれる穴が空いており，核の内部は細胞質と繋がっている．

さらに，真核生物細胞内部にはミトコンドリアがある．また，植物の場合には葉緑体が細胞内にある．これらの2つの細胞小器官はいくつかの共通の特徴を持っている．1) 脂質膜2枚（内膜と外膜）に囲まれている．2) それぞれが細胞小器官固有のDNAを持っている．3) それぞれの細胞小器官が分裂装置をもって分裂する．4) それぞれ固有のDNA複製・転写・翻訳の因子を持っている．こうした，細胞小器官は，あたかも独立した微生物とも見える．さらに，これらの細胞内小器官固有のDNAの遺伝子の分子進化系統樹が解析された．その結果，ミトコンドリアはアルファプロテオバクテリアと呼ばれる細菌の仲間と近縁であり，葉緑体はシアノバクテリアと近縁であることが明らかとなった．

こうした事実を考え合わせて，マーグリスは真核生物の細胞内共生説を提案している．細胞内共生説では，真核生物の祖先となった古細菌の一種にアルファプロテオバクテリアとシアノバクテリアが細胞内共生して現在の真核生物が誕生した．アルファプロテオバクテリアは，現在のミトコンドリアになり，シアノバクテリアは現在の葉緑体となった，という説である．この説は，現在広く受け入れられている．ミトコンドリアの起源と葉緑体の起源に関しては，様々な研究結果から信頼出来る解釈と言える．

しかし，真核生物のそれ以外の成分の由来については様々な説が並立している状態であり，結論は出ていない．まず，第1の問題点としては，真核生物の基となった生物が，古細菌の一種であるのかどうかという点である．図2-8をよく見ると，真核生物は現在の古細菌の祖先とは共通の祖先をもつが古細菌が様々な種類に分岐する以前に分岐している．この図が正しいとすると，真核生物は古細菌のどれかの種と特に近縁であるとは言えない．しかし，古細菌のなかの特定の種と特に近縁であるという提案も行われている．古細菌の中のどの種が特に近縁であるかという点でも様々な解析結果があり，真核生物と古細菌の関係がはっきりするのはもう少し解析が必要な段階である．

(12) 真核生物の誕生と酸素濃度

化石の証拠から20億年前以前に真核生物が誕生した可能性が高い．21億年前の縞状鉄鉱床から発見されたグリパニアと呼ばれる化石は幅0.5 mm，長さ数cmの渦巻き状の形態をしている．無機的構造体には見えないが，どのような生物の化石であるかはわからない．しかし，原核生物ではなく真核の多細胞生物であろうと推定されている．この時期は，2-2節で議論する地球表面の酸素濃度が増加した時期に対応している．

細菌および古細菌の大きさ（線状の細胞の場合には太さ）は1 μm前後である．その理由として，

様々な細胞外から取り込んだ分子の拡散が細胞の代謝の律速になるのではないかと想像されている．細胞活動の律速となる分子の1つに酸素がある．真核生物は典型的には数 μm から数十 μm の大きさの細胞を持っている．酸素濃度の上昇によって，大型の細胞をもつ真核生物の生存を支えることができるようになったのではないかと推定されている．

しかし，遺伝子から求められた真核生物の誕生の時期は，今から 20 ～ 38 億年前と推定されていて推定による差が大きい（表 2-6）．これは遺伝子から求められた年代が，真核生物誕生のモデルによって大きく異なっていることによっている．遺伝子から推定する真核生物誕生の時期は大きな誤差をもっており確定していない．

(13) 多細胞生物の誕生

遺伝子の系統樹からは，今から 15.9 億年前に動物と植物が分岐したと推定されている．また，多細胞動物（後生動物）の誕生は 10.2 億年前と推定されている．21 億年前の縞状鉄鉱床から見つかっているグリパニアという化石は真核生物の細胞であると同時に多細胞生物であると推定されている．すると，化石年代で推定した多細胞生物の誕生年代の方が，系統樹で推定した年代よりも古いことになる．つまり，多細胞生物がいつ頃誕生したのかについてもまだはっきりしていない．

先カンブリア時代も末期になり，8 億年前ころから多細胞生物の分岐が起きる．化石記録では約5 億 2500 万年前のカンブリア紀において，現存する動物門がほとんどすべて誕生したと推定され

表 2-5 分岐年代の推定に用いられた化石に基づく分岐年代（Feng *et al.*, 1997）

比較	遺伝子の数	化石に基づく最後の共通の祖先（億年）
哺乳類 / 哺乳類	48	1.00
有胎盤類 / 有袋類	3	1.30
哺乳類 / 鳥類―爬虫類	16	3.00
羊膜類 / 両生類	11	3.65
四足類 / 魚類	15	4.05
有顎類 / ヤツメウナギ	1	4.50

表 2-6 生物物の分岐年代の推定値（Feng *et al.*, 1997 および the Timetree of Life, 2005 から改変）

生物群	推定分岐年代（億年）
棘皮動物 / 脊索動物	8.4
後口動物 / 前口動物	9.1
襟鞭毛虫 / 後生動物	10.2
菌類 / 動物	13.7
植物 / 動物	15.9
古細菌 / 真核生物	20-38
古細菌 / 真正細菌	37.8 (33-40)

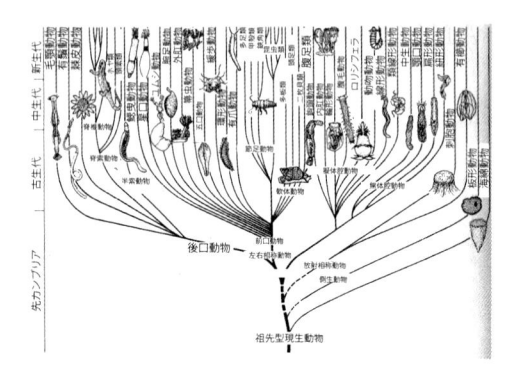

図 2-10 先カンブリア時代末期からカンブリア紀初期に起きた，動物門の分岐．カンブリア大爆発と呼ばれている．

ている（図 2-10）．これはカンブリアの大爆発と呼ばれている．この時代以降になると生物の化石が多数発見され，生物進化の歴史を化石の分析から調べることができるようになる．古生代カンブリア紀以降は顕生代と呼ばれている．

2-2　地球環境と生命の共進化

2-2-1　酸素濃度の増加史と大酸化イベント

(1) 酸素分子の存在とその意義

地球大気の際だった特徴の1つは，酸素分子（O_2；以下では単に酸素と記述する）が主成分（約 21 %）を占めることである（図 2-11）

酸素は惑星表層においては化学的に不安定な分子種であり，本来は極微量しか含まれないはずの成分である．現在の地球大気において酸素が主成分を占めているのは，生物の光合成によって酸素が大量に生産されているためである．

もし酸素の生産が途絶えると，酸素は地表の還

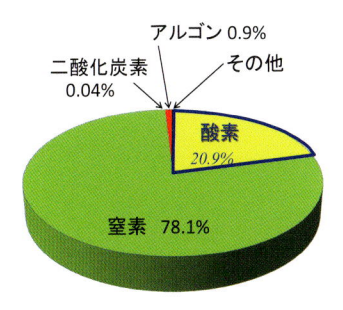

図 2-11 地球大気の組成．酸素が全体の約21％を占める．

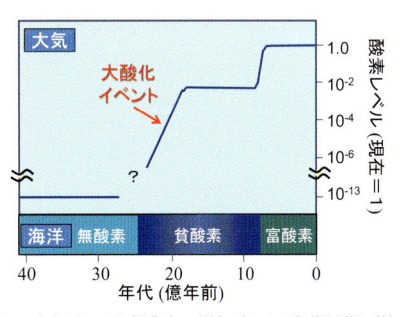

図 2-12 大気中の酸素濃度の増加史．原生代前期（約25～20億年前）と後期（約8～6億年前）の2つの時期に急上昇したと考えられている．

元的な物質（たとえば有機物や黄鉄鉱など）や火山ガス中の還元的な成分（たとえば一酸化炭素や硫化水素など）と反応して，数百万年程度で急速に消失する．このことは，大気中の酸素は，地質学的にみればきわめて短い時間で消費されてしまい，安定には存在できないことを意味する．大気中の酸素濃度は，酸素が常に供給される一方で常に消費される，というフローシステムにおける動的平衡状態として決まっている．

地球大気は，現在の金星大気や火星大気と同様，もともと酸素をほとんど含んでいなかったはずである．もし光合成生物による酸素の供給がなければ，酸素は現在の10^{-13}レベル程度しか大気中に存在できない．地球大気中の酸素濃度がいつどのように増加してきたのかということは，様々な点で重要な意味を持つ．

たとえば，今から約25億年前までの大気や海水は，酸素を含まない嫌気的な環境にあり，嫌気性の生物が繁栄していた．彼らは，酸素が存在する好気的な環境下では生存することができない．したがって，大気中の酸素濃度が増加することによって，嫌気性生物の多くは絶滅に追いやられたものと推測される．嫌気性生物に取って代わったのが，酸素呼吸を行うことで酸素を積極的に利用し，エネルギーを効率的に獲得することに成功した好気性生物である．彼らは，細胞内で酸素から発生する反応性に富んだ物質（活性酸素）を中和するための酵素をつくりだすことによって，好気的な環境に適応している．

大気中の酸素濃度変遷史の理解はまた，太陽系外惑星系に第2の地球を探索する際の基礎的な知見となる．太陽系外惑星系における地球型惑星大気の分光観測によって，酸素やオゾン（酸素から生成される）などの吸収が認められれば，生命活動の証拠になるからである．しかし，たとえばいまから約30億年前の地球を観測しても，大気中には酸素がほとんど含まれておらず，生命活動の証拠は存在しない，という結論になってしまう．したがって，地球大気中の酸素濃度がいつどのように増加したのかという知見は，太陽系外地球型惑星観測においても重要な情報の1つといえる．

(2) 酸素濃度増加の地質学的指標

地球史を通じた大気中の酸素濃度の変遷については，これまで数多くの研究がある (e.g., Lyons et al., 2014)．それらの研究結果を総合すると，酸素濃度は大きく二段階の増加期を経て，現在のレベルに達したものと考えられる（図2-12）．最初の増加期は約25億～20億年前，二度目の増加期は約8億～6億年前である．前者は大酸化イベント（Great Oxidation Event: GOE），後者は原生代後期酸化イベント（Neoproterozoic Oxidation Event: NOE）と呼ばれる．これは酸化還元条件に敏感な元素や鉱物の挙動に関する熱力学的検討など，地質学的証拠に基づいて推定されたものである．

たとえば，約24億5000万年以前においては，

還元的な鉱物である黄鉄鉱（Fe$_2$S）や閃ウラン鉱（UO$_2$）の砕屑性鉱床（鉱物粒子が河川で運搬されて堆積したもの）が形成されていた証拠があり，当時の大気中には酸素がほとんど含まれていなかったことが示唆される．

また，海底堆積物中のモリブデンやレニウムの含有量は，約25億年前に増加している．これらの元素は，地表面を構成する鉱物が富酸素条件下で風化されることによって溶出され，海洋へ供給されたものであると考えられる．こうしたことから，約25億年前を境に，大気中の酸素濃度が増加した可能性が強く示唆される．

一方，約22億年前以降においては，赤鉄鉱（Fe$_2$O$_3$）の被膜に覆われた粒子を主体とする赤色土層と呼ばれる堆積物が世界中で形成されており，地表の鉱物が富酸素条件下で酸化的風化を受けるようになったことが示唆される．またこの頃，縞状鉄鉱床と呼ばれる，酸化鉄とシリカに富む層が縞状に互層した堆積物が大量に沈殿して鉱床を形成したことが知られており，酸素濃度の増加を反映したものとされている．

最近では，堆積岩中の硫黄化合物に記録されている硫黄の同位体比からも，これらの証拠と調和的な結果が得られている．約24億5000万年前以前の堆積岩からは硫黄の同位体異常のシグナルがみられることが発見されたのである．このシグナルは，大気上層での光化学反応によるもので，大気中の酸素濃度と関係していると考えられている．ある推定によれば，大気中の酸素濃度が現在の10^{-5}レベル以上になると，このシグナルはみえなくなるという．したがって，約24億5000万年前を境に大気中の酸素濃度は10^{-5}レベル以上に増加したものと推定される．

ところで，そもそも酸素は，生物の光合成によって有機物を合成する際の副産物として生産される．この酸素は，生物の死後に有機物が酸化分解することで完全に消費されてしまうため，通常，酸素の正味の生産量はプラスマイナスゼロである．酸素の収支を考える場合，有機物が海底堆積物へ埋没して酸化分解を免れることが重要で，それに対応したわずかな酸素が，正味で大気中に放出されることになる．

生物は，光合成の際に^{13}Cよりも^{12}Cを多く固定する性質（炭素同位体の分別効果）があるため，有機物が堆積物中に保存されることで，環境中の炭素同位体比は相対的に重い炭素に富む．大量の有機物が堆積物中に埋没すると，大量の酸素が正味で放出され，環境中の炭素同位体比は増大する．炭素同位体比の増大は正異常とも呼ばれる．

地球史上最大級の炭素同位体比の正異常が，22億2000万年～20億6000万年前にかけてみられることが報告されている．これは，大量の有機物が埋没し，大量の酸素が放出されたことを強く示唆する．この時期，何らかの理由で有機物が大量に埋没するような条件が成立し，大量の酸素が放出されたことになる．この大酸化イベント（GOE）によって，大気中の酸素濃度は現在の10^{-2}レベル以上に増加したと考えられている．最近では，このとき大気中の酸素濃度が一時的に現在とほぼ同じレベルにまで上昇した可能性も示唆されている（酸素濃度のオーバーシュート）．

その後，大気中の酸素濃度は原生代中期を通じて大きくは増加しなかったが，原生代後期の約8億～6億年前になって再び増加したらしいことが，海底堆積物中の鉄や硫黄，他の微量元素の研究から推定されている．この原生代後期酸化イベント（NOE）によってようやく，酸素濃度は現在と同じレベルになったらしい（図2-12）．

(3) 酸素濃度増加の原因

大気中の酸素濃度が，地球史の半ばになって増加したのはなぜだろうか．その理由も現時点ではよくわかってはいない．その最も単純な説明は，光合成によって酸素を発生するはじめての生物がその時期に出現したから，とするものであろう．

そもそも光合成とは，光エネルギーを生物が利用可能な化学エネルギーに変換するとともに，有機化合物を合成する生化学反応である．その起源

は，少なくとも約35億年前，おそらくは約38億年前までさかのぼると考えられている．

ただし，当初の光合成は酸素を発生しないものであった．ほとんどの光合成細菌は酸素非発生型光合成を行っている．酸素発生型の光合成は，光化学系I型反応中心を持つ光合成細菌（緑色硫黄細菌，ヘリオバクテリアなど）と光化学系II型反応中心を持つ光合成細菌（緑色非硫黄細菌，紅色硫黄細菌など）の遺伝情報を遺伝子の水平伝搬によって併せ持つことになったシアノバクテリアの出現によって，はじめて可能となった．光化学系IとIIが連携することによってはじめて，水を分解して酸素が発生するようになったのである．シアノバクテリアがいつ出現したのかについては，バイオマーカーなどの証拠に基づくいくつかの推定はあるものの，現時点では必ずしも明らかではないというべき状況にある．確実にいえそうなことは，堆積岩中に硫黄の同位体異常がみられなくなる約24億5000万年前よりも以前に出現したのだろう，ということである．

もしシアノバクテリアの出現が約24億5000万年前よりもずっと以前だったとすれば，酸素濃度の増加がなぜ約24億5000万年前だったのか説明を要する．しかし，その出現がまさに約24億5000万年前だったとすれば，酸素発生型光合成の開始によって大気中の酸素濃度が上昇したという自然な説明が可能である．ただその場合でも，酸素濃度が現在の10^{-5}レベルから10^{-2}レベルになるまでに2〜4億年程度を要し，現在並のレベルに達するまでにはさらに約20億年も要したとされることの説明が必要となる．すなわち，シアノバクテリアの出現がいつであったとしても，大気中に酸素が蓄積するには有意な時間を要したことの理由を理解する必要がある．

この問題は，酸素の正味の生産率と消費率の関係から説明が試みられてきた．すなわち，酸素が発生していたとしても，それを上回る速度で酸素を消費する還元的な物質が供給されていたとすれば，酸素が大気中に蓄積できないというものである．たとえば，地球史前半における火山ガスの組成は，現在のものよりずっと還元的だった可能性がある．地球内部の酸化還元条件は時代と共にだんだん酸化的に変化してきたのではないかというのである．ただし，最近の研究によると，マントルは地球誕生直後から現在に近い酸化還元条件にあったらしく，この考えとは矛盾する．

別の可能性は，約25億年前以前の地球上では，火山活動は主として海底で生じていたため，温度圧力条件の違いにより，火山ガス組成が現在よりも還元的であった，とするものである．大陸の成長によって陸上の火山が増えた結果，火山ガス組成は現在に近い酸化的なものとなり，酸素を消費しきれなくなったのではないかという可能性である．さらに，有機物は主として大陸縁辺部の海底堆積物中に埋没するが，大陸の成長にともなってそうした堆積場が増え，酸素濃度の増加に寄与した可能性も考えられる．

あるいは，酸素濃度が増加するためには，一時的な酸素の大放出イベントが必要で，それがスノーボールアース・イベント（次項参照）に伴って必然的に生じたのではないかという可能性もある．原生代前期のみならず後期にも酸素濃度が急増したという理由も，この考えによって説明できる可能性がある．

2-2-2 スノーボールアース・イベント

(1) 気候システムと全球凍結状態

原生代の前期と後期には大氷河時代が到来したらしいことが以前から知られていた．そして，それらは顕生代の氷河時代とは本質的に異なるものだったらしいことが明らかになってきた．オーストラリア南部に分布する約6億3500万年前の氷河性堆積物が当時の赤道域で形成されたことが明らかになったのである．このことは，当時の赤道域に大陸氷床（大陸スケールの大規模な氷塊）が存在していたことを示唆する．そのような異常な証拠の最も自然な説明が，当時の地球表面はす

べて氷に覆われていたとするもので，スノーボールアース（全球凍結）仮説と呼ばれる（Kirschvink, 1992; Hoffman et al., 1998）．

赤道域に大陸氷床が存在したとする証拠は，原生代後期のマリノアン氷河時代（約6億6500万年～約6億3500万年前），スターチアン氷河時代（約7億3000万年～約7億年前），そして原生代前期のマクガニン氷河時代（約23億～22億2200万年前）の，少なくとも3つの氷河時代で知られている．したがって，地球は，少なくとも三度にわたって全球凍結したことになる（Hoffman and Schrag, 2002）（図2-13）．

そもそも，地球表面の気候状態は，太陽放射と地球放射とがつり合うような条件として実現される．太陽放射の一部は地表面で反射されるため，地球が実際に受け取る太陽放射はその反射分を除いたものである．したがって，地球全体の反射率（惑星アルベド）の大きさが重要となる．地球の現在の惑星アルベドは0.3なので，太陽放射の30％は反射して受け取っていないことになる．惑星アルベドは，雲量や地表面を覆う氷の割合によって大きく変わる．とくに，氷の反射率は0.6～0.7と高いため，大陸氷床が発達すると惑星アルベドは高くなり，地球が受け取る正味の太陽放射は低下する．さらに，大気が含む二酸化炭素などの温室効果気体の量によって温室効果が増減し，地表面の気候状態は大きく変化する．

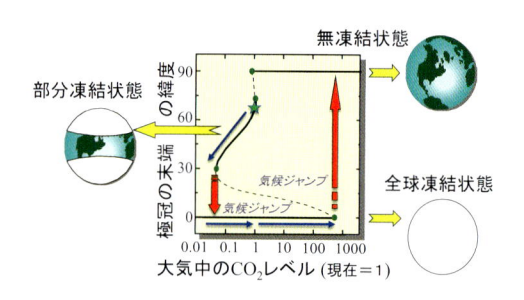

図2-14 地球が取りうる気候状態．地球表層におけるエネルギー収支から得られる定常解．実線は安定解，破線は不安定解を表す．横軸は大気中の二酸化炭素レベル（現在を1としたときの相対値），縦軸は極から拡大した極冠の末端の緯度を表す．

地球表層のエネルギー収支から得られる地球の定常的な気候状態は，図2-14で示したようなものとなる（Tajika, 2003）．図の横軸は大気中の二酸化炭素レベル（すなわち，大気の温室効果の強さ），縦軸は極から発達した極冠の末端の緯度（氷線）である．また図中の実線が，上述のエネルギー収支から得られる安定解，破線は不安定解を表す．この図から，地球が取りうる安定な気候状態は，無凍結解（氷線＝90°），部分凍結解（氷線＜90°），全球凍結解（氷線＝0°）の3種類あり，同じ大気二酸化炭素レベルに対して複数の安定解（多重安定解）が存在する条件があることなどがわかる．現在の地球は部分凍結解に相当する．

いま，地球が部分凍結の状態にあるとして，もし大気中の二酸化炭素レベルが低下し，全球的な寒冷化が生じたらどうなるだろうか？　氷床は実線に沿ってより低緯度まで発達するが，あるところ（緯度30°付近）で安定解が途切れてしまう．さらに二酸化炭素レベルが低下すると，安定解は全球凍結解しかなくなるため，地球は突然，赤道まで氷に閉ざされてしまう．これは，大氷冠不安定と呼ばれる現象である．すなわち，極冠が発達しすぎると，氷によって太陽放射がより反射されるようになるため，地球が受け取る日射量が低下し，地球はますます寒冷化する，というアイスアルベド・フィードバック（システムを暴走させるようなメカニズム）が強く働くようになる結果，

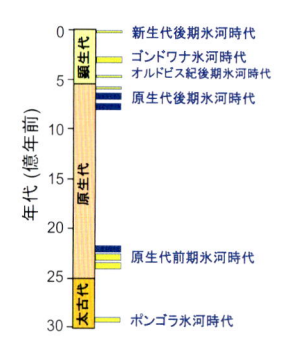

図2-13 地球史における氷河時代．青いハッチはスノーボールアース（全球凍結）イベントだと考えられているもの．

地球は急激に寒冷化し，全球凍結状態に落ち込んでしまうのである．

いったん地球が全球凍結状態になると，たとえ二酸化炭素レベルがもとの状態に戻っても，全球凍結状態から抜け出すことはできない．地表面は赤道においても－40℃程度であるため，温室効果が多少強くなっても，氷は融けないからである．氷が融けるためには，二酸化炭素レベルが現在の数百倍（0.1気圧オーダー）になる必要がある．すなわち，膨大な二酸化炭素を大気中に蓄積する必要がある．

そのようなことは，現在の地球上では不可能であるが，全球凍結した地球においては，二酸化炭素を消費するプロセスがはたらかないため，火山活動によって供給された二酸化炭素が数百万年かけて大気中に蓄積することで，実現可能であると考えられている．その結果，やがて地球は全球凍結状態から脱出して，無凍結状態に移行する（図2-14）．

全球融解直後の地球は，全球平均気温が60℃という高温環境になる．これは，氷が融けたことによって惑星アルベドが急激に低下する一方，大気中の二酸化炭素レベルは高いままだからである．やがて大気中に蓄積された二酸化炭素は，炭素循環によって数十万年かけて除去され，気候は通常温暖な気候状態に移行する．

こうした現象が実際に生じたのではないか，というのがスノーボールアース仮説である．

(2) 特異な地質記録とスノーボールアース仮説

全球凍結状態においては，大陸だけでなく海洋も凍っている．ただし，海洋の凍結は表層の1000 m程度だけに限られる（図2-15）．なぜ海底まで完全に凍結してしまわないのかというと，地球内部の熱が海底から放出されているためである（地殻熱流量と呼ばれる）．氷の厚さが1000 m程度になると，地殻熱流量に相当する熱がちょうど氷の層の熱伝導によって大気へ放出されるような熱平衡状態になる．これは，全球凍結状態

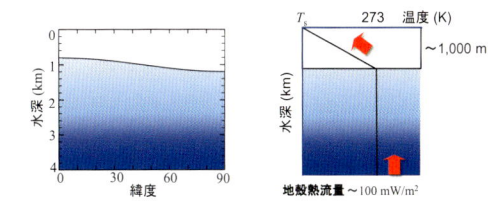

図 2-15 海洋の凍結．海洋表層1000 mが凍結すると，凍結層（～1000 m）による熱伝導で運べる熱流量と地球内部からの地殻熱流量（～100 W/m^2）が釣り合うため，それ以上海洋表層は凍結しない．

の重要な特色である（第3章コラムも参照のこと）．

たとえば，原生代後期の一部の氷河性堆積物には，縞状鉄鉱床が伴われていることが知られている．鉄鉱床の形成には大量の鉄をあらかじめどこかに貯めておく必要があるが，海洋表層が氷で閉ざされると，海洋深層領域は貧酸素環境になるため，二価の鉄イオンが溶存可能となり，海底熱水系から供給された鉄イオンが海洋深層領域に大量に蓄積していたはずである．氷の全球的な融解とともに海洋表層へ湧昇した鉄イオンは，酸素によって急速に酸化沈殿し，鉱床を形成したと考えられる（図2-16）．

一方，原生代後期の氷河性堆積物は厚い炭酸塩岩に覆われていることが知られている．これはキャップカーボネートと呼ばれるもので，極寒冷な

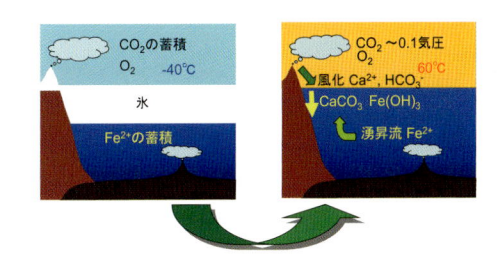

図 2-16 全球凍結イベント後の縞状鉄鉱床およびキャップカーボネート形成メカニズム．全球凍結中，大気には火山ガス起源の二酸化炭素が，海洋深部には海底熱水系起源の鉄イオンが蓄積した．全球凍結直後，地表面は激しく風化され，カルシウムなどの陽イオンが大量に海洋へ供給され，大量の炭酸塩鉱物が沈殿してキャップカーボネートを形成した．同時に，海洋深部から湧昇してきた鉄イオンが酸化沈殿して鉄鉱床を形成した．

気候条件から，炭酸塩鉱物が沈殿するような熱帯性の気候条件へと急速に移行したことが示唆される．このことは，前述の全球融解直後に生じる気候変動と調和的である．すなわち，全球融解直後には全球で高温環境が実現されるため，地表面の化学風化作用が急速に生じ，それによって海洋へ供給された陽イオンと炭酸水素イオンが反応して，炭酸塩鉱物が全球規模で急速かつ大量に沈殿したと考えられるのである（図2-6）．

また，キャップカーボネート中の無機炭素の炭素同位体比は，火山ガスに特徴的な値を示すが，これは生物による光合成活動が完全に停止して，軽い炭素同位体をより多く固定する同位体分別効果が生じていなかったことを示唆する．すなわち，氷河期直後に生物の光合成活動が完全に停止していた可能性が示唆されるが，数百万年間にわたる全球凍結状態直後がそのような状態であったとしても不思議ではない．

このように，スノーボールアース仮説は，原生代後期の特異な地質学的証拠を統一的に説明できることから，多くの支持を集めるようになった．

(3) 全球凍結の原因

地球はなぜ全球凍結状態に陥ってしまったのだろうか．これは未解明の大問題といえる．当然，仮説は数多くあるものの，どれが本当の原因だったのかは検証が困難である．

地球が全球凍結するためには，原理的には，大気の温室効果が大幅に低下するか，地球が受け取る正味の日射量が大幅に低下するかのどちらかあるいは両方が必要である．後者は，惑星アルベドが増加すれば可能であるが，それは一般的には考えにくい．惑星アルベドに最も影響が大きい大陸氷床の拡大には，そもそも大気の温室効果が低下して寒冷化が生じる必要がある．雲量の増加によっても惑星アルベドは増加するが，雲量がどのような条件でどのように変化するのかはまったくわかっていない（地球大気に侵入する銀河宇宙線量が増加すると雲の凝結核が形成されて雲量が増える，とする仮説はあるが，そのプロセスや影響は自明ではなく，まだ検証されてもいない）．一方で，太陽光度が大幅に低下するような現象も知られていない．したがって，全球凍結は大気の温室効果の低下によって生じたと考えるのが一般的である．

温室効果低下の原因が二酸化炭素濃度の低下によるものであるとした場合，考えられることは，①二酸化炭素の供給率の低下（火成活動の停滞または変成作用による炭酸塩鉱物の分解量の低下など），もしくは，②二酸化炭素の消費率の増加（大陸地殻の化学風化率の増加，もしくは光合成によって生産された有機物の堆積物への埋没率の増加）である．これらどの原因によっても全球凍結は起こりうるが，問題点もある．

実は，マリノアン氷河時代の氷河性堆積物の直下において海水の炭素同位体比が低下するという現象が世界中で記録されているのである．炭素同位体比の低下は，前述のように，生物による光合成活動の停止か，炭素同位体比の小さい炭素化合物（火山ガス中のCO_2，有機物，メタンハイドレートなど）の供給・分解によってもたらされる．しかしながら，もしそうだとすると，大気中の二酸化炭素量が増加することになるため，全球凍結が生じたこととは矛盾する．一方，全球凍結を説明する上述の①と②のどの要因によっても，炭素同位体比の低下は説明できない．

現在までのところ，両者を同時に説明可能な唯一の仮説は，メタンハイドレートの持続的な分解，というものである．メタンハイドレートは，氷の結晶による籠状構造の内部にメタン分子が閉じ込められたような物質で，燃える氷として知られている．海底堆積物や永久凍土層などに豊富に存在しており，次世代のエネルギー源として注目を集めている．メタンハイドレート中のメタンの炭素同位体比は非常に小さいため，これが分解して大気中に放出されると，環境中の炭素同位体比は低下する．メタンは大気上層で分解されて二酸化炭素に変化するが，持続的にメタンが放出されると，

ある一定の濃度が維持されることになる．メタンは二酸化炭素よりも強い温室効果を持つため，地球は温暖化する．すると，炭素循環のはたらき（地表面の化学風化率が増加して，海洋で大量の炭酸塩鉱物が沈殿すること）によって，大気中の二酸化炭素濃度は低下し，気候状態を保とうとする作用がはたらく．ところが，あるときメタンハイドレートが枯渇してそれ以上メタンが放出されなくなれば，メタンは急速に二酸化炭素に変化してしまうため，大気は温室効果を失い，地球は全球凍結する．

このシナリオには様々な問題点があるものの，全球凍結直前の炭素同位体比の低下を説明すると同時に地球が全球凍結したことを説明できる，いまのところ唯一の仮説である．ただし，これは約6億5000万年前のスノーボールアース・イベント（マリノアン氷河時代）のシナリオであって，それ以外のスノーボールアース・イベントは別の原因で生じたとしてもよい．また，このシナリオ自体，本当に正しいのかどうかもわからない．過去の地球がどのような原因で全球凍結したのかを解明することは大きな課題である．

2-2-3　全球凍結—酸素濃度—生物進化のつながり

これまで知られているなかで，スノーボールアース・イベントは地球史上最大級の環境変動だといえる．生命にとっての影響が甚大であったことは疑いようがない．しかも大変興味深いことに，スノーボールアース・イベントは大気中の酸素濃度の増加イベントと同じ時期に生じているようにみえる．その決定的な証拠だと考えられるのは，約22億2200万年前の原生代初期マクガニン氷河時代直後に形成されたマンガン鉱床の存在である（Kirschvink et al., 2000）．

南アフリカ共和国に露出する原生代初期の地層にはマクガニン氷河時代に形成された氷河性堆積物の直上に，二酸化マンガンの鉱床（カラハリ・マンガン鉱床）が形成されている．マンガンは酸化還元電位の高い元素であり，その酸化沈殿には酸素分子が必要不可欠である．そして，地球史上最初のマンガン鉱床がマクガニン氷河時代の直後に形成されたのである．このことは，全球凍結直後に酸素濃度の増加が生じた可能性を強く示唆する．全球凍結と酸素濃度の増加にはどのような関係があるのだろうか．

全球凍結直後には，全球平均気温が60℃の高温環境になると考えられていることから，大陸地殻は水循環の増大によって激しく風化浸食され，リンを始めとする生物必須元素が大量に海洋にもたらされ，通常では起こりえないほどの異常な富栄養化が生じる．そして，シアノバクテリアの爆発的な大繁殖が生じて，大量の酸素が放出されることが予想される（図2-17）．それによって，大気中の酸素濃度が一気に上昇したのではないかとも考えられる．同じことが原生代初期だけでなく原生代後期にも生じたと考えられる．

これは現段階では1つの仮説に過ぎないが，原生代の初期と後期のそれぞれほぼ同じ時期に2つの大きな出来事が二度にわたって生じたことが偶然でないとすれば，こうした何らかの因果関係が存在した可能性は十分考えられる．

さらに重要なことに，これらの時期には生物進化史上，きわめて重要な出来事が生じている．化石記録によれば，原生代初期の約20億年前には真核生物が出現し，原生代後期の約6億年前には後生動物（多細胞動物）が出現しているようにみえるのである．分子時計を用いた推定によれば，多細胞動物の出現は約10億年前とされており，化石記録とは矛盾する（2-1節参照）．しかし最近では，分子時計による推定でも多細胞動物の出現を約6億年前にできるとする研究もあり，化石記録と大きな矛盾はないようである．最古の真核生物の化石と考えられているものは，グリパニア・スピラリスと名付けられた藻類の化石で，アメリカ合衆国ミシガン州ネガウニー鉄鉱床（約21億年前）から発見されている（Han and Runnegar, 1992）．また，最古の多細胞動物の化

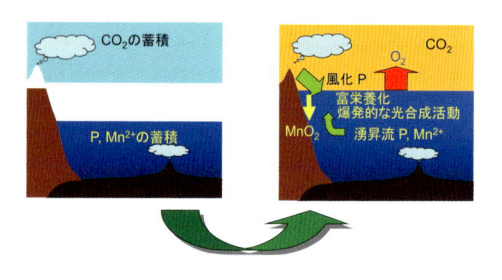

図 2-17 全球凍結直後の海洋生物化学循環と酸素発生シナリオ．全球凍結直後の高温条件で地表面は激しく風化され，リンなどの生物必須元素が海洋へ大量に供給されて異常な富栄養化が生じ，シアノバクテリアが爆発的に光合成活動を行い，大量の酸素が発生した．また，海洋深部から湧昇してきたマンガンイオンは酸化されて二酸化マンガンの鉱床を形成した．

石と考えられているものは動物の胚化石で，中国南部のドウシャントゥオ層（約6億年前）から発見されている（Xiao et al., 1998; Xiao, 2004）（図 2-18）．

真核生物は，細胞内のミトコンドリアによって酸素呼吸を行ない，細胞膜を補強するステロールの生合成に酸素を必要とするなど，その生存には酸素濃度が現在の 10^{-2} よりも高い必要があるとされる．また，多細胞動物はコラーゲンの生合成のためにより多くの酸素が必要だとする指摘もある．したがって，これら生物の出現には，環境中の酸素濃度の上昇が重要な支配要因だった可能性が十分考えられる．

すなわち，酸素濃度の上昇と生物の大進化には

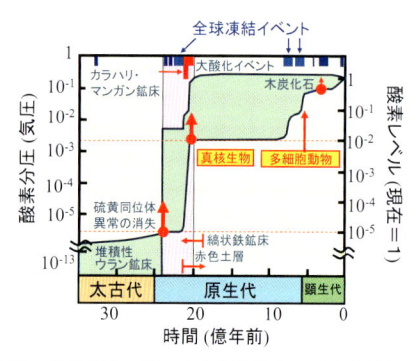

図 2-18 酸素濃度の増加史と生物進化．原生代前期と後期のスノーボールアース・イベント後に酸素濃度が上昇し，それにともなって真核生物や多細胞動物が出現したようにもみえ，それらの間の因果関係が示唆される．

密接な関係があるといえる．そして，酸素濃度の上昇には，全球凍結イベントが不可欠であったのかもしれないということになる．もしそれが本当であれば，全球凍結イベントは単なる気候変動イベントではなく，大気組成を変え，生物進化をもたらすような，地球史を画するイベントだったといえるだろう．

このことはまた，太陽系外惑星系における第2の地球や地球外生命の探索にも重要な示唆を与える．そもそも，太陽系外地球型惑星の大気を分光観測して酸素分子を検出するに際して，地球大気の進化の時間スケールを十分念頭に置く必要がある．地球大気中の酸素濃度は，約25億年前（地球誕生以来，約20億年後）までは，現在の 10^{-5} から 10^{-13} 以下だったのである．その後も現在の 10^{-2} 程度の状態が長く続き，大気の主成分（＞1％）になったのは，ほんの6億年前（地球誕生以来，約40億年後）以降のことなのだ．複雑な生物の出現には高い酸素濃度が重要であるとするならば，生物進化は大気進化の時間スケールが規定しているといえるかもしれない．そして，もし酸素濃度上昇に全球凍結イベントが関係しているのだとするならば，全球凍結イベントの支配要因の理解がすべての鍵を握っているということになるのかもしれない．

地球における大気進化と生物進化の問題を理解することは，太陽系外における惑星進化や生物進化を考える上で，いかに重要であるかがわかるであろう．

2-3 地球生命史から宇宙生物学の体系化へ

生命の起源と進化は，自然科学の中の最大かつ究極の研究テーマである．その理由は，われわれ人間が最も知りたいことが「人類の未来」だからである．未来を予測するには，生命や地球の過去と現在を理解し，その中に法則性を見つけることが必要である．

これまでの地球史研究の成果として代表的

なものは，Cloud（1948, 1968, 1972），Windley（1972, 1977, 1995），Condie（1980, 2000），Rogers（1993）など，日本語では『生命と地球の歴史』（丸山・磯崎，1998），『全地球史解読』（熊沢他，2002）などがある．外国語で書かれた上記の地球史の専門書は，地球誕生後，太古代から現在までの地球で起きた多種多様な変動史を時代に沿って解説したものであり，事変の羅列にとどまっている．

地球史研究の推進には，生物学や地質学といった狭い専門分野の知識と研究手法では歯が立たない．歴史科学なので，研究の中核が地質学にあるとはいえ，数学，物理学，化学，生物学，天文学をカバーした知識と学際的手法を駆使しなければ全貌は見えてこない．

本節の筆者らは，地質学の研究を始めて，その後，地球生命史の研究に着手し，学際的手法によって生命の起源と進化の謎に取り組んできた．この節では，筆者らによるこれまでの研究から描かれた，筆者らが現在のところ最もありうると考える，独自の生命と地球の包括的な進化シナリオを紹介する．したがって，本節の内容には必ずしも一般的な見解ではないことが含まれており，本書の他の節や章の記述とも必ずしも整合的ではないことを，あらかじめお断りしておく．ここで提示されるモデルは，地球史記録の解読や太陽系・銀河系天文学の成果に基づいてはいるが，今後の研究で検証されるべき内容も多く含んでいる．その意味では，これからの宇宙生命研究の方向性を提案する，ということも目論んでいる．

2-3-1 研究史

ダーウィンの適応進化・自然淘汰説の提唱から約150年が経過して，分析機器の革命的な発展が続き，20世紀後半以降は生物学の黄金時代となった．現代は，ゲノムによる新たな生物分類が完成する夜明け前にあたる．1990年頃までは現生生物のゲノム解析だけから生命誕生や現在までの系統樹のすべてが解読できるという期待があり，分子生物学者による進化系列の大整理が試みられた．しかし，「分子生物学」から「ゲノム生物学」へと学問が発展すると，生物間で遺伝子の水平移動が普通に起きたことが実証され，ゲノム生物学単独では生命の起源や進化系統の解読は論理的に不可能なことが自明となった．すなわち，生命史は，多分野にわたる総合的アプローチ以外に真相に迫るすべのない対象となった．その一方，生命の起源や進化は46億年という長大な時間をかけた歴史である．それゆえ，進化論は古生物学を核にした地球史記録の解読を中心に発展すべき宿命を背負っている．

1995年の系外惑星の発見を端緒に，米国NASAのケプラー宇宙望遠鏡計画などで確認された地球サイズの惑星候補の数は2014年までに4000個を超え，地球外生命の発見への期待が高まっている．特に惑星表層に液体の水が存在する可能性のある軌道領域（ハビタブルゾーン；3-4節参照）の惑星が報告され始めると，太陽系惑星研究から提唱されたハビタブル惑星（第3章参照）の概念の流布とともに，「太陽系外生命」研究が一大ブームとなりつつある．

以下では，まず先カンブリア時代と顕生代の境界事変までを概観し，なぜ，海陸の多様な生物がつくる現在の複雑な地球生態系の基本枠組みが作られたかを探る．次に，生命誕生の環境条件を考察する．そして，これらの事変が示唆する惑星変動の原理をより一般化して，大型生命の進化が可能な惑星の条件を考え，宇宙生物学の体系化への試みを示そう．

2-3-2 研究の手法

地球に残された記録を束縛条件として，生命の起源と進化のシナリオを考えるために，筆者らが編み出した研究手法は，①横軸46億年研究と②特異点研究，の2つを中心としている．

世界の地質の理解は地球と生命史解読の出発点

である．世界の地質図と地質概要がわかると，次は焦点を絞り込んで，二次的な変形や変成作用の影響が最も少ない地域を選んで，横軸46億年研究を展開することができる．

(1) 横軸46億年研究

横軸46億年研究は，生命や地球の進化を記述するのに重要な指標を対象に行われる．その指標の代表例を挙げると，①大陸地殻成長率，②地球地質図と造山帯の成長率，③海水のストロンチウム(Sr)同位体変動，④大気中および海水中の酸素濃度変化，⑤生命記録（サイズ変化），⑥堆積岩の種類と量比，⑦気温変動，⑧海水準変動，⑨沈み込み帯の変性岩の温度―圧力変化，⑩地球磁場強度変化，⑪マントルの温度変化，⑫海水の塩分濃度変化，などがある．

たとえば大陸成長率の横軸46億年研究から何がわかるだろうか．現在の地球の表層の1/3は平均約35kmの厚さの大陸地殻で覆われている．このうち，地殻の上半分が花崗岩である．これらは，いつ，どのような速度で地表に集積したのであろうか．これが大陸地殻成長率の課題である．

また，生物の大型化は酸素濃度の変化と連動していると考えられるが，酸素濃度の時間変化をどのように研究できるだろうか．地球表層に残された記録から大気の酸素濃度記録をたどる直接的な証拠はない．その理由は，大気と直接接触した陸地の風化物は，記録には残らないからである．それらは流水によって海洋や湖沼に運ばれて，そこで水と反応してしまうので，地表には海洋や湖水と続成作用を通じて改変された堆積物しか記録に残らない．したがって，堆積物に残された海水や淡水の酸素濃度から，それと平衡を仮定した大気の酸素濃度を推定するしか方法がない．

大陸地殻成長率や酸素濃度変化をはじめとして，上述した様々な環境因子を縦軸として，46億年を横軸に数値をプロットしていくと，それぞれの因子が地球史を通してどのように変化してきたかを読み取ることができる．これらのデータを様々な因子について積み重ねることによって，地球史における環境変動を読み解くことが可能になる．

(2) 特異点研究

特異点とは何か？　それは地球史46億年横軸研究から得られる急変点のことである．その中でも，生物進化の最大の特異点は，後生動物の爆発的な多様化と進化が起きたカンブリア紀の爆発的進化である．特異点研究の手法は陸上の大陸棚堆積物の系統的な掘削である．たとえば，われわれの研究チームは25本の掘削資料をもとに，マリノアン全球凍結の終わり（635 Ma; Ma = 100万年前）からカンブリア紀の半ばまでの連続試料の化学層序解析（地層中の元素・分子濃度や同位体組成変化に基づく表層環境変動の解読）を行った．この解析によって，連続的な表層環境変化を岩石に残された記録から理解することができる．

顕生代は，現在に近い大陸量のもとで形成された陸上の地形，河川，大陸棚の浅海などの多様な表層環境，および生物の多様化をもたらした時代で，環境変動が13回もの大量絶滅（化石記録から見いだされたいわゆるビッグ5と呼ばれる5回の大量絶滅と，カンブリア紀初期の炭素同位体変動から示唆される8回の大量絶滅）を引き起こした．生物が陸地に進出した後は，海水という厚い防護壁のない環境で，生命は進化した．

(3) 地球史10大事件

横軸46億年研究と特異点研究から，地球史の記録と理論的背景との照合を経て，地球史において重大な意味をもつ区切りを特定することができる．それらの事変によって地球システムが大きく変動し，表層環境や生命環境に顕著な変化がもたらされるが，これらの中でも地球史において特に大きな変動をもたらした特異点を抽出したものが地球史10大事件である．

地球史を区切る重大な区分の基準は何であろうか？　実はこの問題は簡単なようで，きちんとし

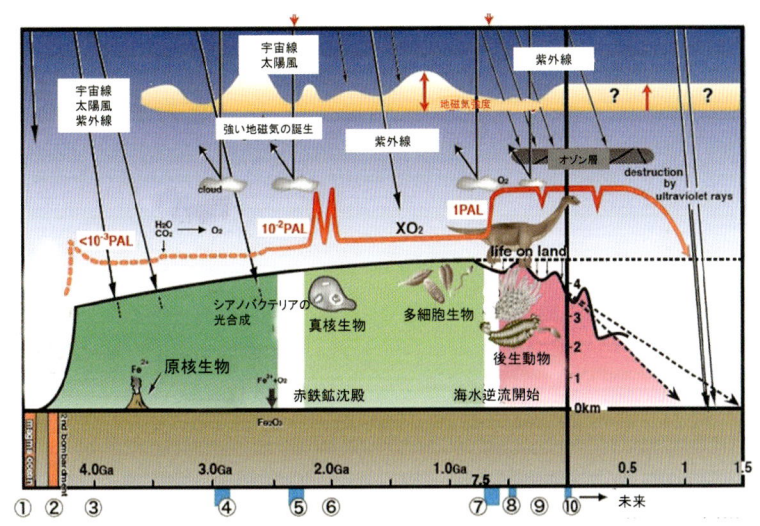

図 2-19 地球史概観と地球史 10 大事件．図の下から上に向かって，固体地球，海洋，大気（XO_2），オゾン層，地磁気強度を表している．図下の番号は本文中の地球史 10 大事件に対応する．現在からみて 15 億年先までの予想も書かれている．

た議論がほとんどなされずに放置されていた問題である．筆者らが，1990 年に地球史の新たな概念として「地球史 6 大事件」というモデルを日本地質学会で提唱したのが始まりであるが，その後，幾度かの修正ののち，現在の「地球史 10 大事件」に至った．10 大事件として選択される事変の基準は以下の考えに基づく．

1. 地球史は基本的には宇宙空間で惑星が冷却する過程（熱史）である．
2. 短期間に，しかも全地球規模で起きる大変動が重要である．したがって，日本列島だけ，アメリカ大陸でだけ起きた事件は不採用になる．
3. 変動は一方向（冷却）に進むと考え，何度も繰り返す変動は採用しない．したがって，たとえば，ウィルソンサイクル（大陸の離合集散の繰り返し）は対象外となる．

こうして抽出された地球史における重要な事変，地球史 10 大事件は，以下のようになる（図 2-19）．

① 地球の誕生と層構造の形成（45.6 〜 45 億年前）
② 大気と海洋の誕生，プレートテクトニクス運動の開始（44 〜 40 億年前）
③ 生命の誕生（40 億年前）
④ 光合成生物の誕生（28 億年前）
⑤ 第 1 回目の全球凍結（23 億年前）
⑥ 真核生物誕生（21 億年前）
⑦ 第 2 回目の全球凍結（8 〜 6 億年前）
⑧ カンブリア紀の生物の爆発的進化（5.4 〜 5.2 億年前）
⑨ P-T 境界事変（2.5 億年前）
⑩ 人類の誕生

ただし，生物の段階的で不連続的な進化は証拠が不十分だが，地球史の中にどう組み込まれるかが課題である．現時点では，環境の急激な変動に応答する形で生命の進化が起きていることが自明なので，これを固体地球，宇宙変動の 2 つと関係したイベントとして，記録に残った時間を加味して地球史に組み込んだ．

2-3-3 地球史概観

はじめに，地球生命の歴史を概観しよう．46

億年に及ぶ地球史は，1）冥王代（46億〜40億年前），2）太古代（40億〜25億年前），3）原生代（25億〜5.42億年前），および4）顕生代（5.42億年前〜現在），からなる

(1) 冥王代

地球は46億年前に月とともに誕生した．しかし，最初期の6億年間の記録は地上に岩石や地層としての痕跡を残しておらず，1 mmサイズ以下のジルコン結晶に44億年前までの記録をわずかに残すにすぎない．その記録によれば，冥王代の地球は海洋に覆われ，原始大陸が存在し，プレート運動が機能していたらしい．ジャイアントインパクト（月を作った巨大衝突）が起きた後，地球は中心核まで含めて全熔融した（第3章参照）．月に残された，ジャイアントインパクト後に形成された岩石を参考にして，当時の地球表層の岩石を推定すると，アノーソサイト（anorthosite）およびKREEP（K: カリウム，REE: 希土類元素，P: リン）玄武岩からなる原始大陸が，地球にも形成されたのではないかと推測できる．

原始大気の温度が下がり，表層に海洋が生まれた．最初期の原始海洋は，ハロゲン元素と重金属元素に富む，強酸性（pH 1〜2）の海水だっただろう．生命誕生場については，陸上起源説と海底起源説が提案されているが，筆者らは，原始生命が冥王代原始大陸のリフト帯深部の大陸内熱水環境で誕生したのではないかと考えている．原始大陸物質は今のところ発見されていない．原始大陸消失のメカニズムとして有力なのは，プレート運動による構造侵食（削剥）とマントル深部への沈み込みである．地球生命は生誕地をなくした孤児となり，やがて過酷な環境の原始海洋へと進出したのではないだろうか．その一方で，原始海洋の化学組成は岩石—水相互作用により中性化していったものと考えられる．

(2) 太古代

生命の誕生は，炭素同位体の記録に基づくと，38億年前以前まで遡る．炭素同位体比ではなく，形態を残す化石記録は35億年前の西オーストラリアの微化石が最古である．これらの地域の生物は，

1. 原核生物
2. 熱水系に生息していた
3. 水素利用型の代謝系

という特徴を示しており，現生微生物のリボソームRNAに基づく系統樹の復元（原始微生物は超高熱菌）と調和的である．29億年前のストロマトライト化石は，シアノバクテリアがこの頃までに誕生したことを示唆する．シアノバクテリアの誕生時期については，35億年前まで遡るとする説もあるが，根拠は確定的ではない．

(3) 原生代

太古代末期の26億年前頃には，地球上の至る所で洪水玄武岩の活動があった．その全球的傾向から，原因はマントルオーバーターンだったのではないかとも考えられる．この時期にストロマトライトの全世界的な出現が認められ，炭酸塩の化学組成から見積もった海水中の酸素濃度は，この時期に上昇した可能性を示唆している．23億年前には最初の全球凍結が起き，表層に大きな環境変動を起こした．21億年前には最初の真核生物が出現した．

原生代は前期，中期，および後期に三分される．10億〜5.42億年前の後期原生代はさらに三分される．6.35億〜5.42億年前をエディアカラ紀という．8.5億〜6.35億年前の約2億年間続く寒冷期であるクライオジェニアンにおいてスターティアン（Sturtian）氷河期とマリノアン（Marinoan）氷河期の2回が全球凍結状態にあった（2-2節参照）．さらに，やや古いカイガス（Kaigas）氷河期とやや若いガスキアス（Gaskiers）氷河期という2つの小氷河期があり，さらに小規模な氷河期がエディアカラ紀—カンブリア紀の間に複数回訪れたことが海水準変動曲線から示唆される．原生代末期の全球凍結が生じた約2億年間のうち

80％の期間は温暖な時代で，20％は氷河期だったのではないかと考えられる．2回の全球凍結期においては，海洋の表層が最大で1km程度凍結した．しかし，その頃は地球史上最もマグマ活動が活発な時代であったため，活火山の周辺には水が凍結を免れたオアシス領域が存在しただろう．生物はその中で絶滅することなく生き延びたのではないかと考えられる．

原生代末期からカンブリア紀の地層記録は世界中で不整合（地層の欠損）が多く，生物進化や環境変動の連続的な記録が残されていない．唯一の例外が中国南部の揚子地塊（ほぼ南中国地域）であり，東京工業大学と東京大学のグループは，2003年から2012年まで継続して西安の西北大学と国際共同研究を進め，陸上掘削と地質調査を中心にこれまで23本の掘削コアを使って化学層序研究を行った．

2回の全球凍結の間の温暖期に最初の後生動物である海綿が誕生したという報告もあるが，後生動物が急激な発展を開始したのは，原生代最後の氷河期であったガスキアス氷河期の直後からである．まず，大型のエディアカラ生物群が出現した．しかしエディアカラ紀の末期（5億4200万年前）にそれらがほぼすべて絶滅し，代わりに小型だが硬い殻をもつSSFs（small shelly fossils：小さな貝殻状の化石の総称）が現れた．これがカンブリア紀の始まりであった．

(4) 原生代末——顕生代最初期

カンブリア紀の爆発的進化は，SSFsにすべての鍵が隠されている．ドイツのシュタイナーたちは，SSFsが最も多産する南中国で5つの異なる化石帯を区分し，その中でも第1化石帯から第2化石帯へと移り変わる境界において最も急激な多様化が起きたことを示した．どうやら，5億4000万～5億2000万年前の2000万年間に，現在のほぼすべての門（35）のレベルの動物が出現したらしい．これまでに確認されたのは，約20の門の出現だけであるが，生物が化石として残る可能性は奇跡的なほど低いことを考えると，現時点では，ほぼすべての門のレベルの動物の多様化がこの時期に集中したと解釈できる．

(5) カンブリア紀以降

カンブリア紀に入り5億2000万年前にはSSFsが絶滅した．カンブリア紀の炭酸塩岩の無機炭素同位体比の変動は，カンブリア紀の最後までに，8回の大量絶滅に匹敵する生命活動の縮退が起きたことを示唆している．カンブリア紀に起きた動物の爆発的な進化は，顕生代のどの時期の変化よりも多様性に富む変化であったという指摘がある．これはハーバード大学のグールドの提案だが，この進化は，いわば生物界の進化の大実験だったとも言われる．それは，エディアカラ生物群に代わって，様々な進化の工夫がなされた事件である．5つの目を持ったオパビニアや，背中と腹部に20本ものトゲを持ったハルキゲニア，体長が2mに達した巨大なアノマノカリスは捕食のための口の構造が特異な動物で，今日のどの種の動物にも見られない器官を持っていた．しかしこれらの動物は，生存競争に敗れ，地上から姿を消した．

2-3-4　冥王代：生命の誕生

では，生命はいったいいつごろ地球上に誕生したのだろうか．現在までの研究によれば，原始生命の誕生は冥王代だったのではないかと考えられる．

冥王代の地球を議論する場合，誕生期の地球はマグマオーシャンに覆われていたことを無視するわけにはいかない．これは惑星形成論からくる理論的結論である．つまり，マグマオーシャンの固化直後の表層環境と固体地球表層の岩石の種類を考えねばならない．原始海洋の誕生直後から，生命の誕生，表層環境の化学進化が始まり，それらはまた固体地球のダイナミクスと連動していたに違いない．

(1) 原始固体地球

地球の形成過程は，以下のようなシナリオが合理的と考えられている．地球は，太陽系における氷の安定領域の境界よりも内側，すなわち氷が不安定な領域で形成した（3-3節参照）．まず，ミクロンサイズの塵が原始惑星系星雲ガスから凝縮し，次にそれらが集まって，10 km 程度の微惑星ができる．それらがさらに衝突集積して，10個程度の火星サイズの原始惑星となり，それらが互いに巨大衝突して地球が形成された（3-1節参照）．巨大衝突により，原始地球はほぼ100％融解するはずである．こうして，46億年前に地球はマグマオーシャンの星となったが，溶融時に，下部の1/2 半径に溶融鉄（密度 11〜13 g/cm^3）が分離し，上部の1/2 半径にケイ酸塩（いわゆる岩石で，この部分をマントルと呼ぶ；密度= 3.3〜5.7 g/cm^3）が集まり，やがて固化して地球が誕生した．

巨大衝突の際に，衝突天体のマントルに相当する部分が地球の周辺軌道に放り出され，ほとんどの物質が再度地表に落下したが，うまく重力的に釣り合って，地球の衛星となったのが月と考えられている．地球と同様に100％溶融した月は冷却するにつれて，45.6億年前の年代を持つ厚さ50〜60 km のアノーソサイト（灰長石；$CaAl_2Si_2O_8$を主成分とする岩石）が月の表面に作られた．米国NASAのアポロ計画による月の研究によって，月にはマグマオーシャンの最終残液であるKREEP（カリウム，希土類元素，リンに富んだ玄武岩）と呼ばれる特殊な玄武岩質岩石がアノーソサイト岩体に貫入，もしくは大陸上に噴出していることがわかった．したがって，地球にも同様の機構によって原始大陸が生まれ，リン鉱床を伴う岩体が存在したのではないかと推測される．

すなわち，地球の場合，マグマオーシャンの冷却過程の最末期に生じた最終残液マグマに生命を構成する主要元素が濃集した可能性が高く，それはアノーソサイト-ガブロ-ペグマタイト複合岩体と呼ばれる岩体（以下アノーソサイトと呼ぶ）になったはずだと考えられる．この岩体にはリン酸塩鉱物の鉱床も付随するのではないかと考えられる．ただし，この岩体は現在の地球表層には残っていない．

(2) 原始大気の誕生

地球史初期の数億年間には，小惑星帯から大量の小天体の重爆撃があった．最大の衝突クレーターのサイズは直径600 km（衝突天体のサイズは直径20〜30 km）を超え，同時期には月や火星にも落下した．その時期は，月のクレーター密度と岩石の年代から約40億年前以前で，マグマオーシャンの固化（45.3億年）後と見積もられる．隕石の研究に基づいて，固化した地球へ，44億年前ごろに物質供給があったことは確実と考えられている（Albarede, 2009）．地球のほとんどの岩石は，地球の酸素同位体比から，無水に近いエンスタタイトコンドライト起源であることが示唆されているが，一方で，地球や火星の水の水素同位体（D/H 比），有機物の炭素同位体と窒素同位体比は，水と生命を構成する炭素と窒素が，揮発性成分に富む炭素質コンドライト質的な隕石に由来した可能性を示している．大気の起源については，まだ議論がつきてはいないが，これらの証拠は，原始海洋と原始大気が44億年前の物質供給時に誕生した可能性もあることを示唆している（3-3節も参照のこと）．

原始大気とはどのような組成だったのだろうか．現在の海洋全部と6億年前以降にマントルへ逆流して地表から消失したと推定される600 mの深さに相当する海水量（Maruyama and Liou, 2005）を原始大気に戻し，更に炭素質コンドライト隕石の平均化学組成の含水量から地球にもたらされた炭素質コンドライト隕石の総量を求め，そこから，炭素と窒素の量を計算すると，原始大気は約100気圧の二酸化炭素と300気圧の水蒸気になる．この数値は別の根拠に基づく原始大気の見積もりと調和的である（たとえば，

Pavlov et al., 2003).厳密には，他に少量の窒素やアルゴン，硫酸，硝酸，一酸化炭素，メタンなどが含まれる．

原始大気が大陸の表層と接する境界では岩石—大気相互作用によって，大気中の炭素，水素，酸素，窒素のうち，窒素を除く成分が岩石と大気の間に反応帯（数m以下）を作り，その中に炭酸塩鉱物や含水ケイ酸塩鉱物が生まれた．大気の量はいくらか減少し，成分の変化が起きただろう．しかし，その変化は全体としては微々たるもの（＜1％）で，海洋が誕生した後で起きた変化に比べれば小さい．

(3) 原始海洋の誕生とプレートテクトニクスによる猛毒海洋組成の改変
①原始海洋の誕生（44億年前）と猛毒化学組成

高温の原始大気が冷却すると原始海洋が生まれる．44億年前の地球最古のジルコンの酸素同位体組成が液体の水の存在を示している，という証拠（Wilde et al., 2001）を採用すると，原始海洋の誕生は，原始大気誕生の直後（百万年以内か？）に誕生したということになる．

原始大気から海洋が誕生すると，大気の量が急激に減少する．まず400気圧の大気圧は，水蒸気の液化により100気圧まで急減する．次は，大気のCO_2がどれだけ海洋に融解するかであるが，その量は海洋のpHに依存する．ハロゲン元素は大気や岩石中の鉱物には入らず，海洋に選択的に入る．一方，窒素は岩石には入らず，海洋にも入らないので，大気に残る．硫黄は大気，海洋，岩石に入る．したがって原始海洋は強酸性（pH＜1）の組成になる．このような海洋には大量の金属元素が岩石から溶け出して，重金属元素（Cd, Cu, Pb, Zn, Mn, Fe^{2+}, etc）に富む．このような海洋は，鉄や銅を岩石から有用な金属として取り出す原理と同じで，極端に言えば，昔の鉱山で，強酸で岩石を溶解した後の液体の組成と似ている．したがって，原始海洋は生物にとっては猛毒で，棲めるようなpHや化学組成ではなかった

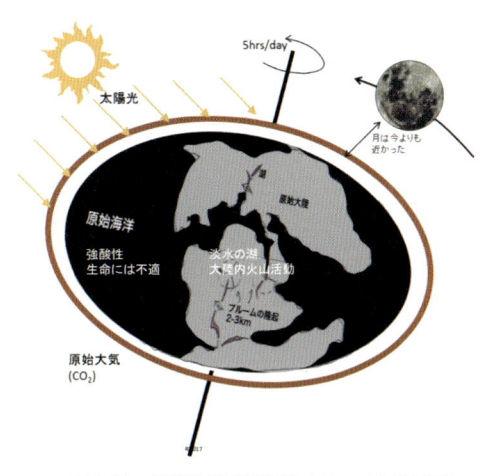

図 2-20 原始地球表層環境（44～40億年前）

だろう（図 2-20）．

②生物が棲める海への猛毒化学組成の改変：陸地の存在によってのみ可能

原始海洋の組成の改変には，陸地（原始大陸＋KREEP玄武岩）の存在が鍵である．その理由は陸地がない場合に比べて岩石—水相互作用によって海洋の組成を変える効率が100万倍も違うからである（Maruyama et al., 2013）．陸地の岩石は，物理的風化によって塊として存在する岩石の1/1000以下の大きさの砕屑粒子（砂）に変化し，その反面，化学反応する表面積が100万倍以上になり，効率的に海水と反応するからである．とりわけ，表層（陸上）にアノーソサイト（$CaAl_2Si_2O_8$を主成分とする）があると，アルカリ元素のCaが供給されて，海洋を中和する．また，CaAl含水ケイ酸塩鉱物は，セメント材料と酷似して，実に多種多様な鉱物を作り，低温で反応しやすく，大気と岩石と海洋の反応を促進し，猛毒海洋の組成進化の主役を果たしただろう．

海洋の出現は，マントル対流に引きずられる表層の岩石上面に含水鉱物層を作り，これが潤滑剤と成って，比較的スムーズなプレートの沈み込みにつながったと考えられる．プレート運動が始まると，沈み込んだプレートが部分融解することによって，新たに花崗岩地殻が形成し始める．ただし，原始大気は陸地との化学反応によって急激に

減圧し，海洋形成後の4億年間にCO_2大気は海洋に溶解し（100気圧→10気圧），一部は陸地に閉じ込められた炭酸塩岩と蒸発岩（岩塩）になり，それらは構造侵食によってマントルへと運ばれて表層から消えた．これは海洋の組成のpHの上昇と相関して起きたと思われる．

③原始地球表層環境の改変

44億年前に原始大気が誕生し，その直後から急激な表層環境変動が起きた．原始海洋が誕生し，海洋の組成が急激に変化し，大気の量と組成が急変した．この時代の表層環境システム変動が，生命惑星地球誕生の正念場であった．

これを復元することが，生命の起源とその時期に関する研究の鍵である．この変動の制約条件は，①原始太陽の輝度（現在の70％），②海洋の誕生（表層の気温が100℃以下）とプレート運動の開始，③原始大気の量と組成の急激な変化である．刻々と変化した冥王代の表層環境は，変化という意味で最近6億年間の顕生代の表層環境と酷似してしただろう．巨大な陸地が存在し，大量の堆積岩が生産され，生命誕生に向けた高分子有機物が合成された．これらの還元的炭素の起源がCO_2など酸化的な炭素であるとすると，還元炭素量に応じて遊離酸素が生成したかもしれない．酸素は，岩石や海水中の2価の鉄イオンなどとも反応するので，すべてが大気海洋に残るわけではないが，有機物の埋没は表層環境に幾らかの遊離酸素をもたらしただろう．現在の地表のように，大中小の湖沼系，河川系，多様な気候帯，火山の噴火，多様な気象，大規模な海洋循環，砂漠のような乾燥地域，多雨地帯，降雪地帯，永久凍土帯，これらの環境に応じて水場の化学環境も実に多様であっただろう．そして，その多様性の中で前駆的生命の合成が進んだと思われる．

(4) 原始大陸存在の検証の方法

原始大陸が冥王代の地球表層に存在したかどうかを検証する必要があるが，現在の地球上には直接的な痕跡がない．しかし，①月や火星の地質，さらに②現生地球生命の細胞質の化学組成からの示唆（著しくカリウムに富む岩石（K/Na＞40）の存在）に基づき，冥王代の地球にはナトリウム（Na）に枯渇した原始大陸が存在した可能性が考えられる．これを検証するには，どのような方法があるだろうか．

まず，地球の原始大気と海洋の起源物質である炭素質コンドライトの融解実験によって得られる高温ガス（原始大気）の組成を決める．さらにそれが冷却して形成される，原始海洋と原始大気の化学組成を実験で決める．たとえば，pH，O_2とCO_2の量を取り上げよう．

地質記録として，地表には38～37，35～32，29～25億年前の付加体や大陸棚堆積物の記録が残されているので，それらの記録媒体から当時の海洋のpHとCO_2の量を求める．予察的だが，38～37億年前の大陸棚堆積体や海溝堆積物にはすでに炭酸塩岩が砂岩・泥岩と互層しているので，pHは5～6程度にまで中性化していたと予測される．同様に中央海嶺の熱水組成の記録から，塩分濃度，重金属元素，流体組成（CO_2，CH_4など）を調べると，原始大陸の存否の答えが得られるはずである（図2-21）．先に述べたように，陸地がある場合とない場合とでは海洋の化学組成の変化効率が100万倍も違うからである（Maruyama et al., 2013）．

(5) 生命の誕生場

それでは，このような原始地球表層環境において，生命はどのように誕生したのだろうか．以下では，筆者らが考える原始生命誕生場のシナリオを説明する．発生時期はともかく，生命の誕生場に関しては以下の7つの束縛条件がある．すなわち，

1. 水の存在（妨害元素に満ちた猛毒の原始海洋から逃れる）
2. 原始大陸からの栄養塩の供給（とりわけリンの供給）

できる誕生場として，冥王代の原始大陸上に形成される湖水環境が考えられる（図2-22）．その場合，それぞれの束縛条件がどのように解決されるのか考えてみよう．

（1）生命にとって猛毒である元素に満ちた原始海洋から逃れるには，「大陸内部の湖」があればよい．猛毒の海から蒸発して降り注いだ雨は原始大陸上にきれいな水をたたえる湖を形成しただろう．（2）栄養塩，とりわけリンの供給の役割は冥王代の原始大陸が担う．惑星形成過程で説明したように，原始大陸はアノーソサイトとKREEP玄武岩に覆われている可能性があり，これらはNaに乏しく，Kに圧倒的に富み，リンもたっぷりある．さらに触媒の働きをするREEまで用意されており，栄養塩供給の母体となったのではないかと考えられる．（3）アノーソサイト＋KREEPで構成される原始大陸上では，低温（100℃以下）でアンモニア合成が可能な環境だったと考えられる．こうして生成されたアンモニアは，前駆的化学進化の過程において生命誕生のプロセスで利用されただろう．（4）原始大陸上の湖水環境で干潟のような場が幾つも存在したことは想像に難くない（図2-22）．当時の月は現在よりも地球の近傍にあり，大きな潮汐力は干満の差を大きくし，乾燥・固化を繰り返しただろう．そのような場で，高分子有機化合物が重縮合され

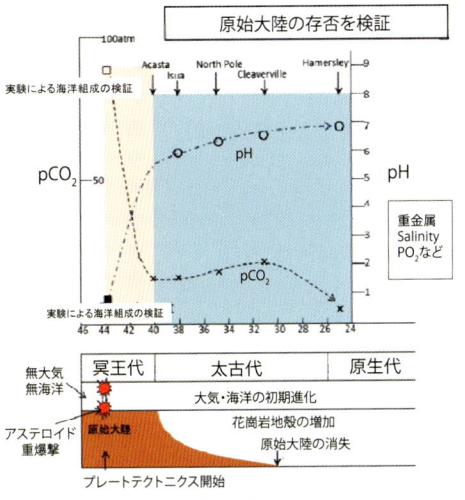

図 2-21 原始大陸存否の検証

3. 窒素固定を可能にするシステム
4. アミノ酸合成のための重縮合環境と触媒の供給
5. 水素発生場かつ超アルカリ環境（原始代謝系は水素代謝）
6. 熱水系環境（物質循環）
7. RNAワールドからDNAワールドに至るまでに要する分子進化の時間（10^9レベルの分子量をもつ超巨大分子の合成と子孫複製のプログラミング）の時間

である．そして，これらの束縛条件をすべて解決

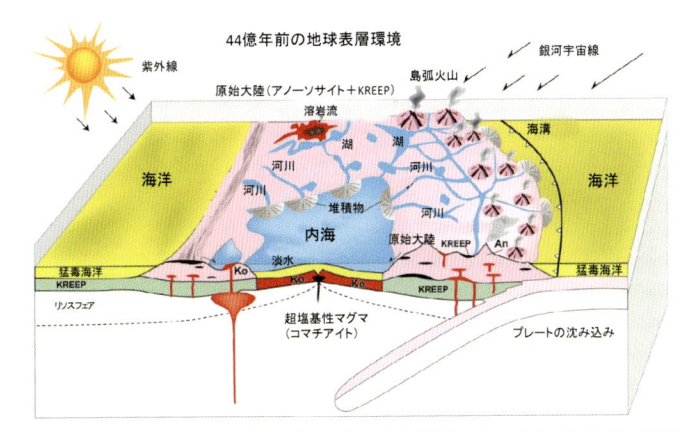

図 2-22 冥王代（約44億年前頃）の地球表層環境における生命誕生場．猛毒の原始海洋を離れて，原始大陸上に形成された湖水環境では生命誕生の束縛条件を満たす環境が形成された．

たのだろう（図 2-20）．有機分子濃縮場では膜の形成や，蒸発鉱物（方解石や石膏）の表面で成長するアミノ酸がL型に偏向することは筆者らが主張する原始生命誕生場の条件に調和的である（Maruyama et al., 2013）．さらに，(5) 水素発生（と高 pH）に必要な超苦鉄質マグマは冥王代の地球表層では至る所で噴出していたはずで，とりわけ大陸のリフトには定常的に供給されただろう．(6) そのような場では地下から噴出するマグマによって熱水環境が用意され物質循環が定常的に持続した．(7) 自己複製できる簡単なリボザイム（RNA）はこれまでに数種類知られている．しかし，これらが生命として機能する，すなわちそれらが整然とある一定の順序で化学反応を進め，自己複製するプログラムが誕生するまでには，膨大な組み合わせの反応が試されたに違いない．地球は，結果的に，表層環境が 1～6 の束縛条件を満たした状態がこの間継続されて生命が誕生したわけであるが，その理由は，最後の総合問題として残る．

　生命の起源を考えるとき，極めて素朴な疑問がある．①生命は今でも地球のどこかで常に生まれ続けているか？　あるいは，②現在の生命が突然，絶滅したとすると，すぐに新たな生命が再生するか？　筆者らはこのような事象はないと確信している．その理由は，惑星の一生として見た場合，固体地球と表層環境の変化は不可逆的であり，上記 7 つの束縛条件がすべて満たされることは，繰り返されることがないと考えるからである．

(6) 生命探査の新たな指標：ハビタブル・トリニティ

　生命の主成分は水である．われわれは豊かな水に育まれ，水の循環の中で生きてきた．地球の気候形成にも，水の循環が重要な役割を果たしている．惑星の表層に水があれば，中心星からの距離に応じて，気体（水蒸気）か，液体（水）か，固体（氷）の状態に分かれる．液体の水が定常的にあると蒸発して大気を通じて循環する．惑星の表層に陸地があれば，風化・侵食・運搬によって岩石の成分が河川や海の中にイオンとして移動する．そして，その成分であるリンやカリウムなどの元素を使って生物が多種多様な代謝反応を起こすと，有機化学反応連続体として生物が生まれ多様性を増す．地球は，ちょうどその液体の水が存在できる距離（太陽から 1 億 5000 万 km）にあるが，火星は表層が凍りついた状態にある．金星は熱すぎて（表面が 500℃を超える），厚い大気（93 気圧）はほとんど二酸化炭素で，水はない．

　そこで，生命の存否は，前提条件として，まずは表層に液体の水が必要ということになった．そのような物理条件を満たす軌道領域をハビタブルゾーン（生命存在可能領域）という（3-4 節参照）．中心星のサイズと年齢がわかると，液体の水が存在できる軌道範囲がわかるので，その範囲の中で惑星を探せばよい．こうして，ハビタブル惑星が見つかりはじめた．たとえば，2013 年に，地球から 22 光年先の「グリーゼ 667C」の周りを回る惑星 3 個が水惑星の環境にあることを欧州南天天文台が発表した．ではそこに生命がいるのか？

　生命の主成分は水であるが，では水さえあればそこに生命が生まれるのか？　答えはノーである．何故か？　たとえば，私たち人間は水だけで生きているわけではない．穀物，野菜や肉などを食べることによって水以外の成分であるリンやカリウムなどを摂取している．つまり，これらの水以外の元素の働きによって，代謝の化学反応を行っているのである．それは微生物も同様で，生物である限り避けられないことである．

　生物の体の主成分は，水素，酸素，炭素，窒素で，このほかにリンやカリウム，カルシウム，モリブデン，マンガン，鉄，硫黄，銅，マグネシウム，亜鉛などの栄養塩（微量成分）が必要である．これらの成分は大気，海洋，大陸（岩石）からもたらされる．つまり，この 3 者が共存し元素が循環することが必要である．この概念をハビタブル・トリニティと呼ぶ（図 2-23）．物質循環を駆動するエンジンは太陽である．太陽が赤道地域の

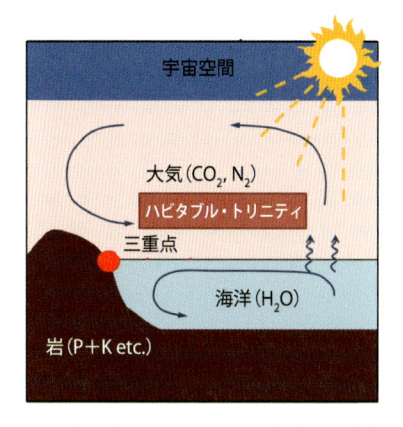

図 2-23 ハビタブル・トリニティの概念図．生命を構成する元素は，大気，海洋，大陸が共存し，物質循環することによって供給される．水の存在だけでは生命の誕生はありえない．大気，海洋，大陸の3者共存が生命探査の指標となる．

海洋を加熱すると，海洋の一部が水蒸気となり，上昇して雲を作る．雲は極域に向かって移動して途中で高地に雨や雪を降らせる．陸地は，太陽の加熱と風雪や降水によって風化，侵食を受けて砕屑物となって，それらを河川が海洋に運ぶ．このプロセスが栄養塩であるリン，カリウムなどを岩石から水に溶かし出して，それらを海洋へ運ぶのである．イオンの状態になると，微生物が膜からそれらを体内に取り入れることができる．つまり，地球上における水の循環は生物に必要な岩石中の栄養塩成分を海洋に運ぶ役割を持つのである．

冥王代の地球表層では，すでに前述のとおり原始海洋，原始大気，原始大陸が存在し，原始大陸上に形成された多様な湖水環境のもとで，厳しい制約条件を満たしつつ生命誕生へ向けた進化がすすんだことだろう．

(7) 生命を育む惑星となる条件：惑星のサイズと初期海洋質量

生命の進化に酸素が決定的な役割を果たし，その酸素の起源に光合成の果たした役割が少なくない，ということは正しいが，酸素の量的な増加は実は陸地面積の増減による結果である．光合成の化学反応式である $CO_2 + H_2O = CH_2O$（有機物）$+ O_2$ を考えてみよう．たとえば，秋になって植物の葉（有機物）が落ちて死ぬと，酸素と反応して二酸化炭素と水蒸気となって再び大気に帰る．すなわち，大気の酸素は増えない．酸素を大気中に増加させるには，有機物を酸素と反応させないように地中に埋める必要がある（2-2 節参照）．一定量の埋没をコンスタントに起こせば，酸素の正味の生産も一定になる．そして，有機物の埋没は堆積岩の形成量で決まる．それは海洋と陸地が存在する限り，近似的には陸地面積の増減で決まるのではないかと考えられる．陸地がほとんどなかった太古代の大気は酸素濃度が 1/1000 ～ 1/100000 PAL（PAL: Present Atmospheric Level，現在の酸素濃度）以下で，陸地面積がやや増加した原生代では 1/100 PAL になり，原生代末期に現在のような陸地面積を持つようになった地球は 1 PAL の酸素濃度を持つようになった．太古代の造山帯には砂岩・泥岩がほとんどなく，顕生代の造山帯は，ほとんどが砂岩・泥岩でできている．これはすなわち，太古代は堆積物が少なく有機物が埋没しにくく，顕生代は豊富な堆積物が有機物の埋没速度を高めていた，ということであり，酸素濃度と極めて調和的なのである．では陸地面積が原生代の終わりころから急増したのは何故か？ それは，海水がマントルへ逆流し始めたからである．海水の減少による大陸地殻の露出によって栄養塩を大量に供給することによって，棲息可能な総生命量が増加し，結果的に生命の進化を支えた．

海水がマントルへ逆流するのは，冷却する惑星の宿命である．地球誕生以来，放射性元素の崩壊による加熱はあったものの，固体地球は徐々に冷却し続けた．造山帯の広域変成岩研究から，過去のプレート沈み込み帯の地温勾配が徐々に低下し，先カンブリア時代末（ほぼ 7 億年前頃）にある閾値を超えたことがわかっている．すなわち地球形成から約 40 億年が経過したとき，マントルの温度は表層の水を吸収できるまで冷却した．実際に液体の水という形ではなく鉱物中の水酸基

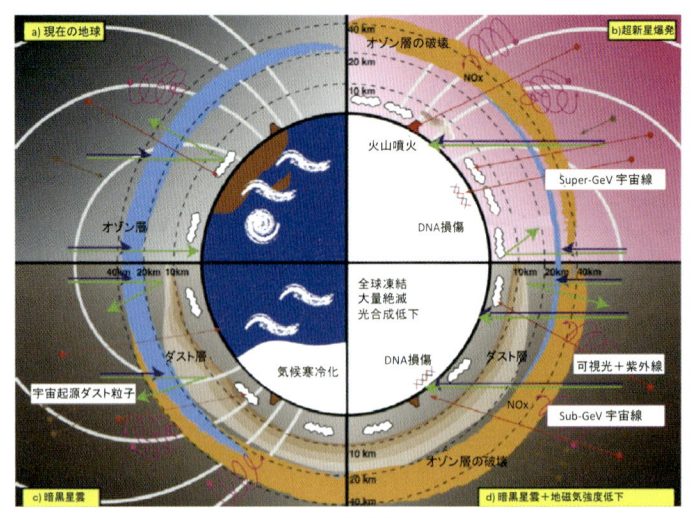

図 2-24　宇宙変動と地球

という形をとるが，それまで長期間表層に留まっていた大量の水がマントル内へ移動し始めたため，表層海水の総量が減少し，その結果，地球史ではじめて大陸地殻が広大に海面上に露出することになった．この変化が地球表層環境を一変させ，先カンブリア時代を終わらせた．栄養塩をより効果的に供給できる環境の下で，ゲノムの変異が生物種の多様性をもたらし，カンブリア紀の爆発的生物進化を可能にしたと考えられるからである．

　惑星の冷却速度を決めるのは惑星のサイズである．つまり，生命の誕生や進化には，惑星自体のサイズが極めて重要であるということがいえる．さらに，地球生命進化を決定づけたのは初期海洋質量である．地球の場合，初期海洋質量が極めて少ない3～5 kmの深度の原始海洋だったために，惑星の冷却とともに起こる海水の逆流が，栄養塩の大量供給を担う陸地面積の増大を招くことができた．たとえば地球の兄弟星である火星は，サイズが小さすぎて，たとえもし初期において海洋が存在していたとしても，仮にプレートテクトニクスが機能していたとしたら，最初の6億年程度で海水はマントル内へ移動し，ほとんどの表層海洋を失ってしまったであろうと考えられる．ある程度まで海水が減少すると，沈み込みの潤滑剤である含水鉱物が形成されなくなり，プレート運動も機能停止し，火山活動によるCO_2循環がほぼ停止すると，惑星は寒冷化に向かう．したがって生命が十分進化する前に生命棲息場が消失した．一方，スーパー地球は大きすぎて，十分に冷却しないうちに中心星（太陽）が寿命を迎えてしまう．つまり海水減少による陸地の出現がないために，Habitable Trinity 環境がつくられることはなく，生命の誕生可能性はないということである．つまり生命を育む星となるかどうかは，惑星のサイズと初期海洋質量で決定されるという可能性がある．

(8) 宇宙環境変動の役割

　地球表層環境変動の原因は，地球だけにあるわけではない．最近の研究によると，宇宙環境変動（スターバースト，暗黒星雲との衝突，近傍超新星爆発など）が生命の歴史に大きな影響を及ぼしている可能性が指摘されている．このモデルに基づいて，宇宙環境と地球生命の関わりを議論してみよう．

　地球生命，とりわけ陸上生物は宇宙に開いた開放系の環境で生きている．宇宙の「気まぐれ」な大変動に，地球表層の生物は翻弄される運命にある．他方，地球には，多重バリアーが存在し，宇宙や太陽の影響から生命を守っている．

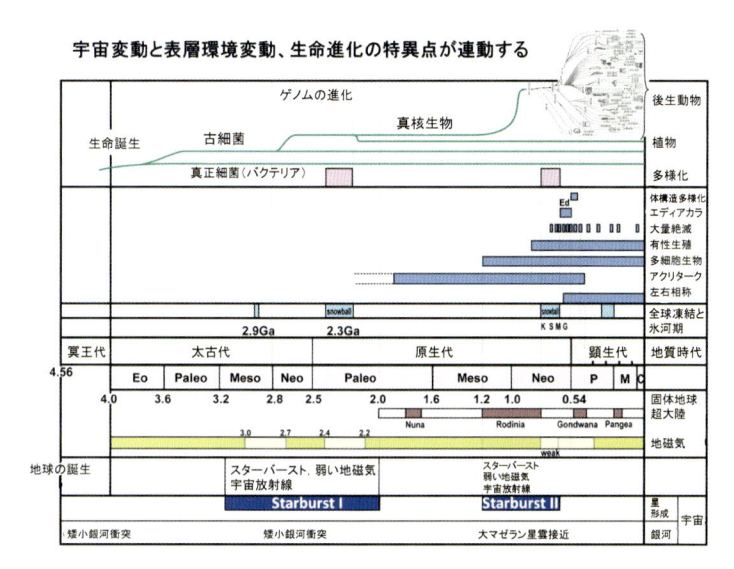

図 2-25 生命進化とその支配要素

　図2-24は宇宙環境変動と地球表層環境，生命の進化をまとめたものである．地球表層は，ヘリオスフェア（太陽風の届く範囲），地磁気，およびオゾン層の3つのバリアーによって，宇宙塵粒子，宇宙線，太陽からの紫外線の3つの攻撃から逃れている．しかし，たとえば図2-24Cのように，暗黒星雲に突入すると，ヘリオスフェアが縮小しバリアーとしての機能を果たさなくなる．これによって宇宙線が地球軌道まで到達するようになり，その結果，地上での放射線量が増す．また宇宙線の侵入は雲の形成を促進し，地球を寒冷化させる．一方で，宇宙線は極地域の成層圏に入り込むとオゾン層を破壊してしまうので，地上の生命に大きなダメージを与えることになる．このような宇宙環境変動と地球磁場強度の低下が重なると表層環境への影響はさらに増大する（図2-24D）．

　生態系の崩壊と再構築，そして，その間に起こる宇宙線照射による突然変異によって地球表層では進化の加速が生じる可能性もある．宇宙の役割は，進化の加速であるとも言えるだろう．生物を大型化させ，さらに人類誕生に至る進化を46億年以内に可能にするには，「ゲノムの断続的加速進化」が必要である．生物が大陸棚から陸上に上がった時代以降は，とりわけ断続的な銀河宇宙線照射が決定的に重要な貢献をしたのではないかと考えられる（図2-25）．

　これらのモデルを検証するためには，どのような研究が必要だろうか．天文学の視点からは，1）地球近傍における超新星爆発の頻度，2）暗黒星雲との遭遇頻度，および3）スターバーストの歴史を，より精度良く明らかにすることが必要である．現在，欧州宇宙機関が推進しているGAIA計画では，銀河系内の恒星の位置を精密に測定することで，銀河系の精密3次元地図を作成するとともに，銀河系の過去と未来を推定することを目指している．その研究成果は，地球の被った宇宙環境変動史に制約を与えることになるだろう．地質学は，これまでに主に化石記録から生命の絶滅が繰り返し起こったことを明らかにしてきたが，現在は，宇宙環境変動の痕跡を，遠洋堆積物を起源とする岩石中にわずかに存在すると考えられる超新星や暗黒星雲を起源とする物質から読み取ろうとしている．これらの研究の学際的発展が，地球生命と宇宙環境変動の関わりを明らかにしてゆくだろう．

展望　地球史および生物進化の理解とアストロバイオロジー

本章でも述べられているように，地球史と生物進化の研究は着実に進展しているものの，依然として不明な点は多い．なかでも，初期地球環境と生命の起源の問題については，直接の証拠となる地質試料の欠如により，ほとんど謎に包まれたままである．太古代以降の地球史と生物進化については，岩石試料や化石試料などの分析に基づき理解が格段に深まっているが，全貌解明にはなお長い道のりが必要である．しかし，近い将来の解明が期待されるものも少なくない．

惑星系がつくられる母体となる星間分子雲には，生命前駆有機物が存在していることが，天文観測によって明らかになりつつある．しかし，アミノ酸や核酸そのものはまだ発見されていない．南米チリの標高5000 mの平原に設置されたアルマ望遠鏡（2013年から稼働開始）を用いた観測によって，近い将来，こうした有機化合物が直接検出される可能性が期待されている．もし実際に発見されれば，生命の材料となる基本的な有機化合物はもともと宇宙に満ちているということになり，生命の材料物質は地球外から供給されたのではないか，それならば他の惑星にも生命体が存在するのではないか，とする考え方が一気に有力になるかもしれない．

そうした議論の妥当性は，惑星探査，とりわけ始源的な小惑星や彗星の探査によって検証されることになるだろう．小惑星や彗星は，地球や惑星の材料物質である微惑星の名残であると考えられており，地球における水や有機化合物の起源に関する重要な情報が得られることが期待される．わが国の小惑星探査機「はやぶさ2」（2014年打ち上げ）や米国の小惑星探査機「オシリス・レックス」（2016年打ち上げ予定）などは，始源的な隕石の母天体と考えられる小惑星からのサンプルリターン（表面物質を採取し，地球に持ち帰ること）を行い，そうした問題にチャレンジしようとする探査計画である．将来の彗星からのサンプルリターン計画を含め，こうした惑星探査によって，地球や惑星の材料物質中にどのような有機化合物がどのくらい存在したのかが明らかになるであろう．

さらに，わが国の「たんぽぽ」計画（2015年～）も，この問題に関するきわめて重要な知見をもたらすことが期待される．この計画は，国際宇宙ステーションの実験棟「きぼう」の船外において，宇宙空間を飛び交う微小粒子を捕獲して有機化合物が含まれているかどうかを調べるものである．地球周回軌道上におけるこうした実験・観測を通じて，将来的には，惑星間空間における有機化合物の生成および変成過程や地球への有機化合物の供給率，微生物の惑星間移動の可能性などについての理解が格段に進展することが期待できる．

原始地球で無機物から有機物が生成する過程についての理解も深まってきている．しかし，さらにそこから生命へと至る化学進化の全貌解明には依然として高い壁が立ちふさがっている．ミラーの実験から半世紀以上経った現在でも，本質的にほとんど理解が進んでおらず，ブレークスルーが必要な状況にある．「合成生物学」などの新しいアプローチを通じて，いくつかの重要な知見が得られる可能性が期待される．また将来，土星の衛星タイタンなどの太陽系探査において，現在の地球上では失われた化学進化の痕跡が発見される可能性も期待される．また，もしも将来の太陽系探査によって他の惑星あるいは衛星に地球外生命体が発見され，それを詳しく調べることができる日が来れば，生命がアミノ酸を使うことは必然なのか，遺伝物質として核酸を使うことは必然なのか，遺伝暗号にAGCTの4文字を使うことは必然なのかなど，生命形態の必然と偶然が一挙に解明されることも期待できる．

地球生命の誕生の「場」である初期地球環境については，当時の地質学的証拠が残されていない以上，理論的・実験的な手法で推定するしかない．月形成をもたらした巨大衝突（ジャイアントイン

パクト）によって大規模に熔融した原始地球が冷却していく過程から出発して，地球史最初期の数億年間に何が起きたのか，素過程を1つ1つ検討していく必要がある．もちろん，地質学的証拠がない以上，それは推定の域を出ないかもしれないが，誕生直後の若い星の周囲に存在する系外地球型惑星の大気や地表面の条件を，もし将来の天文観測が明らかにすることができれば，検証する道が拓けるかもしれない．

生物の進化については，主として化石記録に基づく古生物学的アプローチとゲノム情報に基づく分子生物学的なアプローチがある．とりわけ後者を地球史学的コンテクストでさらに活用することによって，生物の進化に関する格段の進展が期待できる．最近は，進化系統樹上の生物（祖先生物）が持っていた遺伝子やタンパク質を推定し，さらにそれを実際に復元することによって，祖先生物が生息していた過去の環境を推定することも可能になってきた．たとえば，生育温度や細胞内環境，代謝等の機能，そして細胞外環境に関する情報を推定できれば，非常に有益である．全生物の共通祖先の遺伝子配列の推定も，原理的に可能である．そのような研究の推進によって，過去の地球環境に関する情報が，地質試料とは独立に得られるようになり，生物進化だけではなく，地球環境史に関する理解も格段に進展することが期待できる．

生物の進化において，大量絶滅イベントがどのような意味を持っていたのかを明らかにすることは重要な課題である．顕生代の5回の大量絶滅イベントやカンブリア爆発の研究は，豊富な化石記録を直接の手がかりにできるという意味において大変貴重なものであり，とりわけ地球環境変動との関連に注目した研究が今後ますます重要である．また，環境中の酸素濃度の上昇や低下に伴う酸化還元環境の変化は，いくつかの酸化還元状態を有する生体必須金属元素（鉄，マンガン，モリブデン，バナジウムなど）の挙動を変化させ，生物や生態系にきわめて重大な影響を及ぼす．そうした元素は，重要な代謝機能を担う酵素の活性中心に用いられている場合が多く，代謝系の進化や活性，ひいては生態系全体の基礎生産などとも密接に関係している可能性がある．そのような意味において，原生代初期大酸化イベントおよび原生代後期酸化イベントの際に地球環境と生物進化においてどのような変化が生じたのかを明らかにすることは重要な課題である．酸素濃度上昇との関連において，全球凍結イベントの理解も重要である．その一方で，そもそも全球凍結はどのような理由で生じたのか，全球凍結期間中にはどのような生物種が絶滅し，どのような生物種が生き延びたのか，全球凍結直後に何が生じたのか，全球凍結イベントは酸素濃度上昇イベントと直接関係していたのか，など解決すべき課題は多い．

こうした地球環境の変遷や大規模変動は，何らかの形で生物の遺伝子に記録されている可能性もあり，もしそのような情報が引き出せれば大変画期的なことである．そのような研究によって，従来の「地球と生命の共進化」の研究は，「地球とゲノムの共進化」の研究へと拡張されることになるかもしれない．

さらに，そのような理解の先には，地球における生命進化を支配してきた様々な条件が，果たして偶然だったのか必然だったのか，という問題がある．たとえば，仮に微生物が真核生物，そして多細胞動物へと進化するためには環境中の酸素濃度が大幅に上昇しなければならなかったが，酸素濃度の上昇そのものは全球凍結イベントと密接に関係していた，ということが明らかになれば，それでは全球凍結イベントが生じたことは果たして偶然だったのか必然だったのか，ということが問題となるだろう．全球凍結イベントは，地球の進化過程で必然的に生じた現象だったのか，それとも偶然生じたものか，場合によっては一度も生じなかったかもしれないのか，それによって生物進化は大きく左右されることになるからである．

この問題も，将来の天文観測によって検証できる可能性がある．すなわち，酸素を大量に含んだ大気を持つ系外地球類似惑星の統計的確率，ある

いはハビタブルゾーンに位置する系外地球類似惑星が全球凍結している統計的確率がわかれば，全球凍結イベントが生じる必然性に関する理解につながるからである．

このように，地球における生命の起源と進化，その地球史との関係は，地球固有の問題であると同時に，より普遍的な問題を理解する糸口でもある．太陽系探査や系外惑星観測を通して地球とそこに生息する生物の普遍性と特殊性を明らかにすることは，アストロバイオロジーの必然的な方向性であるといえよう．

第3章 ハビタブル惑星

3-1 惑星形成論

　太陽系形成理論は古くは18世紀の哲学者カントや数学者・物理学者ラプラスの議論に始まり，さまざまな変遷をたどった．1960年代になって，星形成プロセスがかなり明らかになり，星形成の副産物である惑星形成の理論モデルが天体物理学にもとづいて構築されるようになった．モスクワのビクトール・サフロノフは1960年代に地球型惑星の包括的な理論モデルを作り上げた（たとえば，Safronov, 1969）．京都大学の林忠四郎のチームは，星形成の理論構築を進めながら，1980年代には，地球型惑星，巨大ガス惑星，氷惑星の形成を統一的に論じる「京都モデル」を完成させた（たとえば，Hayashi _et al._, 1985）．

　「京都モデル」と「サフロノフ・モデル」の基本は，原始太陽の周りに，水素・ヘリウムガスを主成分とする太陽質量の1％程度の軽量の円盤（原始惑星系円盤）が形成され，そのなかで微量成分の固体微粒子が凝集して「微惑星」を作り，その微惑星が集積して惑星ができたとするものである．これらのモデルが構築された当時は円盤の観測は不可能だったので，物理的な論理展開を綿密に積み上げていくものだった．1990年代に入り，だんだんと円盤の観測が進み，これらのモデルが仮定していたような円盤が存在することが明らかになってきて，京都モデルとサフロノフ・モデルは合わせて，「標準モデル」と呼ばれるようになった．

　太陽は銀河系の中でありふれた恒星（G型矮星）であることが20世紀初めには認識されていたので，銀河系の他の恒星の周りにも太陽系のように惑星系があるのではないかと，1940年代から他の恒星の周りの惑星（太陽系外惑星または簡単に「系外惑星」と呼ぶ）の探索が始まった．半世紀にもわたる試行錯誤の末，1995年に初めて系外惑星が発見された．その後，次々と系外惑星系は発見されたが，それらは太陽系とは姿が異なるものばかりであった．観測精度の向上により，太陽系に似た惑星系も発見されるようになったが，惑星系は実に多様なものだということが認識された（4-2節参照）．このことは標準モデルの大幅な修正，拡張を迫っている．

　一方で，2010年頃から，多数の大型地球型惑星（スーパーアース）が発見されるようになり（3-2節），観測可能な比較的大型で中心星に近い地球型惑星に限っても，太陽のようなG型矮星の半分以上にそのような惑星が存在するのではないかと推定されている．ハビタブルゾーン（3-4-1項参照）の地球型惑星はまだ発見が難しいが，中心星の近くに高い確率で発見されている地球型惑星の観測データを外挿すると，生命の存在が可能な環境を備えた惑星を持つ太陽型恒星の確率は10％というような確率に達するのではないかと推定されている（Petigura _et al._, 2013）．

　また，銀河系の恒星の大半を占める，暗いM型矮星では，ハビタブルゾーンが中心星に近いので，ハビタブルゾーンの地球型惑星を観測しやすい．生命の存在には，地球とそっくりな環境の惑

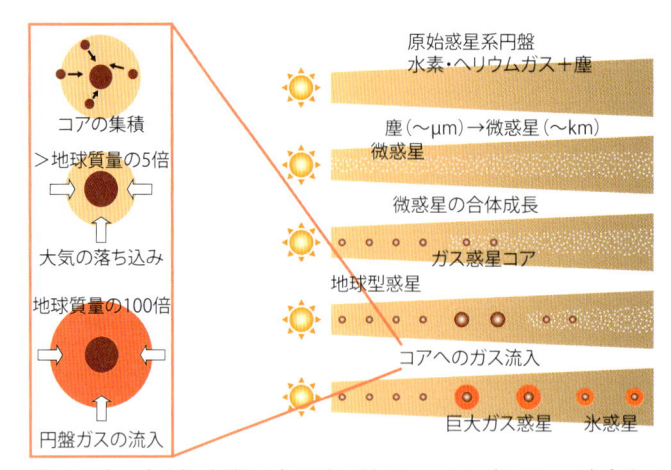

図 3-1 太陽系形成の標準モデル．上の断面図から下に向かっての時系列で順に進行していく．

星という制約は必要でないのではないかという考えも出てきている．生命存在環境についての概念を拡張するとともに，旧来の単純な「ハビタブルゾーン」という概念ではなく，生命にとって何が本当に必要なのかを考え直すことも重要である（3-3, 3-4 節）．

この 3-1 節では太陽系形成の古典的理論の概略を説明し，多様な系外惑星系へ適用するために，それをどのように拡張しようとしているのかの現状について簡単に紹介する．

3-1-1 太陽系形成の古典的理論とその問題点

図 3-1 は太陽系形成の標準モデルの概略を示す．おおまかな流れは以下である（下記の 1〜5 は図 3-1 の 5 つの進化段階に対応している）．

1. 原始太陽の形成時に水素・ヘリウムガスを主成分とする原始惑星系円盤が形成され，その中で μm もしくはそれ以下のサイズの微粒子（ダスト）が凝縮する．
2. ダストから km サイズの微惑星が形成される．
3. 微惑星が合体集積して地球型惑星をつくる．ガス惑星のコアが形成される．
4. コアの質量が地球の 5〜10 倍を超えると円盤ガスが流入して，地球質量の 100 倍を超すような巨大ガス惑星（木星，土星）が形成される．
5. 円盤ガスが消失した後にできた氷惑星（天王星，海王星）はガスを吸わずに残る．内側領域の原始惑星は，円盤ガスの消失後に巨大衝突を始め，地球型惑星（水星，金星，地球，火星）が形成される．

以下，各過程についてもう少し解説する．

(1) 原始惑星系円盤の形成とダストの凝縮

太陽のような恒星は，銀河系を漂う水素・ヘリウムを主成分とする分子雲の密度の高い部分（分子雲コア）が，自身の重力で収縮することで生まれる．分子雲コアは自然にゆっくりと回転しているが，その回転角速度は，収縮に従って，角運動量保存により大きくなる．このことにより，遠心力はコアのサイズの 3 乗で反比例して大きくなるので，どこかのサイズにまで達すると，2 乗に反比例する自己重力に打ち勝って，収縮は止まる．このように，恒星形成の副産物として，ガスを主成分とした原始惑星系円盤が必然的に形成される．だが，観測からは，乱流拡散により円盤は数百万年でほとんどが中心星に落ち込んで消えると推定されている（Beckwith and Sargent, 1996）．惑星は円盤ガスとは独立に運動できるので，落ち込んでいく円盤からは取り残されて中心星の周り

を回り続ける．

　円盤は中心星と同じ分子雲コアからできたので，初期状態では，水素・ヘリウムガスを主成分として重元素が重量比で 1 ～ 2 % という少量混ざった中心星と同じ組成になる．水素分子，ヘリウムの凝縮温度はきわめて低いので，円盤ガス内では凝縮は起こらないが，ケイ素やマグネシウムは酸素などと結合して，1300 K 程度以下の場所ではケイ酸塩（岩石成分）のダストとして凝縮する．鉄も同じくらいの温度で凝縮する．酸素の大半は水素と結合して氷（H_2O）ダストとして凝縮する．その凝縮温度は 170 K 程度である．

　ダストが中心星に直接照らされている場合，軌道半径 r にある物理半径 d のダストが単位時間に受ける放射エネルギーは $(L/4\pi r^2) \times \pi d^2$ となる．ここで，L は中心星の光度（ルミノシティ）で，中心星が単位時間に発する全放射エネルギーである．一方，ダストは単位時間当たりに宇宙空間に向けて，$4\pi d^2 \times \sigma T^4$ だけの熱放射をする．ここで σ はステファン・ボルツマン定数で，T はダスト表面温度．このダストが受けるエネルギーと放射するエネルギーが等しいとすると，平衡温度が，

$$T = 280 \left(\frac{r}{1\mathrm{AU}}\right)^{-1/2} \left(\frac{L}{L_{太陽}}\right)^{1/4} \mathrm{K} \quad (3\text{-}1)$$

のように決まる．[*1] ここで，1 AU は太陽と地球の距離（天文単位）で，$L_{太陽}$ は太陽のルミノシティ．ダストサイズ d によらずに温度が決まることに注意して欲しい．

　(3-1) 式によると，太陽の場合，ケイ酸塩ダスト，鉄ダストは 0.05 AU 以遠で凝縮し，氷ダストは 2.7 AU 以遠で凝縮することになる．H_2O は豊富に存在しているので，氷ダストが凝縮する領域では，固体の主成分は氷になる．標準モデルでは，この元素比と現在の太陽系惑星の分布から，はじめにあった太陽系円盤を推定していて，ガスと固体の面密度分布（Σ_g, Σ_d）は

$$\Sigma_g = 1700 \left(\frac{r}{1\mathrm{AU}}\right)^{-3/2} \mathrm{g\,cm^{-2}}$$

$$\Sigma_d = 7\eta \left(\frac{r}{1\mathrm{AU}}\right)^{-3/2} \mathrm{g\,cm^{-2}} \quad (3\text{-}2)$$

[$r < 2.7$ AU で $\eta = 1$，$r > 2.7$ AU で $\eta = 4.2$]

と与えられる（Hayashi, 1981）．η は 170 K 以下で氷が凝縮する効果を表す（最近では 4.2 より小さい値が使われることが多い）．(3-2) 式の Σ_g を太陽系の海王星軌道 30 AU で積分すると，太陽の 1 % 程度の質量になる．

(2) ダストから微惑星へ

　星間ダストからの類推により，円盤内でダストは μm 以下で凝縮したと考えられているが，ダストはお互いに衝突すると，分子間力で合体して成長する．ダストが成長すると，円盤の赤道面にじわじわと沈殿していき，ダスト円盤を形成する．標準モデルでは，ダストが赤道面に密集してくると自己重力不安定が起こって，1 ～ 10 km サイズの小天体（微惑星）が形成されると考えた．線形解析（Toomre, 1964）によれば，ダストの厚み h が

$$h < \frac{\pi \Sigma_d^2}{M_*} \times r \sim \frac{\text{ダスト円盤質量}}{\text{中心星質量}} \times r \quad (3\text{-}3)$$

となると，不安定が起こる（M_* は中心星質量）．この微惑星がビルディング・ブロックとして惑星ができる．ダストがメートルサイズくらいに成長すると，ガス抵抗が中途半端に効いて，ダストは中心星に向かって急速に落ちてしまう（メートルサイズ・バリアーと呼ぶ）ことがわかっている．自己重力不安定による微惑星形成仮説は，この危険サイズを不安定によっていっきに飛び越えるという巧妙なモデルであった．

[*1] この温度は，中心星光が直接届くとしたときの簡単な見積もりである．実際は，円盤内で中心星光は吸収再放出されて，直接光が届くことはないと考えられ，そのことによって温度低下する傾向と，円盤が拡散するときに出る熱がこもって温度上昇する傾向の両方がある．だが，ここではだいたいの傾向を見るために，この簡単な式を使って議論することにする．

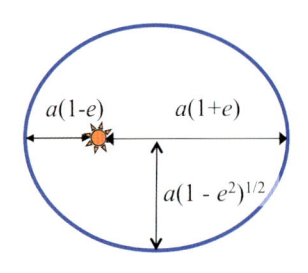

図 3-2 ケプラー軌道の軌道離心率 e と軌道長半径 a

だが，その後の観測から円盤ガスは乱流状態にあることがわかった．ダスト円盤質量は中心星質量のせいぜい $\sim 10^{-4}$ 倍なので，(3-3)式によれば，$h < 10^{-4} r$ となる必要があるが，乱流によってダストは巻き上げられるので，そこまで赤道面に濃集することは難しい．いかにしてメートルサイズ・バリアーを乗り越えるのかは，現在でも謎のままである．しかし，惑星や衛星表面に残る無数のクレーターは微惑星仮説が正しいことを示す．

ここではこれ以上，この問題に深入りはしないで，微惑星は形成されると仮定して話を進める．

(3) 微惑星から原始惑星へ

微惑星は，ほとんど円運動している円盤ガス内で形成されるので，円軌道で生まれると考えられる．だが，微惑星の軌道はお互いの重力の影響で楕円になっていく．楕円になると，軌道は交差し合うので，ときには衝突して合体し，次第に惑星の卵（原始惑星）へと成長する．

軌道の楕円の程度は軌道離心率 e によって表される（図 3-2 参照）．楕円の長半径の半分を軌道長半径と呼び，a で表すと，ケプラー軌道にある天体の中心星からの距離は ea の振幅で振動することになる．この振幅は，軌道を歪める源の天体（摂動天体）の重力が強ければ大きくなるのだが，数値シミュレーションにより（Kokubo and Ida, 1998），摂動天体（質量を M）の重力圏の大きさを表す Hill 半径 $(M/3M_*)^{1/3} a$ の $5 \sim 10$ 倍程度になることがわかっている（ここで M_* は中心星質量）．

微惑星は衝突・合体で次第に成長していくのだが，ある領域内で，はじめに他より少しだけ大きかった微惑星がどんどん独占的に成長していく，暴走成長と呼ばれる成長の仕方をする．暴走成長天体はその近辺の微惑星を食べつくすと，成長を止めるのだが，食べつくすかなり前に成長にブレーキがかかり，暴走成長した原始惑星がある軌道間隔をおいて，いくつも並走して成長していくようになる（Kokubo and Ida, 1998, 2002）．このような状態は寡占成長と呼ばれている．

原始惑星と微惑星の軌道長半径が少しでも異なれば，ケプラーの第3法則に従って，回転角速度が異なるので，角度方向に離れた微惑星は，原始惑星に近づいて捕獲されうる．一方で，ある程度以上に半径方向に離れた微惑星は，原始惑星に近づくことはできない．原始惑星の軌道長半径を a とすると，その原始惑星に近づいて捕獲される可能性がある微惑星の軌道長半径の幅は $2ea$ 程度である（ここで e は微惑星の軌道離心率）．したがって，集積できる領域のすべての微惑星を集積すると，最終的な原始惑星の重さ（孤立質量）は $M \sim 2\pi a \times 2ea \times \Sigma_d \sim 2\pi a \times (10-20)(M/M_*)^{1/3} a \times \Sigma_d$ となる．これを M について解くと，

$$M \sim (0.1-0.15)\eta^{3/2}\left(\frac{\Sigma_d}{\Sigma_{d(3.2)}}\right)^{3/2}\left(\frac{a}{1\mathrm{AU}}\right)^{3/4} M_{地球} \tag{3-4}$$

となる．ここで $M_{地球}$ は地球質量で，円盤面密度の依存性 $(\Sigma_d/\Sigma_{d(32)})^{3/2}$ も入れておいた．(3-2)式の Σ_d の場合，このファクターは1なので，原始惑星の最終質量は地球型惑星領域ではだいたい火星質量（地球質量の1/10）程度になり，木星軌道のあたりでは地球質量の数倍程度（木星の固体コアの観測的な推定値と同程度），天王星や海王星の軌道付近では，地球質量の10倍程度（天王星や海王星の現在の質量から若干小さい程度）になる．

暴走成長や寡占成長という概念は，京都モデルやサフロノフ・モデルにはなかった概念であるが，それらのモデルの延長線上の解析で見いだされた

ものである．

(4) 巨大ガス惑星の形成

(3-4) 式をみると，孤立質量は中心星から遠いほど大きくなることがわかる．特に氷が凝結する 170 K 以下になる $a > 2.7$ AU では，地球質量の数倍以上の大きな原始惑星ができる．原始惑星が $5 \sim 10\,M_{地球}$ 程度の限界コア質量以上になると，惑星大気は原始惑星の強い重力に対抗して自らを圧力で支えられなくなり，収縮を始める（Mizuno, 1980; Bodenheimer and Pollack, 1986）．惑星の周りに円盤ガスが残っていれば，それも惑星に引きずり込まれる．円盤ガスが付け加わって惑星質量が増大するので，円盤ガスの流入はどんどん加速し，付近にある水素・ヘリウムガスを吸いつくすまで惑星は成長を続ける．結果として，全質量が $100\,M_{地球}$ を超えるような巨大ガス惑星が形成される．このようにして，氷を主体としたコアの周りに膨大な水素・ヘリウムガスのエンベロープをまとった，木星（$a = 5.2$ AU）や土星（$a = 9.6$ AU）のような巨大ガス惑星が形成されたと考えられている．

一方，天王星，海王星の質量は，$15\,M_{地球}$，$17\,M_{地球}$ なので，巨大ガス惑星になっていてもおかしくないのだが，全体質量の 10% 程度の大気しかもっていない．その理由は，同じ質量の惑星が形成されるのに必要な時間はだいたい a^3 に比例して延びるので（惑星公転周期が $a^{3/2}$ で長くなることと，Σ_d が $a^{-3/2}$ で小さくなる効果による），19 AU，30 AU にあるこれらの惑星の質量が $5 \sim 10\,M_{地球}$ になる時間は，円盤ガスの寿命〜数百万年より長くなってしまい，ガス捕獲できなかったからだと考えられている．

(5) 地球型惑星の形成

地球型惑星領域（$0.4 \sim 1.5$ AU）での孤立質量は火星質量程度なので，この領域に 20 個あまりもの原始惑星がひしめきあうことになる．このままでは，現在の太陽系の地球型惑星は再現されない．円盤ガスは，ガス抵抗や重力相互作用により，一般に惑星軌道を円に保とうとするが，円盤は数百万年で消失するので，円盤消失後にこれらの原始惑星は重力相互作用でお互いの軌道を長い時間をかけて楕円にしていき，やがて軌道交差して，衝突が起こると考えられている．原始惑星が十個ほど集まって地球や金星が形成され，集積しそこなった原始惑星は水星や火星として残る．寡占成長までの微惑星を集めていく「静かな」集積に比べて，この段階は打って変わって火星サイズ以上の原始惑星同士の激しい衝突になる．この地球への巨大衝突の破片の一部から月がつくられたとするのが，月形成のジャイアントインパクト説である．

これまでみてきたように，「標準モデル」は，太陽系で，内側に小型岩石惑星（地球型惑星），その外に巨大ガス惑星，さらにその外に中型の氷惑星が並ぶということを見事に説明する．円運動に近い微惑星や円盤ガスからできるのだから，惑星も円軌道を描くようになることは自然で，同心円状に並ぶ太陽系の惑星の軌道も自然に説明される[*2]．

ただし，この古典的モデルには「惑星軌道移動」という深刻な問題があることが，近年，認識されている．惑星が火星以上の質量になると，惑星と原始惑星系円盤との重力相互作用が重要となる．$\Sigma_g \gg \Sigma_d$ なので，重力相互作用の結果，惑星の軌道が変化させられてしまう．重力相互作用は抵抗のように働くので，惑星の e は減少する．さらに a も減少する．線形計算（Tanaka et al., 2002）によると，5 AU にある $10\,M_{地球}$ の質量のコアは 10 万年程度で内側に移動してしまうことになる．ガス円盤の寿命の推定値は数百万年なので，巨大ガス惑星のコアは到底，生き残ることはできないように思える．1 AU 付近にある $0.1\,M_{地球}$ 程度

[*2] 太陽系では重い惑星ほど軌道離心率が小さい傾向がある．一番軽い惑星の水星は $e = 0.2$，次に軽い火星は $e = 0.09$ だが，それ以外の重い惑星では e はだいたい 0.05 より小さく，見た目ではほとんど円軌道に見える．

の原始惑星では移動時間は100万年程度であり，5 AUのコアほど深刻ではないが，この原始惑星が生き延びることも簡単ではないように見える．原始惑星が落ちてしまえば，地球は形成できない．この問題に対して，いろいろなアイデアが提案されているが，未だ解決しておらず，この問題は微惑星形成問題と並んで，惑星形成理論における深刻な問題となっている．

3-1-2 古典的モデルの系外惑星への拡張

観測によると（4-2節参照），系外惑星系には，0.1 AU 以内の軌道に木星質量クラスの巨大ガス惑星（ホットジュピター）が存在するものもあり，1 AU 付近で発見された巨大ガス惑星の半分以上が $e > 0.2$ という楕円惑星を持っている（エキセントリックジュピター）．また，スーパーアースは 0.1 AU 当たりにも高い確率で存在する．太陽系では一番内側の水星でも 0.4 AU にあり，巨大ガス惑星の木星，土星は 5 AU 以遠にほぼ円軌道を持って存在している．太陽系形成の古典的標準モデルは，このような多様な系外惑星系の姿を説明できないのは明らかである．

古典的モデルにはまったく考慮されていなくて，最新の惑星系形成モデルに新たに導入されたプロセスで最も重要なのはすでに触れた惑星軌道移動であろう．このプロセスは太陽系の再現に深刻な問題を引き起こすが，このプロセスこそが，固体材料物質が豊富な円盤外側領域から中心星のそばに原始惑星を運んできて，0.1 AU 近辺にスーパーアースを作る有力な手段となると考えられる (Ida and Lin, 2010)．円盤は恒星表面まで続いておらずに途切れている場合があり，その円盤内縁付近では，円盤ガスは高温のため電離しており，恒星の磁場に沿って恒星表面に向かって流れていく．しかし，原始惑星はその内縁に取り残される．たくさんの原始惑星が取り残されれば，円盤が消失後に合体成長するかもしれない．円盤ガスはもうないので，ガス惑星にはならずに大型の地球型

図 3-3 M型矮星 Gliese 581 のハビタブルゾーンに近い軌道の惑星の想像図（ESA 提供）．M型矮星は，赤外線を強く発していて，暗いが，紫外線や X 線は強い．

惑星（スーパーアース）として残るというわけである．このアイデアには今後の検証が必要であるが，これに従えば，外側から原始惑星が移動してくるので，氷が凝縮するような温度の低い領域からきた原始惑星が混ざるならば，H_2O を多く含むスーパーアースができてもいいし，混ざらなければ，太陽系の地球型惑星のように H_2O に欠乏したスーパーアースになってもいい．実際，観測データは氷を多く含む可能性があるスーパーアースの存在も示唆している（3-2節）．

ハビタブルゾーンとは，中心星からの距離が適当で，惑星表面に H_2O が存在した場合に，蒸発もせず，凍結もしないような軌道範囲である．太陽のような G 型矮星では，1 AU 近辺になる．ハビタブルゾーンに地球型惑星や氷惑星が存在すれば，そこに海が存在し，生命も存在する可能性があるので，系外惑星においても，ハビタブルゾーン内にあるものが特別注目を浴びることになる．

M型矮星は暗いので，G型矮星に比べて，氷が凝縮する領域が中心星に近く，氷天体が中心星に近い領域にも混ざりやすくなる．つまり，M型星のハビタブルゾーンのスーパーアースは氷を大量に含み，深さ 1000 km を超えるような分厚い海を持っているケースが多いかもしれない．M型星ではハビタブルゾーンも中心星に近い（～0.1 AU）．したがって，ハビタブルゾーンの惑星

[*3] 地球でも海の全質量は地球全体の 10^{-4} 程度に過ぎない．水星，金星，火星では H_2O はほとんど存在しない．

に対する中心星潮汐力が強いので，月が地球に対するように，いつも同じ面を中心星に向けるように自転が調整される傾向がある．つまり，惑星のある部分はいつも昼で，ある部分はいつも夜ということになる．また，M型星では対流層が発達していることがあって，紫外線やX線はG型星と同程度の強さがあるので，中心星に近い分，M型星のハビタブルゾーンの惑星が受ける紫外線やX線は強烈なものになる．中心星フレアも惑星まで届くかもしれない．このように，ハビタブルゾーンの惑星の環境はG型星とM型星では大きく異なったものとなると想像される．つまり，地球とは大きく異なった環境での生命の誕生や進化も考えていかなければならない．

次にホットジュピターやエキセントリックジュピターの形成にもコメントしておく．太陽系のガス惑星からかけ離れた軌道から，標準モデルとは違った形成，たとえば，円盤の自己重力不安定による巨大ガス惑星の形成を考えようという意見もある．しかし，このモデルでは岩石や鉄でできた地球型惑星や，ほとんどが氷でできた天王星や海王星の形成の説明が難しい．もちろん，あらゆる可能性を検討する必要があるが，現状では，標準モデルの拡張で考えようとする意見が強い．つまり，固体コアは微惑星が集積して形成されるという基本的な枠組みは同じだが，形成された後または形成途上で，巨大ガス惑星同士や円盤との重力相互作用で大きく軌道が変化するというプロセスが働くというものである．ただし，系外惑星系でも木星や土星のように遠方をほぼ円軌道で回っている巨大ガス惑星も少なからず発見されており，太陽系も含めて，そのようなプロセスは働かない場合もあることになる．

ひとつの考えは，初期円盤中の固体成分，つまり地球型惑星やコアの材料物質の量の違いによって，そのようなプロセスの働き具合が決まって，惑星系の多様性を生むというものである (Ida and Lin, 2008; Ida et al., 2013)．観測によると，円盤質量は，中心星質量の 0.1～10％ くらいに分布しており，太陽系の円盤として推定した中心星質量の 1％ くらいのものが最も多い (Beckwith and Sargent, 1996)．以下，G型矮星の場合に限って，円盤質量の依存性を考えてみることにする．

巨大ガス惑星はある程度重くなると，それ以上の円盤ガスの自身への流入を重力散乱で阻害するようになる (Lin and Papaloizou, 1985)．そうなると，惑星の軌道に沿った円環状の溝が円盤にできて，そこに惑星がはまった形になるが，円盤ガスは数百万年で中心星に落ち込んで行くので，惑星もそれに引きずられて落ちていく（地球型惑星や巨大ガス惑星のコアの軌道移動とは異なるメカニズムである）．この場合も，円盤に穴が開いていれば，内縁で移動が止まり，それがホットジュピターに対応するというモデルが有力である (Lin et al., 1996)．

ただし，このモデルにはある程度大きな初期円盤質量が必要となる．円盤の初期質量があまり大きくないと，コアの形成は遅く，仮に巨大ガス惑星ができるとしても，円盤が消えていく間際になる．標準モデルでは，太陽系の木星と土星のコア形成は，円盤の消失前になんとか間に合ったが，中心星から離れた天王星と海王星は間に合わなかったと考えられている．そのようなぎりぎりのタイミングの場合，巨大ガス惑星が形成された時点で残っている円盤ガスは少なくなっていて，軽い円盤が自分よりも重い惑星を引きずっていくことはできないので，その惑星はその場に残ることになる．

さらに重い円盤を考えると，巨大ガス惑星が次々に形成されて，強い重力でお互いの軌道を乱し，軌道交差を起こすことが考えられる (Raiso and Ford, 1996; Weidenschilling and Marzari, 1996; Lin and Ida, 1997)．巨大ガス惑星の重力は強いので，跳ね飛ばされた惑星は中心星の重力を振り切って系外に飛び出すであろう．残った惑星の軌道も反動で，大きく楕円にゆがんだまま残る．残ったもののうち，内側に飛ばされたものは観測可能になるので，それが発見されているエキ

表 3-1 太陽系の惑星の特徴
データ提供元：NASA Planetary Fact sheet（http://nssdc.gsfc.nasa.gov/planetary/factsheet/）

	水星	金星	地球	火星	木星	土星	天王星	海王星
分類名	地球型惑星				木星型惑星		海王星型惑星	
質量	0.055	0.82	$\equiv$ 1.0	0.11	318	95	15	17
平均半径	0.38	0.95	$\equiv$ 1.0	0.53	11	9.1	4.0	3.9
平均密度 (g/cc)	5.4	5.2	5.5	3.9	1.3	0.69	1.3	1.6
主な起源物質	シリケイト				水素		氷	

セントリックジュピターに対応すると考えられる[*4]．このメカニズムは観測されているエキセントリックジュピターの軌道分布を極めてよく説明する（Ida et al., 2013）．

　標準モデルでは，巨大ガス惑星が形成される軌道の内側に地球型惑星が形成される．しかし，軌道移動によるホットジュピターの形成モデルでは，巨大ガス惑星が外側の領域から地球型惑星領域を掃いていくので，地球型惑星が生き残ることは難しい．巨大ガス惑星の軌道交差が起こった場合も難しい．つまり，重い円盤から生まれた惑星系では，生命を宿す惑星の存在確率は低いと考えられる．ただし，そのような惑星系は系外惑星や円盤の観測データからは，全体の10％程度に過ぎないと推定される．

　一方，太陽系円盤よりも軽い円盤では，材料物質量も少ないし，コアの成長も遅いので，巨大ガス惑星は形成されずに，小さな地球型惑星と氷惑星がばらばらと残っているだけだと考えられる．太陽系円盤と同じような平均的な重さの円盤からできた惑星系は太陽系と似たもの，つまり，岩石の惑星（地球型惑星），ガスの惑星，氷の惑星が混在し，軌道はある程度円軌道に近い惑星系になるかもしれない．だが，巨大ガス惑星は発見されていないが，中心星の近くにスーパーアースがひしめきあっている惑星系の存在確率は50％に達するかもしれないとされている．巨大ガス惑星を作らない円盤でも，太陽系のようになったり，中心星の近くにスーパーアースを作ったりする場合に分かれているようである．その作り分けの起源については，まだわからない．このことは，まだ解かれていない惑星軌道移動の問題と深く関わっ

ているのではないかと想像される．ハビタブルゾーンに軌道が存在する生命居住可能性惑星の存在確率の推定を確かにしていくためには，このあたりも含めて，系外惑星系の多様性の起源を統一的に説明できるようになることが必要であろう．

3-2　スーパーアース研究の現状

　巨大ガス惑星を主なターゲットとして発展してきた系外惑星研究は，いま新たな時代に入った．1995年のホットジュピター（3-1節）の発見以来，比較的中心星に近い巨大ガス惑星（中心星から数AU以内にあり100地球質量程度以上の惑星）については，統計的な議論に耐えうる数がすでに発見されたといえる．それらの質量や軌道周期（中心星からの距離）の統計的性質を解析し，巨大ガス惑星を中心とした太陽系形成論の一般化が進んだ（3-1節）．現在では，さらに個々の巨大ガス惑星をより詳細に特徴付ける段階にある．一方，観測技術の発達によって検出可能な惑星は年々小さくなり，地球質量の数倍という小質量惑星がここ数年検出され始めた．そのような惑星は「スーパーアース」と呼ばれている．

　スーパーアースに対する厳密な定義はまだない．多くの場合，質量で言えば地球の1〜10倍程度，半径で言えば地球の1〜4倍程度の系外惑星を総称してそう呼んでいる（地球半径の2〜4倍程度の系外惑星を，スーパーアースと区

[*4] e が1近くまで跳ね上げられた場合，近点では中心星に極めて近くなり（図3-2），中心星からの潮汐力を受けて，近点距離をほとんど保存したまま，e が減衰する可能性がある．このようにしてホットジュピターが形成されるという考えもある（Nagasawa et al. 2008）．

別して,「ネプチューンズ」と呼ぶことがある).これらは,質量と半径の観点で,地球と海王星の間の惑星である(表3-1参照).上で述べたように,太陽系の惑星は,その内部組成あるいは主となる起源物質の種類に基づいて,地球型惑星(水星・金星・地球・火星)と木星型惑星(木星と土星),海王星型惑星(天王星と海王星)の3つに分類されている.スーパーアースに対して「巨大地球型惑星」という訳語が用いられることがあるが,その訳語は適切ではない.「地球型惑星」はあくまでも岩石主体の惑星を指し,スーパーアースが岩石主体の惑星であるのか,氷主体の惑星であるのか,あるいは太陽系には存在しないような惑星であるのか現時点では不明である.

スーパーアース研究はまだ始まったばかりである.以下では,これまでの経緯と検出状況,数少ないサンプルを用いて理論的に推定されることについて述べる.

3-2-1 発見状況

スーパーアースが検出され始めたのは2005年である.その動きは2基の宇宙望遠鏡の稼働によって加速した.2006年末に欧州宇宙機関(ESA)が打ち上げた宇宙望遠鏡コロー(CoRoT)と2009年3月に米国航空宇宙局(NASA)が打ち上げた宇宙望遠鏡ケプラー(Kepler)である.それらは,惑星が中心星の前を通過する(トランジットする)際の中心星光度の見かけの減少を観測することを利用して惑星を探してきた.この手法は「トランジット法」と呼ばれる.トランジット時の減光度は,惑星と中心星の断面積の比に比例する.たとえば太陽と地球の断面積比は約1/10000である.このようなわずかな減光を捉えるには,大気の揺れが妨げとなるが,この2つの宇宙望遠鏡は大気の邪魔のない宇宙で観測しているため,より高い精度の観測が可能となり,小規模惑星を検出することができるのである.

特に最近目覚ましい活躍を見せているのがNASAのケプラー宇宙望遠鏡である.2013年2月に出された最新の報告(Batalha *et al.*, 2013)によると,すでに4000個以上の惑星候補天体の存在が確認されている.図3-4にその惑星候補のサイズと公転周期の分布を示した.ケプラー宇宙望遠鏡は単に中心星光度の減光を見るだけなので,検出された天体はあくまでも惑星候補である.通常,視線速度法などによる追観測によって質量が特定された時に惑星であると結論づけられる.

さて,図からわかるように,海王星サイズ(地球半径の約4倍)以上の惑星候補に比べて,それ以下の惑星候補が圧倒的に多い.これらがすべて惑星であった場合,この分布は,これまで多数発見されてきた巨大ガス惑星に比べて,サイズの小さい惑星の方が宇宙には多く存在することを示している.ちなみに,地球サイズ以下ではサイズが小さくなるほど数が減っているように見えるが,観測精度のためであり,まだ確定的ではない.

3-2-2 スーパーアースの組成

スーパーアースはどのような組成の惑星なのだ

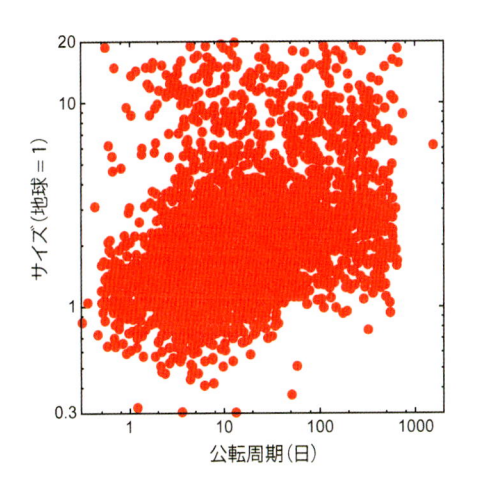

図 3-4 ケプラー宇宙望遠鏡に検出された系外惑星候補のサイズと公転周期の分布.データ元:exoplanets.org (Wright *et al.*, 2011)

*5 コローによる惑星探査は2013年6月に終了した.

ろうか．これに関連して，2009年に画期的な発見があった．2つのスーパーアース CoRoT-7b (Léger *et al.*, 2009) と GJ1214b (Charbonneau *et al.*, 2009) の発見である．この2つは初めて質量と半径の両方が測られたスーパーアースである．CoRoT-7b の質量（M）と半径（R）はそれぞれ 4.8 ± 0.8 地球質量と 1.7 ± 0.1 地球半径であり，GJ1214bの質量と半径はそれぞれ6.3 ± 0.9 地球質量と 2.8 ± 0.2 地球半径である（www.exoplanet.eu より）．どちらも中心星からの距離が 0.02 AU 程度と非常に中心星に近いところを回っている．

両者の質量と半径を比べると，後者は前者に比べて質量で言えば約30％大きく，半径で言えば60％大きい．仮に平均内部密度が同じであれば，質量における30％の増加は半径に対して9％の増加しかもたらさない．つまり，半径における60％の増加は，内部組成が大幅に異なることを示唆している．実際，両者に関する詳細な内部構造計算によると，CoRoT-7b は岩石主体の地球型惑星であることがほぼ確実である（Valencia *et al.*, 2010）．一方，GJ1214b は海王星型惑星のような氷／水主体の惑星である可能性が高いと言われている（Nettlemann *et al.*, 2011）．つまり，この2つのスーパーアースの発見は，ホットジュピターに加えてスーパーアース級の惑星も中心星のごく近傍に存在することを示しただけでなく，まったく組成の異なる惑星が中心星近傍に存在しうることを示唆する重要な発見である．

その後，スーパーアースの発見は続き，今では数十個のスーパーアースについて質量と半径が決められている．図3-5に，これまでにトランジット観測された系外惑星の質量と平均密度（= $3M/4\pi R^3$）の分布を示した．比較のため，太陽系の惑星についても示した．さらに，岩石と鉄（地球と同様の比）からなる惑星（緑線）と水からなる惑星（青線），水素とヘリウムからなる惑星（赤線）についての理論線を描いた．図を見てまず初めに気づくのは，水素・ヘリウムの理論線に沿うように帯状に並ぶ 100 地球質量以上の大質量惑星の集団である．これがホットジュピターである．一方，100 地球質量以下では，それとは対照的に，左上に伸びるように分布しているのがわかる．注目すべき事実は，スーパーアースの多様性，特に平均密度の低さである．CoRoT-7b など2，3個の高密度スーパーアースを除いて，どれも岩石・鉄の理論線（緑線）から有為に離れた低密度領域にある．GJ1214b に代表されるように水／氷の理論線（青線）に近い低密度スーパーアースも少なくない．

惑星形成論の観点で低密度スーパーアースの存在はきわめて重要である．こうした低密度スーパーアースの組成として少なくとも2つの可能性が考えられる．1つは，岩石・鉄を主成分とするが，太陽系の地球型惑星とは異なり厚い水素大気を保持している可能性である．あるいは，海王星型惑星のように氷／水を主体とする惑星の可能性もある．太陽系では，後者は存在するが，前者は存在しない．しかし，図3-5に載せた惑星のように半径の測られた系外惑星はどれもトランジット観測された惑星であるので，中心星に非常に近いところを回っている．ほとんどの惑星の軌道長半径は 0.1 AU 以下である．したがって，もし図3-5 の低密度スーパーアースが氷／水主体であれ

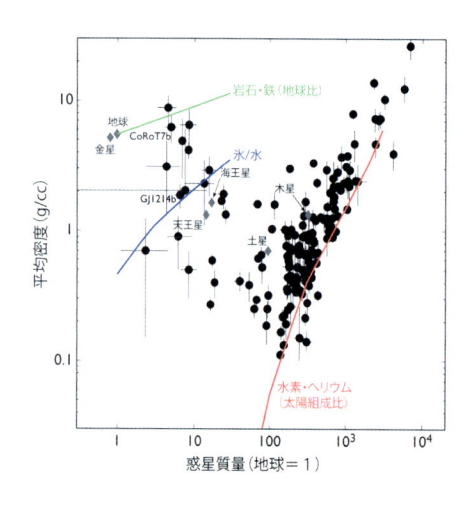

図 3-5 惑星の質量と平均密度の関係

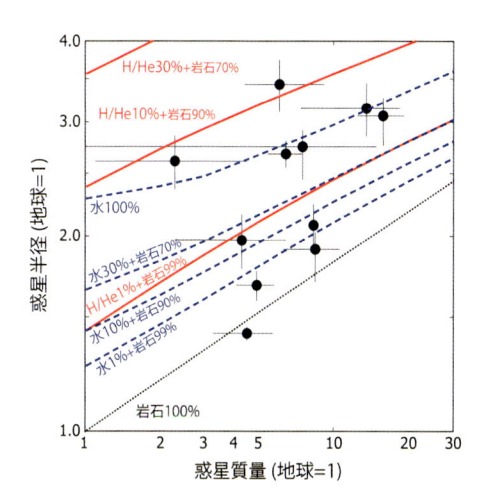

図 3-6 スーパーアースの質量と半径の関係

比が 99：1 である惑星の質量と半径の関係を表している．

さて，たとえば，「水 30％＋岩石 70％」と「H/He1％＋岩石 99％」の線に注目すると，地球質量の 8 倍より質量の大きい領域では 2 つの線が一致していることに気づく．つまり，水を持つ惑星と水素・ヘリウムを持つ惑星が同じ質量と半径の関係を示している．これはスーパーアースの組成の"縮退"と呼ばれる．これは一例であるが，一般的に質量と半径だけでは常に組成の縮退が起きてしまう．

この縮退を解く方法の 1 つが大気の安定性を評価することである．中心星近くを回っている惑星は，中心星からの強力な X 線や紫外線に照射されているので，それがエネルギー源となって大気は惑星外に流出する．それによる大気の存続時間と恒星の年齢からある程度可能性を排除できる（たとえば，Valencia et al., 2010）．しかし，ほとんどの場合は，これで組成の縮退が解けることはない．

この組成の縮退を解消するために現在精力的に試みられている別の手段は，スーパーアースの大気組成を観測的に知ることである．具体的には，惑星が中心星の前を通過する際に，惑星大気を透過した恒星放射を複数の波長で観測し，その吸収具合（吸収スペクトル）の違いを比べるのである．そうすることによって，大気の組成を観測的に特定することができると期待される．こうした観測を「大気透過光分光」とよぶ．

これまでに数個のスーパーアースについて大気透過光分光がなされている．特に，GJ1214b については，可視光領域から近赤外領域にわたって，世界中の研究者たちが鎬を削っている．日本のグループもハワイ観測所すばる望遠鏡や岡山天体物理観測所 188 cm 望遠鏡を用いて，この惑星の大気透過光分光を行っている（たとえば，Narita et al., 2013）．現時点で結論は出ていないが，GJ1214b は単純な水素・ヘリウム大気を持っているわけではなさそうだ．そのスペクトルの形か

ば，中心星の遠くから大幅な移動の結果，現在の位置に来たことになる．一方，前節で述べたように，惑星は水素を主体とする原始惑星系円盤の中で微惑星の合体・成長によって形成される．難揮発性の岩石と水素は中心星近くでも獲得可能である．したがって，これらの低密度スーパーアースが岩石と水素でできていれば，原理的にはその場で形成することが可能である．

このように，低密度スーパーアースの内部組成を理解することは，単なるスーパーアースの多様性を理解するだけでなく，惑星移動を含む惑星形成プロセスに重要な制約を与えうるのである．

3-2-3　スーパーアースの大気

上で述べた 2 つの可能性は，質量と半径の関係だけでは見分けがつかない．その例を見るために，図 3-6 にスーパーアースの質量と半径の関係を示した．さらに，岩石と水からなる惑星と岩石と水素・ヘリウムからなる惑星について，構成比の異なるいくつかの理論線を描いた．ここでは，岩石惑星の上に水のマントル（液体の水あるいは水蒸気の層）あるいは水素・ヘリウム大気が取り囲む構造を仮定している．たとえば，「水 1％＋岩石 99％」と示した理論線は，岩石と水の質量

ら靄(ヘイズともいう)に覆われた惑星である可能性が有力視されている.また,他のスーパーアースについても,こうした靄の存在が示唆されている.現在,その靄の成分や粒径の特定のために,理論と観測,さらに室内実験によって多角的な検討がなされている最中である.

こうしたスーパーアースの特徴付けは,まさに始まったばかりである.ケプラー宇宙望遠鏡は,多くのスーパーアースを検出し,太陽系外におけるスーパーアースの普遍性を示した.しかし実は,これらの天体は太陽から遠く暗いために,上記のような特徴付けには適さない.そのため,2017年に打上げが予定されている宇宙望遠鏡テス(TESS)は,ケプラー宇宙望遠鏡とは別の方向に,特徴付けに適した太陽近傍の恒星を回る惑星をサーベイする.したがって,2020年頃から,系外惑星の特徴付けが本格化し,スーパーアースの大気の多様性を系統的に理解できる時代が来るだろう.現時点で質量と半径がわかっているスーパーアースからでも,大気の組成および量に関する多様性が示唆される.少なくとも太陽系の地球型惑星に比べて,圧倒的に多量の揮発性物質を保持している惑星が多いことは確かであろう.その起源については次節以降にゆずるが,系外惑星のハビタビリティを考える際に,かなりの多様性を考慮する必要がある.

3-3 水の取り込み

液体の水が生命の起源と進化にとって極めて重要であることはすでに第1章で述べたとおりである.そこで,惑星が作られる過程でどのようにして水が惑星に供給されたのかについて検討する.まずは,地球の水の起源がどの程度わかっているのかを知るために,これまでに地球の水の起源について検討されてきた3つの水供給プロセスについて簡単に解説する.系外地球型惑星の水を考える際には,地球への水供給プロセスを参考にしながら,様々な水供給プロセスを検討しておく必要があるであろう.

3-3-1 地球の水

地球はしばしば「水の惑星」と呼ばれる.実際,地球は他の地球型惑星である金星,火星,水星とくらべて圧倒的に大量のH_2Oを表面にもっている.しかし,地球の海水の質量(1.4×10^{21}kg)は地球全体の質量(6.0×10^{24}kg)と比べて0.023%に過ぎず,惑星全体の質量からみればわずかな量である(図3-7).それに対して,海王星や天王星といった惑星は,全体の60〜70%がH_2Oであることがわかっているので,惑星の大部分がH_2Oでできているという意味では,真の「水の惑星」は海王星や天王星であると言える.しかしながら,重要な点は,地球が太陽からほどよい距離にあるため惑星表面上でH_2Oが液体の水として存在していること,そして,その水量が少量であるという点である.地球の水が少量であるということが逆に,生命の起源や進化にとって重要な役割を果たした可能性がある(2-3, 3-4節).

地球の海は,いつから存在しているのだろう

図 3-7 極めて少ない地表の水.地表の水をすべて集めたとしても,地球全体と比べると極めて少ないということがわかる(画像提供:Howard Perlman, USGS; globe illustration by Jack Cook, Woods Hole Oceanographic Institution(©); Adam Nieman)

3-3-2 水供給プロセス

(1) 微惑星による水の供給

惑星形成の母体となった原始太陽系円盤はガスと塵からなり，塵が集まって微惑星を形成し，それら微惑星が衝突合体をして，さらに巨大衝突を経験し，最終的に地球型惑星が作られたと考えられている（3-1 節参照）．地球を作った材料物質，つまり微惑星にすでに H_2O が含まれていれば，必然的に地球形成と同時に水が供給されることとなる．重要な点は，地球形成領域である 1 AU 付近の微惑星に H_2O が含まれていたかどうかである．

古典的な原始太陽系円盤モデルである光学的に薄い円盤モデル（Hayashi, 1981）に従えば，1 AU 付近での温度は，270 K 程度となる．この温度は，微惑星が太陽から受け取る光のエネルギーフラックスと放射で冷えるエネルギーフラックスの釣り合いで決まる（3-1 節参照）．原始太陽系円盤内の圧力は 1Pa 程度と低いため，H_2O は約 170 K 以下にならないと凝縮して微惑星に取り込まれず，水蒸気として存在してしまう．したがって，この円盤モデルでは，1 AU 付近の微惑星には H_2O が取り込まれない．したがって，そのような乾いた材料物質で地球を作った場合，水をまったく持たない乾いた地球が形成されることとなる．

一方，微惑星形成時の原始惑星系円盤にはまだ塵が充満していたはずであるという考えから，光学的に厚い円盤を想定したモデル（Chiang and Goldreich 1997; Oka *et al.*, 2011）が最近検討されるようになった．この円盤モデルでは，太陽光が 1 AU 付近に直接入ってこないため，前述の光学的に薄い円盤モデルのときのような高温にはならず，170 K を下回ることとなる．この場合，円盤中の H_2O の大部分が氷として凝縮し，氷を主成分とする氷微惑星が形成される．H_2O を含む微惑星を材料物質として地球を作るため，一見，地球の水の起源として都合がよいようにみえる

図 3-8 最古（38 億年前）の堆積岩（上）と枕状溶岩（下）．これらの岩石は大量の水がないと形成されないと考えられている（写真：東京工業大学地球史資料館）．

か？ この問いに関しては，古い時代の堆積岩や枕状溶岩（図 3-8）など，大量の水が存在しないと形成されない地質学的な証拠から，少なくとも 38 億年前には海が存在していたことがわかっている．さらにジルコンと呼ばれる鉱物中の酸素同位体比による地球化学的な証拠からは，42〜44 億年前にはすでに海が存在していた可能性が指摘されている．地球が 45.5 億年前に作られたことを考えると，海の存在自体は地球の歴史のきわめて初期，おそらく地球形成最終段階にはすでに存在していたと考えられている．

では，その水が地球にどこからどのように供給されたのだろうか？ 現在までに主に 3 つ可能性が指摘されている．以下では，その 3 つの可能性について簡単に解説する．

が，地球質量に匹敵するほどの大量の H_2O が供給されてしまうという問題がある．氷微惑星からの氷の昇華と惑星形成のタイミングをうまく調節すれば，現在の地球の水量にまで水を減らせるかもしれないということが検討されてはいるが (Machida and Abe, 2010)，基本的には大量すぎる水が地球に供給されてしまうようである．

上記で述べた2つの円盤モデルに基づくと，地球の材料物質である微惑星から地球に適量の水だけを供給したとする積極的なメカニズムはなく，むしろまったく水を含まない惑星から，惑星質量に匹敵するほどの水量を持つ惑星という非常に幅広い水量を持った惑星が作られてしまう．

(2) レイトベニア仮説による水の供給

地球の海の質量が極めて少ないことは前に述べた．したがって，地球の大部分（99%以上）を形成した微惑星にまったく H_2O が含まれていなくても，水を含む天体が後から少量でも地球に降ってくれば，少なくとも，現在の地球の海の量は説明できるはずである．たとえば，小惑星帯の外側付近で形成されたと考えられている炭素質コンドライト隕石（含水率約5%）や，さらにその外側で形成されたと考えられる彗星（含水率約80%）などが地球形成後に降ってきた候補天体として挙げられる．これらの天体は，地球軌道よりも太陽から遠い場所で形成した微惑星の生き残り，もしくはそのかけらであると考えられているので水を含んでいる．

地球がほぼ現在の大きさになったあとに，このような水やその他揮発性の高い物質を多く含む天体がごく少量降ってきたとする仮説は，レイトベニア仮説と呼ばれている．元々，この仮説は，地球の金属鉄コアに分配されるべき強親鉄性元素 (Ru, Rh, Pd, Re, Os, Ir, Pt, Au) が，現在の地球マントル中に過剰に存在することを説明する仮説として唱えられたものである．強親鉄性元素は，岩石と鉄が分離する際にほとんどすべてが鉄に分配されるので，地球のコアとマントルが分離する際には，マントル中からほとんどすべて失われなければならない．しかし，現在の地球マントルには，実験で予想されるよりも多くの強親鉄性元素が存在している．このことは，地球のコアが完全に分離した後，つまり地球がほぼ現在の大きさになった後に，強親鉄性元素を多く含んだコンドライト隕石のような天体が少量だけ地球に降ってくれば都合がよい．少量だけ後に付け加わったことを，ベニア板の表面の薄い化粧板になぞらえて，レイトベニア (late veneer) と呼ばれている．コンドライト隕石の中には，含水率が数%を超えるような隕石も多く存在していることから，強親鉄性元素とともに，水も供給されたはずである．

地球軌道よりも外側に存在するこれらの天体が地球へ飛来してくるメカニズムとしては，木星による小惑星帯の重力的な攪乱や，天王星・海王星の移動による氷微惑星（彗星）の散乱などが考えられている．実際，現在でも小惑星帯から隕石が地球に降ってきており，彗星が地球軌道付近まで接近することもある．もともと小惑星帯にどの程度，微惑星が存在していたのか，そしてそれらの重力散乱の強さがどの程度であったのか，また，天王星と海王星がどのように移動したのかなどの不定性により，地球形成後に，地球に加わるこれらレイトベニアの総量にもかなりの不定性がある．

地球の水の起源がレイトベニアによるものだとする考え方は，現在もっとも有力ではあるが，まだ解決されていない問題点も指摘されている．たとえば，炭素質コンドライト隕石のC/H比が地球表層のC/H比よりも高いことや，Os同位体比が地球と異なることなどが挙げられる．また，彗星によって地球の水を供給した場合，彗星と海水のD/H比が異なる点などが挙げられる．

(3) 原始太陽系円盤ガスの捕獲に伴う水の生成

原始太陽系円盤はガスと塵から成り，塵が集まって最終的に地球型惑星が形成されたということ

は前に述べた．円盤ガスが完全に晴れ上がる前に惑星がある程度大きく成長した場合，惑星は重力的に円盤ガスを捕獲することとなる．惑星が月サイズ程度（〜 10^{23}kg）の大きさになってくると，円盤ガスを重力的に捕獲し始めることがわかっている．円盤ガスの主成分は水素とヘリウムである．水は水素と酸素からなる化合物なので，重力的に捕獲した大気に酸素が供給されれば，惑星上で水が生成する可能性がある（Sasaki, 1990）．酸素の供給源として，現在の地球マントル中にも豊富に存在している FeO を考えた場合，水素分子の酸化によって，捕獲した大気中には水素分子と質量的に同程度の量の水分子が生成される．したがって，惑星が十分な量の円盤ガスを獲得し，大気とマントルが十分に反応できるような状況（たとえばマントルが大規模に熔融してマグマオーシャンが形成されるような状態）になれば，十分な量の水が惑星上で生成可能である．

そのような条件が成り立つには，惑星の質量がもっとも重要であり，惑星が現在の地球の半分以上の大きさになれば，十分成り立つことがわかっている（Ikoma and Genda, 2006）．したがって，原始太陽系円盤ガスの中で地球がある程度の大きさにまで成長した場合，現在の地球の海水量の水は容易に生成される．重要な点は，原始太陽系円盤ガス中で地球がどこまで大きくなったかである．少なくとも惑星形成の初期段階は，円盤ガス中で起きたはずである．一方，地球ほどの大きさになる最後の段階まで，円盤ガスが微量でも残っていたかどうかについては，まだ断定はできていない．しかし，現在の地球型惑星の極めて円軌道に近い軌道を説明するためには，円盤ガスが地球形成の最終段階まで少量残っていた方が都合がよいということも指摘されている（Kominami and Ida, 2002）．少量の円盤ガスがありさえすれば，上で述べた水生成のプロセスは十分に働くこともわかっている．

一方で，地球化学的な観点からは，円盤ガス捕獲大気から地球の水を作るというプロセスは，あまり積極的には支持されていないようである．たとえば，現在の海水の水素と重水素の比が，円盤ガス中のそれとは大きく異なっている点や，このプロセスで地球大気を作った場合，現在の地球大気よりも多くの希ガスを獲得してしまう点などが指摘されている．しかしながら，太陽系外の地球型惑星の水の供給源にまで視野を広げた場合，特に質量が地球よりも大きな惑星にとっては重要な水生成プロセスであるかもしれない．

3-3-3 系外地球型惑星の水量について

最近では，たくさんのスーパーアースが発見されている（3-2 節参照）．また，ケプラー宇宙望遠鏡の観測によって，現段階では候補天体ではあるが，地球サイズ程度の惑星も多数発見されている．このような系外地球型惑星がハビタブルゾーンに形成された場合，その惑星が持つ水量は，地球の海水量と同程度になる必然性があるのだろうか？

前項で検討した 3 つの水供給プロセスは，地球の水の起源を想定したものではあるが，系外惑星にもある程度適用できるかもしれない．前項の検討では，どの水供給プロセスも惑星に供給される水量にはかなりの不定性があり，海洋質量の数十倍から数百倍になる可能性もある（図 3-9）．

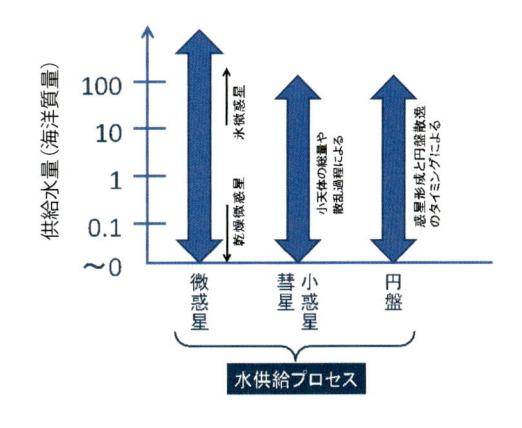

図 3-9 水供給プロセスと供給される水量．様々な不定性により惑星への供給量は非常に幅広い範囲をもつ．

したがって，地球の場合は，偶然，現在の海水量が供給されたように見えなくもない．現段階で系外惑星の水量について確実に言えることは，地球サイズの惑星をハビタブルゾーン内に発見したからといって，必ずしも地球と同程度の水量をもった惑星であるとは限らないということである．むしろ，大量に水を持つような惑星の方が一般的なのかもしれない．

系外惑星の観測で，直接的に惑星の水量を決定することは重要である．惑星質量に匹敵するような水量を持つ惑星は，トランジット観測とドップラー観測による惑星密度からある程度推測可能であると考えられる（3-2節参照）．また，現在の地球のようなごく少量の水を観測的に決定することは現段階では難しいが，将来的には，系外惑星の反射光を直接観測することによって，惑星表面の種類を特定し，大陸と海の面積比からある程度類推することができるかもしれない（Fujii et al., 2010）．

3-4　ハビタブル惑星の条件

3-4-1　古典的条件

（1）背景

はじめにこの分野の古典的研究であるキャスティングにならって（Kasting et al., 1993），ハビタブル条件（Habitable Condition）と連続的ハビタブル条件（Continuously Habitable Condition）を整理しておこう．ハビタブル条件とは，ある一瞬に惑星上に生命が生きられる条件をさしている．一方で，ある程度の長時間，生命が進化できる程度の長時間，つまり10億年や45億年などの期間，ハビタブル条件が維持される条件を連続的ハビタブル条件と呼ぶ．

生命が生きられる条件といっても厳密にはよくわからない．地球生命の生存や繁殖にとって，液体の水は必須である．液体の水が安定な条件から遠く離れた環境では生物の体内に水溶液を維持することも困難であろう．このことから，液体の水が存在できることをハビタブル環境の（必要）条件と考えて議論されてきた．表面に液体の水が（大量に）存在できる惑星を水惑星と呼ぶが，ハビタブル環境の古典的な研究では，水惑星環境＝ハビタブル環境として議論されてきたのである．

以下では物質の名前としては「H_2O」と呼び，「水」は液体の H_2O を指すことにする．水惑星ができるには4つの条件が必要である．第1に，惑星が材料として H_2O を取り込むこと．第2に，H_2O が惑星の内部に閉じ込められずに表面にでてくること，第3に，H_2O が宇宙空間に逃げずに表面にとどまること，第4に，惑星表面の H_2O が液体の状態になること，である．この第2と第3の条件は，H_2O が惑星の表面に存在するための条件である．

古典的なハビタブル条件は，惑星への H_2O の供給は十分であるとして，第4の惑星表面の H_2O が液体の状態になる条件，長期間に亘り惑星表面に水を維持できる条件（これは第2，第3の条件の一部を含む）を連続的ハビタブル条件と考えて議論されてきた．中心の恒星から一定の軌道幅で惑星の表面に水が存在できるとき，そのような領域をハビタブルゾーン（Habitable Zone）と呼ぶ．

（2）古典的ハビタブル条件

H_2O は惑星表面に存在するとして，それが液体になる条件を検討する．水が存在できる条件は温度と圧力がある範囲にあることである（図3-10）．そもそも液体状態は極めて限られた温度圧力の範囲でだけ存在でき，水に限らず，表面に液体が存在する天体自体が珍しい．温度は三重点温度（0.01℃ = 273.16 K）以上，かつ臨界点温度（374.16℃ = 647.31 K）以下でなければいけない．H_2O の三重点では氷・水蒸気・水が共存できる．これ以下の温度では氷と水蒸気は存在できても水は存在できない．H_2O の臨界点では水蒸気と水の区別がなくなる．これ以上高い温度で

3-4 ハビタブル惑星の条件

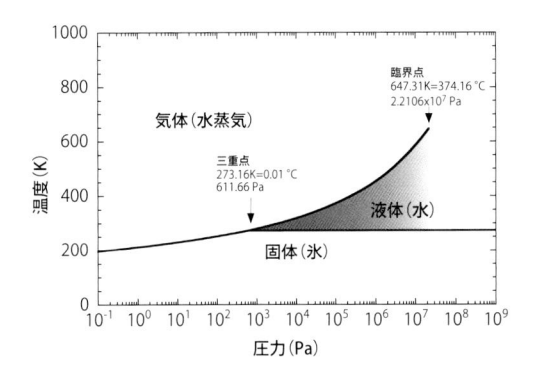

図 3-10 水蒸気，液体の水，氷が現れる温度圧力範囲を示す．水蒸気と氷，水蒸気と水の境界線の圧力が飽和水蒸気圧である．

は，圧力を上げても水蒸気は徐々に密度を上げるだけで液体にはならない．これを超臨界状態という．生命の存在条件という意味でみたときに，臨界点を超えているかいないか，がどれほど重要であるか明らかではない．しかし，超臨界状態は「液体の水」とは呼べない，という意味でここでは除外されている．

以上の温度条件に加えて圧力条件も必要である．H_2O 分圧は与えられた温度の飽和蒸気圧以上でなければならない．さもないと，H_2O はすべて蒸発してしまう．

温度圧力条件を満たす環境の実現条件は，惑星大気の量と熱収支に依存する．現実の大気では極と赤道，夜と昼の太陽放射の違い，大気の運動に伴う熱と H_2O の輸送の効果のために単純ではない．しかし古典的には，極や赤道の違い，昼と夜の違い，さらに季節変化を無視して，惑星の平均温度を使って議論されてきた．

地球型惑星では木星型惑星と違い，惑星内部からの熱流は地表の熱収支にはほとんど影響がなく，太陽からのエネルギーと惑星が射出する赤外線が地表の熱収支を決めている．太陽から主に可視光線の形でエネルギーを受け取る．そのうちの一部は地面や雲，大気分子による散乱によって宇宙空間に反射される．この反射の割合をアルベドという．現在の地球では約 30% が反射され，残り 70% が大気と地面に吸収される．反射分を除き，大気・地面で吸収される太陽放射を正味太陽放射と呼ぶ．惑星はエネルギーフラックスを赤外線の形で宇宙空間に放射する．これが惑星放射である．普通，地球型惑星では熱収支が釣り合った状態では正味太陽放射と惑星放射は等しい．

地面を黒体で近似すれば，大気がない惑星では単位時間・単位面積当たりの惑星放射の量は絶対温度の 4 乗に比例する．大気がある場合には温室効果が発生する．大気中に二酸化炭素や水蒸気があると，地面が放射する赤外線は二酸化炭素・水蒸気の分子によって吸収される．大気は吸収したエネルギーと同じ大きさのエネルギーを赤外線として放射する．このとき，大気が放射した赤外線の一部は地面に向かって放射されるので，地面は大気からの赤外線を余分に貰う．このため，地面の温度は太陽放射（主に可視光線）＋大気から貰う赤外線，と釣り合う量のエネルギーを赤外線として放射できる温度まで上昇する．これが温室効果の正体である．温室効果は大気中の二酸化炭素とか水蒸気といった赤外線を吸収する気体（温室効果気体と呼ばれる）の量が増えるほど強くなる．

現実大気では対流も生じる．対流と放射の効果を両方考慮し，太陽放射と惑星放射の釣り合いを求める鉛直 1 次元の大気モデルは放射対流平衡モデルと呼ばれる．図 3-11 には放射対流平衡モデルで求めた海洋が形成される条件を示した (Abe, 1993)．ここでは，大気は二酸化炭素と水蒸気だけからなると仮定し，大気中の二酸化炭素総量と正味太陽放射（＝惑星放射）の関数として海洋が地球サイズの惑星表面に形成される条件を示している．太陽放射は太陽からの距離の 2 乗に反比例するので，正味太陽放射に関する条件は惑星のアルベドを決めれば，太陽からの距離に関する条件と見なせる．

太陽から離れていて正味太陽放射が小さい場合には地表温度が低くなって H_2O はすべて凍りつき，全球が氷に覆われた全球凍結状態になる．この全球凍結状態を避けるにはたくさんの温室効果

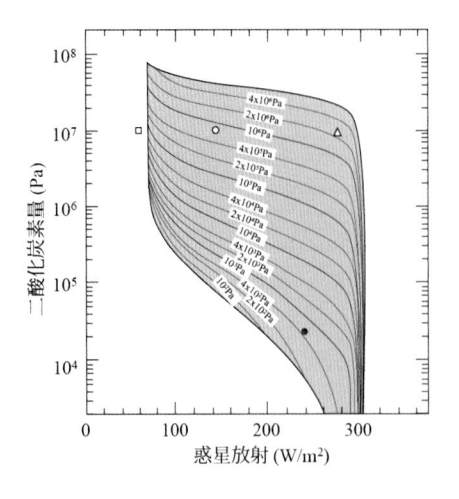

図 3-11 海洋形成条件．水蒸気と二酸化炭素からなる大気を考えた場合に海洋が形成される惑星放射（＝正味太陽放射）と二酸化炭素量の範囲を放射対流平衡大気モデルで求めた（陰をつけた部分）．等値線と数字は必要な H_2O 量の最小値（阿部，1997; Abe, 1993）

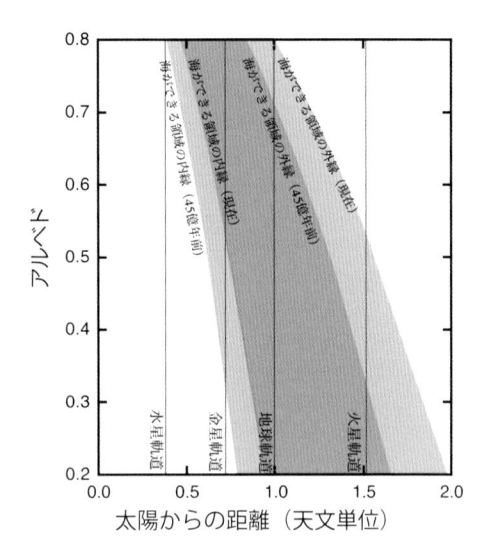

図 3-12 ハビタブルゾーン．惑星のアルベドは本来大気の状態（たとえば雲の量など）で決まるので勝手に選べないが，アルベドが高ければ太陽に近くても海が存在できる．現在の地球の反射率は約 0.3 である．太陽放射は太陽の進化に伴って増大するので，海が存在できる範囲は外側に移動する．地球軌道では広いアルベドの範囲で海が存在できる．しかし，金星ではアルベドが高いとき，火星ではアルベドが低いときにしか海が存在できない．この図では自転軸傾斜や軌道離心率の効果は考慮されていない．

気体が必要である．地球型惑星では二酸化炭素が主要な温室効果気体の1つだが，正味太陽放射が非常に小さいところでは二酸化炭素自体が凝結して大気から取り去られるので温室効果を維持できない．ここではそれが太陽放射が小さい側の限界を決めている．

太陽に近く，正味太陽放射が大きい場合には地表温度は高くなる．しかし地表温度が 100℃を超えても海がなくなるわけではない．これは蒸発した大量の水蒸気のために大気圧が高くなるためである．しかし正味太陽放射が射出限界（Nakajima et al., 1992）と呼ばれる量より大きいと，どんなにたくさんの H_2O が表面にあっても水は存在できなくなる．これを暴走温室状態と呼ぶ．射出限界は直感的には，地表温度が高くなると，飽和水蒸気圧が高くなるため，大気中の水蒸気量が増え，水蒸気量が増えると温室効果が強まってより地表温度が高くなるために生じる．詳しく言えば以下のようになる．大気中の水蒸気量が少ない現在の地球のような場合には，惑星放射は地表温度が変われば変化しうる．地表面に水があるとき，地表温度が上がると，大気中の水蒸気が増える．すると，地表から出た赤外線は大気中の水蒸気で吸収されて，直接宇宙空間に出ていかなくなり，対流圏上部の温度構造が惑星放射を決めるようになる．また，対流圏上部の温度構造は水蒸気の飽和蒸気圧曲線で決まるようになり，その結果，惑星放射が地表温度によらなくなる．このときの惑星放射が射出限界である．射出限界は二酸化炭素など，水蒸気以外の温室効果気体の量にはほとんどよらない．

これ以外に，気体量に対する条件がある．温室効果気体の量が少なければ正味太陽放射が上記の範囲にあっても全球凍結状態に陥る．大気圧が高いほど概して地表温度は高くなり，大気中の H_2O 以外の気体が多すぎると，H_2O は超臨界状態になる．一方，H_2O 量が少なすぎればすべて大気中に蒸発してしまう．

まとめてみると，惑星の表面に水が存在できる環境ができる条件は，H_2O が十分にある場合には，正味太陽放射の値が全球凍結限界と射出限界

の間にあることである．全球凍結限界は大気成分によって大きく変化するが，射出限界は大気組成にはあまりよらない．正味太陽放射の値は反射率を与えれば中心星からの距離に置き換えられるから，以上の条件は軌道半径の幅を与えることになる．したがって全球凍結限界と射出限界が瞬間的なハビタブルゾーンを与えることになる．

図3-12にハビタブルゾーンとアルベドの関係を示した．惑星のアルベドは本来大気の状態（たとえば雲の量など）で決まるので勝手に選べないが，アルベドが高ければ太陽に近くても水（海）が存在できる．現在の地球のアルベドは約0.3である．この図では水が存在できる領域の内側は暴走温室効果の射出限界で，外側限界は二酸化炭素が地表で液化する惑星放射で与えている．どちらも二酸化炭素の量にはあまり依存しない．太陽放射は太陽の進化に伴って増大するので，海が存在できる範囲は外側に移動する．地球軌道では広いアルベドの範囲で海が存在できる．しかし，金星ではアルベドが高いとき，火星ではアルベドが低いときにしか海が存在できない．この図では自転軸傾斜や軌道離心率の効果は考慮されていない．

(3) 連続的ハビタブル条件：水が維持される条件

ここでは数億年以上の時間にわたって惑星表面上に水が維持される条件について検討する．惑星環境が長時間にわたって変化する要因としては，次のようなものが考えられる．

1. 大気の散逸[*6]．特に水蒸気が大気上層で分解されて宇宙空間に散逸することによって，惑星表層の H_2O が減少する．
2. 中心星の進化に伴う放射の増大．太陽は45億年間に約30％明るくなったと考えられている．正味太陽放射はゆっくりと増大し，それと釣り合う惑星放射も増大し，惑星表面は温暖化することが予想される．
3. 大気中の温室効果ガス量の変化．惑星表面に海がある環境では，海に二酸化炭素が溶解し石灰岩として固定されることによって大気

中の二酸化炭素が減少すると期待される．このことによって温室効果が弱まり，惑星表面が寒冷化することが予想される．

ここでは，これらの要因について検討する．はじめに，大気散逸の様々な過程について検討し，次に正味太陽放射と温室効果の変化の影響について検討する．大気散逸の検討は，水惑星形成の4つの条件のうち，第3の条件，正味太陽放射と温室効果の変化の影響についての検討は，第4の条件について時間変化の視点で検討するものである．

① H_2O の散逸

はじめに代表的な大気散逸機構，1. 流体力学的散逸，2. ジーンズ散逸（Jeans Escape），3. 非熱的散逸（Nonthermal Escape），を整理する．

まず大気を保持する条件を考えておこう．大気が惑星の重力によって束縛されているためには，気体の熱運動のエネルギーよりも重力ポテンシャルの方が大きくなければいけない．これはエスケープパラメータ（λ）と呼ばれる次の物理量を用いて評価できる

$$\lambda = \frac{GMm}{rkT} \qquad (3\text{-}5)$$

ここで，Gは万有引力定数，kはボルツマン定数，Mは惑星の質量，rは惑星の中心からの距離，mは気体分子の質量，Tは気体の温度，である．エスケープパラメータは重力ポテンシャルと熱エネルギーの比になっており，大きいほど重力の束縛が強い．一般的に気体分子量が小さいほど，温度が高いほど，惑星質量が小さいほど束縛は弱い．

惑星表面で熱運動のエネルギーが重力ポテンシャルの値より小さい場合であっても，エスケープパラメータが距離とともに減少し，惑星から離

[*6] 「散逸」という言葉は「エネルギー散逸」など「dissipation」の訳語として用いられるから，「atmospheric escape」の訳語としては「大気逃散」などの言葉を充てるべきであるという意見もある．しかし，大気散逸という言葉はそれなりに定着しているように思われるため，ここでは従来の用語を用いる．

れたときに大気は重力場に束縛されなくなることがある．たとえば，大気が等温の場合には惑星の中心からの距離によらず熱エネルギーが一定であるのに対して，重力ポテンシャルは小さくなっていくため，必ずどこかで熱エネルギーの方が重力ポテンシャルよりも大きくなる．このことは至る所等温の大気は重力によって束縛されないことを示している．

このような大気の流出を流体力学的散逸（Hydrodynamic Escape）と呼ぶ．典型的なものは太陽の上層大気の流出である太陽風である（Parker, 1964）．大気を最も大規模に散逸させる機構は流体力学的散逸であると考えられる．

次に大気が全体としては惑星に束縛されている場合を考える．平衡状態で分布する気体粒子のうち，一部は確率的に惑星の脱出速度を超えている．そのような粒子が大気上端付近の希薄で，他の気体分子と一度も衝突せずに宇宙空間へ出られるような領域（これを外圏 exosphere と呼ぶ）にあり，上向きの速度をもっていれば，宇宙空間に逃げていく．この散逸メカニズムをジーンズ散逸と呼ぶ．マクスウェル分布を仮定することで上向きに脱出していく粒子の数密度を計算することが可能である（Jeans, 1925）．

しかし，実際に速度が大きい粒子が散逸し，もし速い速度を持つ粒子がすべて失われてしまうのであれば，そこで散逸は止まってしまう．衝突が十分な頻度で起こっていて気体分子の速度分布が統計的平衡を実現できるのであればよいが，外圏は衝突頻度が低い領域なのだから，これは期待できない．ジーンズ散逸が理想的な形で続くためには，ほぼマクスウェル分布が実現できるように速い速度を持つ粒子が下から供給されていなければならない．

流体力学的散逸もジーンズ散逸も気体分子の速度分布が統計的平衡にある場合で，まとめて熱的散逸と呼ばれる．一方，非熱的散逸にはいろいろなメカニズムがある（たとえば Shizgal and Arkos, 1996）が，いずれにせよ何らかのメカニズムでエネルギーをもらった気体分子あるいは原子が，他の粒子との衝突を介してそのエネルギーを全体の平均的熱運動のエネルギーにばらまいてしまう前に，高いエネルギーが少数の粒子の加速に使われ，加速を受けた粒子が宇宙空間へ散逸していく，というものである．それゆえ非熱的散逸は気体の温度，すなわち平均的な熱運動の速度，が低い場合でも起こりうることが特徴である．電荷を持っていることが加速に際して有利に働くことが多いので，何らかの形で荷電粒子が関与するメカニズムが多い．一方，荷電粒子の運動は磁場によって強く束縛されるために，磁場の有無が散逸フラックスに大きく影響する．磁場を持たない上に，上層大気の温度が比較的低い金星や火星ではこのメカニズムが重要であると考えられている（Hunten, 1993）．しかし，平衡から大きくずれた条件下で散逸する，というメカニズムのため，熱的散逸に比べると散逸条件に個別性が高く，一般的な議論を行うことは，熱的散逸よりも難しい．このメカニズムのとくに重要な点は，重い気体の散逸が可能である，という点である．炭素，窒素，酸素などはジーンズ散逸では散逸困難である．流体力学的散逸の際に H_2 に引きずられて逃げることもあるが，非熱的散逸が極めて重要である．

さて，H_2O の散逸を考える．惑星の重力で束縛されている気体であれば，重力に逆らって無限遠まで運ぶためのエネルギーを供給しなければ散逸はしない．熱的散逸では高層の大気を加熱するという形で，非熱的散逸では高エネルギー粒子の入射という形で供給される．

上層大気の加熱機構として短波長の紫外線は重要である．若い太陽は強い紫外線を発していたと考えられている．その強度は太陽程度の質量をもつ若い星の観測から推測されている．たとえば，星形成直後 1 億年前後の段階で，2〜36 nm 程度の波長を持つ紫外線は現在の約 100 倍であったと想定される（Ribas et al., 2005）．しかし，ハビタブルゾーンにある惑星では，最も大規模に散逸させる流体力学的散逸でも，水蒸気が水分子

のまま散逸していくにはややエネルギー不足である．多くの場合は大気の上層で水分子が紫外線によって分解され，水素が散逸していく．

このエネルギーの供給率が散逸の速さを決める場合をエネルギー律速という．エネルギー律速の散逸の場合，質量，半径 の惑星から単位時間あたりに散逸する大気質量 $\dot{M}_a$ は次式で与えられる．

$$\dot{M}_a = \frac{\varepsilon \pi R^2 f_{XUV}}{GM/R} = \frac{3}{4G\rho} \varepsilon f_{XUV} \qquad (3\text{-}6)$$

ここで，f_{XUV} は極端紫外線のフラックス，R は惑星の半径，G は万有引力定数，ρ は惑星の平均密度である．ε は効率因子といい，実際に惑星の重力に逆らって大気をはぎ取るために使われるエネルギーの割合を表す．効率因子は上層大気における紫外線の吸収メカニズムや放射冷却メカニズムなどに依存するが，およそ0.1の桁と推定される（Kulikov et al., 2007）．この式からわかるように，エネルギー律速で散逸する大気量は惑星質量によらない．効率因子が0.1のとき，現在の紫外線強度の10倍くらいの紫外線がある場合でも地球海洋相当の量の水素を失うには5億年以上の時間が必要である．

一方，上層大気で水蒸気が分解されるためには，十分な量の水蒸気が下層大気から供給されなければならない．この供給が小さいと当然分解される水蒸気量も少ないから，散逸フラックスも大きくなれない．上層大気の加熱が十分大きい場合には，下層大気からの水蒸気フラックスが，散逸量を制限することになる．これを散逸の拡散律速という．現在の地球大気の場合，水蒸気の分解とジーンズ散逸は十分速い．上層に運ばれる水蒸気フラックスが水素の散逸を律速している．水蒸気フラックスは大気中での水蒸気の拡散とダイナミックな輸送によって決まっている．大気の下層や中層では後者が重要である．この領域では，水蒸気フラックスは大気中での水蒸気の凝結によって制限を受ける．下層大気では一般に上にいくほど温度が下がるので，飽和蒸気圧は下がり，気塊の水蒸気混合比は減少する．一方，圧力も減少することによ

り，ある程度より高い高度では水蒸気の凝結は起こらなくなる．普通，対流圏界面で最も水蒸気混合比は小さくなっており，これが上層に運ばれる水蒸気フラックスを制限している．これをコールドトラップという．このため地球大気では成層圏より上には水蒸気はあまり運ばれない．このことが地球大気からの水蒸気の散逸を非常に小さくしている．

しかし，惑星放射の値が大きくなる，すなわち正味太陽放射の値が大きくなると対流圏界面の温度は高くなり．飽和水蒸気分圧が大きくなる．このため成層圏より上に運ばれる水蒸気フラックスは急激に大きくなる．この効果は射出限界近くで大きい．正味太陽放射が射出限界に近くなると，水蒸気混合比が 10^{-3} よりも大きくなり，拡散律速で散逸する水蒸気量が45億年間で地球海洋の量を超えるようになる（Kasting et al., 1988）．

水蒸気が分解し，水素が散逸すれば，酸素が蓄積する．水蒸気の方が酸素より分子量が小さいので，高層大気では水蒸気の方が酸素より高い高度まで拡散して上昇し，そこで紫外線によって分解されるために，酸素の蓄積が水蒸気の分解をさまたげることはないだろう．しかし，地球サイズの惑星から地球海洋質量の水が分解して水素が失なわれた場合，300気圧近い酸素が残ることになり，水蒸気の分率を下げ，水蒸気の高層大気への拡散を抑える可能性はある．

蓄積した酸素の捨て場所としては，地表の岩石を酸化する，大気中に存在する還元的な気体を酸化する，酸素も水素と一緒に流体力学的散逸をさせる，酸素を非熱的に散逸させる，という可能性がある（たとえば，Lammer et al., 2008）．

②中心星の進化

主系列にある恒星は徐々にその光度を増大させていく．太陽の場合この45億年の間に30〜40％増大したとされている（Gilliand, 1989）．中心部の温度が上がり，それにより熱核反応の速度が上がるためである．

この影響は水が現れる条件（図3-11）で見れば，

時間と共に図中にプロットされる各惑星の位置が右にずれていくことに相当する．ハビタブルゾーンは外側に移動する．

③二酸化炭素の固定

惑星の気候状態を決定するもう1つの重要なメカニズムは二酸化炭素の固定である．以下の反応で二酸化炭素は炭酸塩に固定される．

$$CaO + 2CO_2 + H_2O \rightarrow Ca^{2+} + 2HCO_3^-$$
$$Ca^{2+} + 2HCO_3^- \rightarrow CaCO_3 \rightarrow 2CO_2 + H_2O$$

第1の反応は地表の岩石の化学風化によってCa^{2+}が供給される反応である．実際にCaOという鉱物が存在するわけではないが，この反応式では，岩石中のCaを含む鉱物を象徴的にCaOと表現している．第2の反応はCa^{2+}と重炭酸イオンが反応して炭酸塩が析出する反応である．現在の地球では生物が炭酸塩生成を支配しているが，炭酸塩を作る反応自体は必ずしも生物を必要としない．両者を足し算して，正味では

$$CaO \rightarrow CO_2 \rightarrow CaCO_3$$

となる．

炭酸塩の析出反応は速いが，化学風化で岩石からCa^{2+}が供給される反応は遅く，律速反応である．現在の地球に似た環境では，二酸化炭素が炭酸塩に固定されていく時間スケールは10万年から100万年であると考えてよい（Tajika and Matsui, 1992）．

二酸化炭素固定の影響は先ほどの水が現れる条件（図3-11）で見れば，時間とともに図中にプロットされる各惑星の位置が下にずれていくことに相当する．水が現れるには，大気中の二酸化炭素量が少ないほど大きな正味太陽放射を必要とするから，地球も火星もいずれ凍り付いてしまう．したがって何らかの形で二酸化炭素が大気中に供給される過程が必要である．この供給過程は惑星内部からの脱ガスである．

一方，二酸化炭素の脱ガスがあり，地表温度が二酸化炭素の温室効果の影響を強く受ける場合，二酸化炭素の供給と固定がバランスするように地表温度を調整する安定化機構が存在する（Walker *et al.*, 1981）．まず二酸化炭素の単位時間当たり脱ガス量（以下では脱ガス率と呼ぶ）が時間変化しない場合を考える．岩石の化学風化によってCa^{2+}が供給される速さは温度に強く依存し，温度が高いほどCa^{2+}の供給は速くなるため，二酸化炭素固定は速くなる．地表温度が高いと二酸化炭素固定が供給に勝って，大気中の二酸化炭素量は減少し，温室効果が弱まって地表温度を下げる方向に変化する．逆に地表温度が下がると二酸化炭素固定は遅くなる．すると供給が固定に勝って大気中の二酸化炭素量は徐々に増大し，温室効果は強まり，地表温度は上昇する．結局，大気と海洋に含まれる二酸化炭素の平均滞留時間，つまり大気と海洋に含まれる二酸化炭素が，炭酸塩への固定と脱ガスによって1回入れ替わるタイムスケールくらいの時間が経つと，脱ガスによって供給される二酸化炭素量と，風化によって固定される二酸化炭素量が釣り合うような温度になる．二酸化炭素の脱ガスは地表温度にはほとんど影響されないから，地表温度は脱ガス率で決まる温度になる．二酸化炭素の脱ガスが時間変化する場合も，変化の時間スケールが炭酸塩生成の時間スケールよりも十分に長いならば，状況は変わらず，地表温度は脱ガス率で決まる温度になる．しかし，変化の時間スケールが炭酸塩生成の時間スケールよりも短い場合，たとえば人為的な二酸化炭素放出などの場合，この安定化機構は有効に機能しない．

地球では二酸化炭素の大気中への供給過程を担っているのはプレートテクトニクスである．プレートテクトニクスを介した二酸化炭素の循環は次のように考えられている．生成した炭酸塩は海底に沈澱し，プレート運動で運ばれ，沈み込み帯において一部はマントル中に入り，一部は大陸地殻に取り残されて石灰岩となる．マントル中に入った炭酸塩は，一部は熱せられて分解して二酸化炭素になり，沈み込み帯の火山から火山ガスの形でまた大気に戻っていく．また，中央海嶺などのマントルの上昇域で火山活動に伴ってマントルから二酸化炭素が脱ガスする．

こうして二酸化炭素の脱ガス量はプレート運動の速さで決まっていることになる．この場合，結局のところ，気温がプレートテクトニクスで決まることになる．地球の場合，中生代の温暖な時期は，プレート運動の速さが速かった時期であると考えられている．逆に，マントルからの供給が減少すれば，地球全体が凍りつくような時代もありうる．

ここで，大陸の存在も環境に大きく影響していることに注意しよう（Tajika and Matsui, 1993）．大陸は Ca^{2+} の供給源として，また，炭酸塩の貯蔵場所として重要である．大陸が無いと陸地が減り，化学風化を受ける面積が減るため，Ca^{2+} の供給が少なくなるので，二酸化炭素固定量が少なくなる．また，大陸が存在すれば海中で固定された炭酸塩の一部はマントルへ沈み込まず，大陸の上にのしあげ，そこにとどまるが，大陸が存在しないと炭酸塩は必ずマントルへ沈み込んでしまう．沈み込んだ炭酸塩は一部が加熱を受けて火山から二酸化炭素として大気へ戻るので，大陸がないと沈み込み帯での脱ガス量が多くなる．こうして大陸がないと，同じ温度での二酸化炭素固定量は減少し，脱ガス量は増大するために，地表は高温にならなければならないのである．

このように二酸化炭素固定に対する安定化には惑星内部の活動が重要である．活発なプレート運動で二酸化炭素が出てくることで，地球は凍結を免れている．大陸上での岩石の風化，海の存在，プレート運動が関係していると考えられる．

(4) 古典的ハビタブルゾーン

以上の結果をまとめて，キャスティングらは，連続的に生存が可能な領域の内側限界は H_2O の散逸で決まっていると考えた（Kasting et al., 1993）．これは上層大気での水蒸気の混合比が 10^{-3} を超えるという条件であるが，現在の太陽系では 0.95 AU である．

外側の限界はどれほど強い温室効果が維持できるか，ということで決まっている．キャスティングらは，惑星内部の活動が活発であって大きな脱ガスが維持される場合でも，二酸化炭素自体が大気中で凝結してしまえば温室効果が維持できなくなると考え，これが外側限界であると考えた（Kasting et al., 1993）．この場合の外側限界は 46 億年前の太陽放射では 1.15 AU，現在の太陽放射では 1.37 AU に位置する．こうしてキャスティングらは，太陽系では 46 億年間連続的に生存が可能な領域は 0.95 ～ 1.15 AU である，と結論した[*7]（Kasting et al., 1993）．

3-4-2　地球型惑星の多様性

(1) 古典的議論の限界

古典的議論では惑星表面に液体の水が生ずる環境条件を考えて，連続的ハビタブルゾーンを与えたが，いろいろなレベルの多くの課題がある．一番の問題は，暗黙のうちに地球と似た惑星を考えていた，ということであろう．

たとえば，惑星内部の活動が地球に比べて非常に小さい場合には，大気中の二酸化炭素量は極めて少なくなり，二酸化炭素凝縮が起こらない場合でも全球凍結しうる．つまり，外側限界は惑星内部の活動に依存する．逆に，二酸化炭素が凝結しても，ドライアイスの雲が持つ温室効果や，それ以外の温室効果気体があった可能性も考えれば，全球凍結は免れうる．火星軌道は上述のハビタブルゾーンの外になるが，火星にはかつて水が存在した証拠があり，二酸化炭素気体以外の温暖化機構の存在は明らかであろう．どのような温暖化機構を考えるか，で当然外側限界は変化する．

軌道も円軌道に近いとは限らない（3-1 節）．離心率や，自転軸傾斜が大きい惑星は日射の時間・

[*7] 最近のより精密な鉛直 1 次元放射対流平衡モデルでは，射出限界が以前よりも小さく推定されている．この推定に従うと，連続的に生存可能な領域の内側境界は，地球軌道ぎりぎりか，外側になる．これは鉛直 1 次元モデルが，水蒸気で飽和した，雲なし大気を仮定しているためである．大気運動を考慮すると内側境界は内側に移動するが，位置は次節に述べるように単純には決まらない．

空間的変化を無視した全球年平均的議論では不十分な場合がある．そもそも，惑星では，中心星からの光によって表面のエネルギー収支が決まっているから，エネルギーを多く受け取る緯度帯と，あまり受け取らない緯度帯，昼と夜，が生じることは必然的であり，環境の不均質性は避けて通れない問題である．

表面の不均質性や季節変化の問題は，惑星上の水平方向の熱や物質の輸送に関わっているから，大気運動のダイナミクスも影響する．自転する惑星上の大気運動は自転の影響を強く受けるから，したがって自転周期も影響する．このように，惑星の環境を決めるのは中心星からの距離で決まる平均日射だけではない．

また，古典的議論は，中心星の光を究極のエネルギーソースとして，オープンスペース環境で生きる生命のみを対象としていた．地球でも深海底の生き物たちのように地球内部からのエネルギーをソースとして使っている生命体があるが，このようなタイプの生命のことは考えていない．このような生物は水を必要とするにしても，表面に水が必要なわけではない．たとえば木星の衛星エウロパのように，表面は氷で，内部に水がある天体もハビタブルかもしれない．このように，表面に水を必要としない生命のハビタビリティは環境条件から検討することが困難である．関連した問題として，地球生命は全球凍結を生き延びたと思われる事実もある（コラム4参照）．

さらに根源的な問題もある．生物が水だけでできていない以上，水の存在以外の条件も存在するはずである．その条件とは何であろうか．

要するに単純な「ハビタブルゾーン」の概念ではすまない．岩石主体の地球型惑星に話を限っても，太陽系にはないような惑星も考えることができる．地球型惑星の多様性を念頭に置いてハビタブル条件を考えていくことが必要である．しかし，このような条件の系統的検討は端緒についたところである．

(2) 水の量

ハビタブル惑星は多様な地球型惑星の中のいくつかのタイプと考えることができるだろう．地球型惑星の多様性は理論的にも十分に検討されていない．以下では，惑星表面に存在するH_2Oの量に注目したときにどのような多様性がありうるか，考えてみよう．3-3節で議論されたように，多様な含水量の地球型惑星が生成されうる．

古典的議論では水の量の影響を議論することができなかった．全球平均の気候モデルでは，惑星表面に湿った部分と乾燥した部分が存在する場合を扱うことができないことが重要な理由である．地球のように広い緯度範囲にまたがる海洋を生じる場合，海を通じて自由に水が移動できるため，地表はどの緯度帯でも水が分布する．一方，水が少なく，連続しない湖しか生じない場合，地表の水輸送は小さく，日射が比較小さい緯度帯には水が分布するが，日射が大きい緯度帯は乾燥してしまう．前者を海惑星（aqua Planet），後者を陸惑星（land Planet）と呼ぶことにする（Abe *et al.*, 2011）．

従来，地球のようなH_2Oが表面に多い惑星ほどハビタブルになりやすいと考えられてきた．直感的には，H_2Oがたくさんあるほど蒸発しにくいし，凍りにくいように思われる．

だが最近の研究ではむしろ事態は逆であることがわかってきた（Abe *et al.*, 2011）．これはH_2Oが環境を不安定化する性質を持っているためである．1つはアイスアルベドフィードバックと呼ば

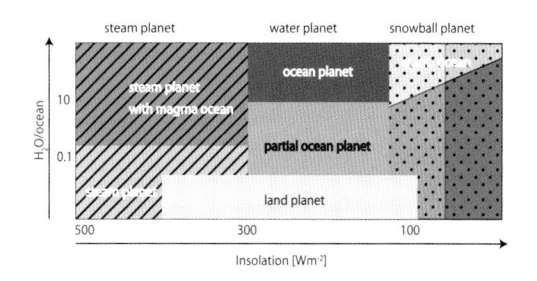

図 3-13 水の量と惑星環境の多様性．惑星表面のH_2O量（縦軸）と惑星が受ける正味中心星放射（横軸）と考えられる惑星のタイプの概念図．

れる．寒冷になって雪氷が惑星表面を覆うと，雪氷は白いために惑星の反射率が上がり，吸収する太陽光が減少してさらに寒冷化が進む．これは全球の凍結を起こりやすくする．もう1つは水蒸気フィードバックと呼ばれる．水蒸気は強力な温室効果気体であり，大気中の水蒸気量が増えれば温暖化する．惑星表面の温度が高ければ大量の水蒸気が大気中に蒸発し，温室効果が強まってさらに温暖化する．水が多いと言うことは，これら2つの効果も強いと言うことである．このため，水が少ない陸惑星の方が，水が多い海惑星よりも，水が表面に存在できる中心星放射の範囲は広い．言い換えればハビタブルゾーンが広い．

また，逆に水が多ければ，陸地がすべて水没する場合もある．これを全海惑星（ocean Planet）と呼ぼう．一方，陸と連続した海を持つ地球のような惑星を部分海惑星（partial ocean Planet）と呼ぼう．もし惑星内部の活動のレベルが同じであるならば，部分海惑星よりも全海惑星の方が高温になるであろうことはすでに述べた．

このように，地表に水がある水惑星でも，非常に異なる環境がありうる．地形起伏が10 km程度である地球サイズの惑星の場合，陸惑星と部分海惑星，部分海惑星と全海惑星を分ける水の量は，それぞれ地球の海質量の5%程度，10倍程度と推測されるが，正確な境界がどこにあるか，まだわからない．しかし，地球のような部分海惑星になる水の量はかなり狭い（地球サイズの場合で質量の0.001～0.2%程度）ことは確かだろう．

図3-13に水の量を考慮した場合の地球型惑星の多様性の概念図を示した．陸惑星，部分海惑星，全海惑星以外の状態について簡単に述べよう．まず，太陽放射が大きい場合，H_2Oはすべて蒸発して，暴走温室状態の高温の水蒸気惑星（Steam Planet）となる．このときH_2O量が気圧にして約80 bar以上あると，水蒸気の強い温室効果のため，地表の岩石は融解し，マグマオーシャンで覆われる．水蒸気惑星状態の持続時間は水蒸気の散逸で決まる．したがって，惑星が初期にもつH_2O量や中心星からの距離に依存し，場合によって1 Gy以上持続する．水蒸気が失われると金星のような乾燥惑星（Dry Planet）になる．

一方，太陽放射が小さい場合は表面が氷で覆われた，全球凍結惑星（Snowball Planet）になる．表面は低温であっても，内部は形成時のエネルギーの名残や放射性原子崩壊のエネルギーで暖かい．そのため，厚さが数kmを超える氷の層の下は水の層，すなわち内部海が生じうる（Tajika, 2008）．

全球凍結状態になるのは，水蒸気以外の温室効果ガスが凝結してしまい，温室効果が得られない場合と，惑星内部からの脱ガスが少なくて，高い温度が維持できない場合がある．前者の場合はどうしても全球凍結状態から脱出できないが，後者の場合は，温室効果ガスが蓄積すれば一時的に凍結状態を脱出することがある．前者は中心星放射を利用できない場合，後者は利用できる場合といえる．

液体の水を持つという意味でハビタブルでありうるのは，全海惑星，部分海惑星，陸惑星と内部海を持つ惑星ということになるが，その環境は大きく異なり，一括して論じるには無理があろう．むしろ，それぞれのキャラクタリゼーションや，境界の明確化，系外惑星としての観測的特徴を明らかにする必要がある．

(3) 惑星質量の依存性

次に惑星質量の効果について考えてみよう．ハビタブル惑星の条件が惑星質量にいかに依存するかはよくわかっていない．

正確な値はわからないものの，少なくともハビタブル惑星の質量の下限は存在すると考えられている．地球より小さい惑星は定性的に考えて，水惑星になりにくいはずである．第1に，重力が弱いから，大気が失われやすい．第2に，質量・面積比が小さい，つまり，単位面積当たりの初期エネルギー，放射性元素崩壊による発熱，熱容量が小さいために惑星内部がすぐに冷えるので，活

発なマントルの活動が維持できず，二酸化炭素などの温室効果ガスの供給が続かない．また大気が失われたり，化学反応で地殻に固定されても，それを脱ガスによって補充することができない．第3に，惑星内部がすぐに冷えるので磁場が維持できない．磁場が消えたことによって大気が失われやすくなる．ということが考えられる．現在の火星の状況と，かつて水があったと思われる事実から，長期間水惑星であり続けられる質量の下限は火星より少し大きいと推測されている．

一方，ハビタブル惑星の質量の上限が存在するか否かはわからない．確かに水惑星の上限質量を制約する過程は思いつかない．円盤ガスを捕獲して巨大ガス惑星になってしまわない限り問題ないという考えもある．この場合，約10倍の地球質量が上限となるだろう．

だが，水惑星であるとはいっても，スーパーアースの環境は地球とは大きく異なると思われる．まず質量・面積比が大きいため，組成が同じならば，大きい惑星の方が単位面積当たりの水量は多くなる．また，質量・面積比が大きいため，内部の温度は高くなりやすい．そのため，一度表面に出た水は内部に戻りにくい．したがって海が深くなりやすい．一方で，内部の温度が高いためにマントル・地殻の流動性が高いこと，重力が大きいこと，曲率が小さく弾性地殻の地形保持力が小さいことから，表面の起伏は小さくなる傾向があるはずである．両者の効果をあわせて，陸地が水没した，海だけの全海惑星になりやすいと予想される．

すでにみたように，惑星からの水素の散逸量は惑星の密度に依存し，質量には直接依存しない．一方で，惑星が捕獲したり，生成する水素の量は質量が大きいほど大きいはずである．そのために，水素が大気に残りやすい．したがって光合成によって酸素が生成されても水素と反応してしまい，酸素濃度が上がりにくいと考えられる．

地球では多細胞生物の出現は大気中の酸素濃度増大と関係していたと考えられている．酸素を用いた呼吸が効率的なエネルギー獲得にきわめて重要だからである．これが一般的ならば，スーパーアースの環境は多細胞の大型生物には不向きと考えられる．重力が強く，陸地も少ないであろうことから，陸上生物にはさらに不向きであろう．このようにみてくると，水惑星あるいはハビタブル惑星と考えられるとはいっても，生存可能な生物の「種類」が惑星質量などの条件で制約されるかもしれない．

(4) 水の他の条件

ここまでの議論は基本的に水の存在という視点のみからのものであった．しかし，生命活動が化学反応の連鎖で維持されている以上，物質とエネルギーの流れが必要である．水はそのための最適の溶媒にすぎない．水以外にも少なくとも，1. 生物の体を構成する物質の供給，2. 代謝に必要な物質の流れ，3. 代謝に必要なエネルギーの流れ，は必要であろう．あるいは実際には，1と2，2と3が同時に行われるということもあるだろう．

地球生物を構成する元素の多くは海洋に溶けている元素と似ていることはよく知られている．たとえば水素，酸素，炭素などである．これらの元素は宇宙でも存在量が多いと考えられるが，それでも水が非常に多い場合には「十分高い」濃度になるかどうかは問題だろう．さらに問題となるのは，海洋中には少ないにもかかわらず生物が使用している元素である．代表的なものはリンである．これはあえて地球生物が必要としている元素であるといえる．リンは生物制限元素と呼ばれるものの1つで，リンがどれだけ得られるかが海洋中の生物活動や生物量を制約していることも多い．リンは地球表層では生物によって，いわば「使いまわされて」いるともいえるが，究極的な供給源は岩石であり，岩石の風化である．したがって，水と岩石の比率，大陸の有無は重要な要因である可能性がある．しかし，現時点では，ハビタブル条件の定量的指標にはなっていない．

エネルギーの供給も重要な問題である．地球生

物は化学反応，特に酸化還元反応によってエネルギーを得ているから，反応材料となる物質の供給，あるいは生成は必須である．言い換えれば，惑星表層での酸化還元状態の不均質の維持は重要である．現在の地球では，大気中の酸素分子の存在によって，大きな酸化還元状態の不均質が作られ，活発な生物活動が生じているともいえる．酸素分子の生成が光合成によっていることは確かだが，前の節でも述べたように，それだけでは不十分である．そもそも光合成で生成された酸素は，同時に生成される有機物が分解されるときに消費されるので，酸素濃度が増大するためには，有機物が分解されないように，環境から取り去る必要がある．地球酸素濃度増大の本当の理由はわからないが，たとえば，大陸形成と関連して，風化が増え，有機物が増えた堆積物中に埋没した，ということが重要という考えもある．

このように考えてくると，地球にそっくり似た環境が必要，ということになりかねない．注意が必要なことは，現在の地球の生物は，現在の地球環境に基本的には適応している，ということである．地球生物にとって適した環境はおおむね地球のような環境だろう．しかし，かつて大気中の酸素濃度が低かった時代，多細胞生物は存在できなかったかもしれないが，生物は存在できた．

生命活動という，ある種の化学反応を起こし，維持するための環境条件がハビタブル条件である．水の存在という条件は単に溶媒の存在条件だから，明らかに緩すぎる．しかし，どのような定量的条件を付け加えることが合理的か，まだよくわからない．

3-4-3 まとめ

1. 水が出現する条件はおおむね理解できた．
2. 水が存在する惑星に限っても，環境が大きく異なるいくつかの種類があるようだ．我々は今のところまだそれぞれの特徴を十分理解していない．

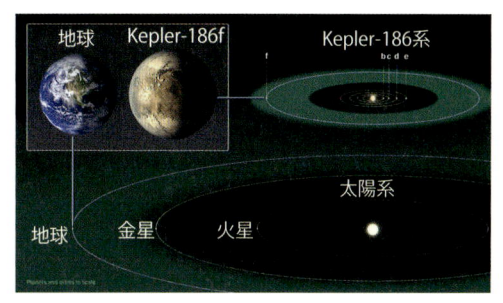

図 3-14 系外惑星系のハビタブル・ゾーン（緑の部分）に存在する地球サイズの惑星である Kepler186f の想像図．（NASA）

3. 水は生物が必要とする溶媒にすぎない．生物が水だけでできていない以上，水以外の条件もあるはずである．どのような条件が妥当か検討する必要がある．地球を基に考えることはできるだろうが，おそらく地球とまったく同じ惑星はないことも考慮して絞り過ぎないことが大事である．

展望　生命存在可能惑星の理論研究の現在と将来

岩石惑星（地球型惑星）もしくは氷惑星が銀河系に遍在していることは，ケプラー宇宙望遠鏡や地上望遠鏡の観測から明らかになった．これまでの観測データや惑星形成モデルからの推定によると，ハビタブルゾーンの地球サイズ程度の惑星を太陽型恒星が持つ確率は 10% を超えるだろうとされている．

2010 年くらいまでは「第2の地球を探せ」というようなフレーズがよく使われたが，その表現には，「そんなものは滅多にない」というニュアンスが含まれている．しかし，少なくとも，惑星の軌道半径やサイズ（または質量）で言う限り，地球のような惑星はあり余るほど存在するということが明らかになってきたのである．

そうなると，観測的には，軌道半径や惑星サイズ以外の情報が次に欲しくなる．惑星を中心星から分離して捉えて，大気組成を分光観測で調べるのは，2020 年代に登場予定の TMT（Thirty Meter Telescope）や E-ELT（European Extremely

Large Telescope）を待たなければならないが，惑星による中心星の食（トランジット）を使えば，大気組成ばかりか内部構造についての情報もある程度，導き出すことができる．

　ケプラー宇宙望遠鏡ははくちょう座の方向の約15万個の恒星を観測し続け，規則的な減光を調べ，それが惑星による中心星の食であると同定することで，多数の惑星を発見した．食の間隔から軌道半径，減光率から惑星サイズを導き出せる．ところが食の最中には惑星大気を通過した光も含まれるので，食の最中と食でないときのスペクトルの差をとると，惑星大気の成分についての情報が得られる．このような観測は実視等級が明るい恒星でしかできないが，ケプラー望遠鏡は一定方向の星しか観測していないので，明るいターゲット星は少ない．

　明るい恒星の惑星では惑星大気の情報が得られ，さらに視線速度観測もできるので，惑星質量もわかる．惑星サイズは食観測からわかっているので，質量とサイズから密度が計算できるので，内部構造の推定も可能になる．これまでは，このような観測がされているのは，視線速度観測で発見されて，さらに食の追観測ができた惑星（つまり，視線速度観測ができるほどの明るい恒星のまわりの惑星）がほとんどである．食が観測されるためには，惑星軌道面と視線方向がほとんど一致していなければならないので，視線速度観測で発見された惑星のうち，食観測もできるものはごく一部に過ぎない．

　このような問題に対して，全天サーベイで明るい恒星ばかりを選んで食観測をしようというのが，2010年代後半に打ち上げ予定の宇宙望遠鏡TESSである．一方で，ケプラー宇宙望遠鏡は2013年に姿勢制御がうまくできなくなり，もともとのエリアの観測は不可能となった．だが，それを逆手にとって，観測精度は落ちるものの，もっと広いエリアの明るい恒星を調べて食をおこす惑星を探そうという観測（K2モード）も始まっている．

　このような食観測を絡めた観測では，食を起こす惑星，つまり中心星に近い惑星が主なターゲットとなる．太陽より軽いM型星では，ハビタブルゾーンが中心星に近いので，ハビタブルゾーンの惑星の大気組成や内部構造の推定も可能となる．しかし，M型星は一般に暗いという問題がある．ハビタブルゾーンの惑星の大気組成，さらには酸素などのバイオマーカー（生命存在の痕跡）の観測は，やはり2020年代のTMTやE-ELTの登場を待たなければならないであろう．

　酸素は，すぐに陸地などと反応して大気から取り除かれる．それでも地球に酸素が存在しているのは，光合成生命が酸素を吐き出しているからである．このように，「生命とは，平衡に向かうという物理・化学法則に逆らうもの」という考えに基づいて，化学平衡からずれた大気組成を見つけるというのが，天文観測によるバイオマーカー探しの戦略であるが，どこまで正確に平衡大気を見積もれるのかという問題がある．たとえば，紫外線による光化学反応でも酸素は作れる．また，そもそも，生命に関する，その仮定がどこまで正しいのかという問題もある．植物による赤外線の強反射（レッドエッジ）をとらえる方法も提案されているが，今後もさまざまなバイオマーカーの可能性を検討する必要があるであろう．

　一方，理論研究においては，「古典的なハビタブルゾーン」を越えた，生命存在可能惑星の条件を詰め，その条件を観測可能な天体力学条件に帰着させるという作業を進めていく必要があるであろう．生命の誕生には，リンなどの微量だが重要な元素を濃縮する必要があり，そのためには陸地が必要だという意見がある．もしそうならば，水の量に条件がつく．地球の場合，海の質量は惑星全体の0.02％に過ぎず，半径6400 kmのうち平均水深は4 km程度である．平均水深が10 kmを越えれば，陸は隠れてしまう．つまり，地球では，海が微妙な少量であることが生命の誕生に重要であった可能性がある．

　地球に水が運ばれたプロセスとしては，低温領

域で氷を含んで生まれた小惑星や彗星が地球に衝突した，惑星間を漂う氷の塵が降り積もった，原始地球表面のマグマと水素を主成分とする原始大気が反応したなど，いろいろな説がある．どれが正しいのかを明らかにし，それが地球や太陽系のどのような天体力学的な性質によってコントロールされたのかを明らかにしなければならない．

ただし，系外惑星の発見の歴史をたどると，あまりに太陽系の姿にとらわれ過ぎたことによって，ホットジュピターなど多様な系外惑星を見逃してきたことを，再度思い出しておく必要があるであろう．生命存在条件に関しても，データが豊富な地球を参考にしつつも，地球に囚われ過ぎてはならないであろう．

■ コラム4　スノーボールプラネット

　生命の生存には液体の水が必要不可欠であると考えられている．したがって，地表付近に水を擁する"水惑星"をハビタブル惑星，水惑星が存在可能な軌道領域をハビタブルゾーンという（3-4節参照）．

　しかしながら，ハビタブルゾーンに存在する惑星はすべて水惑星とは限らない．というのは，そもそもハビタブルゾーンの大部分は，大気の温室効果が十分な場合にのみ液体の水が存在可能なのであって，温室効果が不十分であれば水は凍結してしまうからである．

　水（海）が長期にわたって存在し続けるためには温暖湿潤気候を安定に維持するメカニズムが必要であるが，気候決定要因である中心星光度や惑星大気の温室効果，惑星アルベドなどの条件は，時間的に一定とは限らないためである．たとえば，かつて火星にも海が存在した可能性があるが，現在の火星環境では海は存在できない．あるいは，地球もかつて全球凍結していたことが明らかにされている（スノーボールアース・イベント，2-2節参照）．こうした事例は，惑星環境を長期的に維持する難しさを物語っている．

　地球の場合，炭素循環によって大気の温室効果を担っている二酸化炭素の濃度が調節され，温暖湿潤環境が能動的に維持されてきたと考えられている．もし，このようなメカニズムが機能しなければ，たとえ一時的に海が存在できても，大気中の二酸化炭素は数十万年程度で失われ，暴走的な寒冷化が生じて全球凍結してしまう．

　二酸化炭素は，火成活動に伴う脱ガス作用によって惑星内部から供給されており，大気中の濃度は脱ガス率の大きさによって規定されている．したがって，もし火成活動が低下して大気の温室効果が臨界値を下回れば，水惑星は"全球凍結惑星"（スノーボールプラネット）となる（3-4節参照）（Tajika, 2008）．現在の地球の場合，火成活動による二酸化炭素の脱ガス率が現在の10分の1以下になると全球凍結する．

　全球凍結しても，火成活動によって十分な量の二酸化炭素が大気中に蓄積すれば，やがて全球凍結から脱出できる．しかし，年齢の古い惑星は冷却して火成活動も低いため，またすぐに全球凍結に陥る．とりわけ，プレートテクトニクスが働かないと，火成活動は間欠的に生じるため，温暖化しても速やかに全球凍結してしまう．こうした惑星は全球凍結と全球融解を繰り返す性質を持つが，全球凍結している期間の方が圧倒的に長いため，確率的には全球凍結惑星として観測される可能性が高い（Kadoya and Tajika, 2014）．一方，ハビタブルゾーン以遠においては，必然的に全球凍結惑星とならざるをえないが，全球凍結から脱出することができないため，常に全球凍結惑星として観測される．

　重要なのは，全球凍結といっても，海が凍結するのは表層1000 m程度であって，それより深い領域には液体の水が"内部海"として存在する，という点である．内部海は，惑星内部からの熱の流れによって形成・維持されている（2-2節参照）．そのため，全球凍結惑星の存在条件は，中心星の明るさや軌道要素ではなく，惑星質量に強く依存する．たとえば，質量が地球の半分以上あれば，高

い地殻熱流量を数十億年にわたって維持できるため，全球凍結しても内部海を持ちうる．しかし，火星（地球質量の約 1/10）程度では，水はすべて凍結してしまう可能性が高い．一方，中心星放射が低い場合（ハビタブルゾーン以遠）でも，条件によっては内部海が形成される可能性がある．

こうした理由により，太陽系外惑星系には水惑星よりも全球凍結惑星の方が普遍的に存在している可能性も考えられる．全球凍結惑星は，惑星表層に液体の水が存在するという意味において，ハビタブル惑星の新たな候補となるかもしれない．

第4章　地球外生命の探査

4-1　太陽系内探査

4-1-1　火星

　火星は地球の外側で太陽を周回している惑星で，質量 6.4×10^{23} kg，直径は 6800 km で，それぞれ地球の値のおよそ 10 分の 1，2 分の 1 である．質量と大きさでは，金星の方が地球に近い．しかし，厚い二酸化炭素大気の温室効果のため固体表面が 450℃以上である金星とは対照的に，現在の火星は，二酸化炭素を同じく主成分とする大気の表面圧力は，0.006 気圧で，温室効果はほとんど効かない．太陽からの平均距離は地球の 1.5 倍(1.5 AU)で 2 億 3000 万 km．そのため，現在の火星の平衡温度は地球よりも低く，マイナス 40℃で，赤道域であっても液体の水は安定して存在できる状態にはならない．地球と似ているのは，自転周期と自転軸の傾きで，それぞれ 24 時間 40 分，25°である．

　現在の火星表面は，寒冷で乾燥した荒野である．それにもかかわらず，少なからずの数の研究者が，火星の過去は温暖で液体の水に満ちて，生命が存在できた環境であったことを信じている．それは，これまでの火星探査，さらには火星起源の隕石の研究から，表情豊かな火星の姿が明らかにされているからである．

(1) 初期の火星探査

　1960 年代は，月探査計画が推進されていた一

図 4-1　火星の全体画像(極冠)(ハッブル宇宙望遠鏡, NASA)

方，アメリカ，ソ連は火星に向けても次々と探査機を打ち上げている．火星に到達して最初に画像を送ってきた探査機は，1965 年に打ち上げられたアメリカのマリナー 4 号である．そして，1971 年に打ち上げられたマリナー 9 号は，極軌道から火星のほぼ全域をカバーする 7000 を超える画像を取得した（アメリカが 1960 年代から 70 年代初めにかけて行った，火星，金星，水星探査が，マリナー計画には含まれている）．ローウェルが主張したような，人工的な運河のネットワークは幻であったが，自然の洪水の跡が，火星表面には存在する．マリネリス峡谷と命名された赤道地域（図 4-1）を 2000 km 以上にわたって刻む巨大な凹地や，洪水で形成されたと考えられる数百 km から数千 km 以上続く，広大な流水跡地形が存在する（アウトフローチャンネル，図

図 4-2 マリネリス峡谷，タルシス火山（図の左側）(NASA)

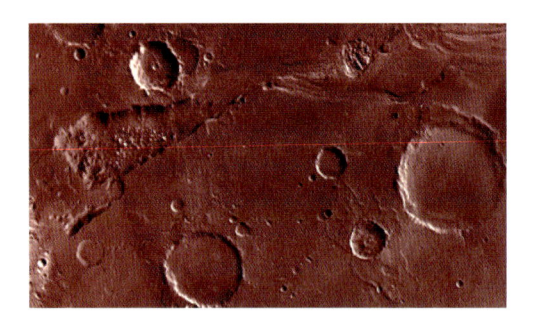

図 4-3 アウトフローチャンネル (NASA)

4-2)．一方で，高さ25 kmを超えるオリンポス山やタルシス山のような巨大火山が存在する．大洪水地形も火山も，分布は赤道域から北半球にほぼ限られている

(2) ヴァイキング探査から

　火星の過去には，大量の水が存在した地形の証拠が出てきた．もしかしたら，生命も存在した，いや存在しているかもしれない．それを解明するために行われたのが，1975年に打ち上げられ翌年火星に到達したヴァイキング1号, 2号による，表面着陸探査であった．なお，火星着陸にはじめて成功したのは，ソ連のマルス3号であったが，着陸後に画像を1枚送っただけで，交信は途絶した．科学探査という観点からは，成功した着陸探査はヴァイキングに始まる．ヴァイキング着陸機は，それぞれクリュセ平原とユートピア平原に着陸した．ところが，周囲に広がるのは赤く荒涼とした地面で，存在する黒い岩石は火山性の玄武岩質のものである．ヴァイキング着陸機は火星表面の岩石や大気の分析などで，非常に貴重な結果を出している．そして，生命実験として，有機物検出実験，代謝活性実験，光合成実験が行われた．実験によってガス成分の検出はあったが，土壌の反応で説明できるため，生命の存在という観点からは，結論は否定的であった．ヴァイキング1, 2号着陸機は，原子力電池によりそれぞれ，1982年，1980年までの長期間運用された．

　ヴァイキング探査では，周回機（オービター）からは最高20 mの解像度で火星表面が撮影された．10万枚以上のこの画像は，その後20年以上に亘り，火星研究の基礎データとして使われた．火星表面の半分以上，とくに南半球の標高の高い高地は，隕石の衝突で作られた衝突クレーターに覆われていて，非常に古い（40億年以上昔）時代を反映している．これは，月の隕石重爆撃期に相当して，小惑星帯からの物質供給が激しかった時期である．

　この古い高地には，幅は数kmから10 km程度で，長さは数十km〜数百km程度の小規模の流水地形が存在する．流水地形と衝突クレーターの前後関係を調べると，どちらも先のものがあることから，流水地形が形成されたのは衝突が激しい時代である．バレーネットワークと呼ばれるこの流水地形（図4-4）が，火星の広い範囲に分布していることから，当時の火星は温暖で，液体の水がある程度の期間，安定に存在できた，環境であったと考えられた．

　当時の火星大気が現在の200倍以上の量があり，二酸化炭素の温室効果が十分に効けば，火星表面は温暖になる．現在の地球表層に含まれる炭酸塩や有機物の量，金星大気中の二酸化炭素量から考えると，火星の表層に現在の数百倍の二酸化炭素が存在したことは，十分に考えられる．表面

図 4-4　バレーネットワーク（NASA）

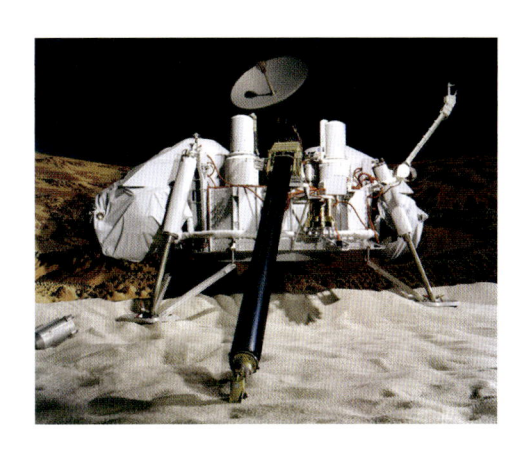

図 4-5　ヴァイキング着陸機（NASA）

気圧が数気圧になれば，液体の水も安定に存在できる．

　一方，40億年前の太陽が放出する放射エネルギーは，現在の70～80％と考えられている．太陽系のハビタブルゾーン（生命存在領域）は，現在よりも内側になる．これを考慮すると，地表を温暖に保つために必要な二酸化炭素大気量はさらに多くなる．大気上層で二酸化炭素が凝結するため，低い太陽光度では，強い温室効果を引き起こす厚い二酸化炭素大気は維持できないという指摘もされている（Kasting, 1993）．

(3) 温暖な火星と大気散逸

　1つの問題は，バレーネットワークが形成された温暖な環境がどの程度継続したか，それは生命の誕生，進化に十分な時間であったかである．あとの時代の大洪水地形，アウトフローチャンネルは，火山活動などにより地下の氷が融け，短い期間に大量の水が流出したことにより形成されたと考えられる．一時的に，大きな湖や海が生まれたが，長期間は維持されなかった．

　もう1つの問題は，温室効果の担い手であった，厚い二酸化炭素大気の行き先である．地球は過去には大気の主成分が二酸化炭素であった時代があるが，現在は石灰岩などの炭酸塩鉱物として地下に固定されている．さらに，プレートテクトニクスによりマントル内部に取り込むことも可能である．炭酸塩鉱物の固定のためには，陸地よりマグネシウム，カルシウムなど炭酸イオンと結びつく陽イオンが海に供給されることが必要である．気温が下がって海が凍結すると，水蒸気が大気に供給されなくなり，降雨・河川を通じてのイオン供給が止まる．海底火山による限定的なイオンの供給は否定できないが，炭酸塩鉱物として二酸化炭素を大気から取り除くことは難しくなる．温度が下がると，大気が凝結してドライアイスとして表面，とくに極域に蓄積する可能性はあるが，地下に埋め込む機構がない．火星の自転軸傾斜の変動は大きいので，極域に安定してドライアイスを保存することは困難である．

　有力な説は，宇宙空間への大気の散逸である．ヴァイキング着陸機（図4-5）の質量分析機は，火星大気の窒素とアルゴンが重い同位体に富んでいることを発見した．気体成分の同位体比は，化学反応ではほとんど変化しない．火星大気が大規模に散逸したと考えると，この同位体比は説明できる．また，旧ソ連が1988年に打ち上げたフォボス2号は，衛星フォボスへの接近に失敗したため2ヵ月しか火星周回観測を行わなかったが，太陽の反対側で酸素イオンが大量に流出していることを明らかにした．現在の火星大気を1億年

で失わせる量である.

1996年に打ち上げられたマーズグローバルサーベイヤー探査機は,火星の南半球に強い残留磁化があることを発見した. 40億年以上前の火星は,磁場――おそらくコアの対流によるダイナモ磁場――を保有する天体であった. 火星内部の冷却に伴い,中心核の対流が弱くなると磁場がなくなる. その結果,火星周囲から磁気圏が失われて,太陽からのプラズマ粒子流である太陽風が直接に火星の上層大気に当たり,大気分子を引きずり出す. その結果として,大気の散逸が進み,温室効果が弱まり火星は寒冷化していったと考えられる. 一方で,磁場が存在して広がった磁気圏があった方が,太陽風の衝突断面積を増やし,大気散逸を促進するという考えもある. その場合は,ダイナモ磁場が維持されていた時期に大規模な大気散逸が起きたかもしれない.

火星の環境変化にとって重要な過程である大気の散逸が,現在どのように進行しているか火星大気と太陽風の相互作用の観測から明らかにするために計画されたのが,日本の火星探査機「のぞみ」である. 1998年に打ち上げられ,当初は1999年から火星観測を始める予定であった. エンジントラブルのため軌道計画が変更され,火星到着が2003年に変更された. 宇宙空間の環境やダストの観測を順調に行っていたが,2002年4月の太陽フレアに伴う電気系のトラブルから復旧できず,火星周回軌道には投入されなかった

(4) 火星隕石中の生命の証拠?

ほとんどの隕石が,太陽系の年齢に近い46億年という年代を示すが,それよりも若い岩石年代を示す,火成岩の隕石がある. 隕石に含まれていたガスの組成と,ヴァイキング探査機が表面で測定した火星大気の組成が近いことから,火星起源であることが明らかになった. 火星に天体が衝突した結果,火星から放出されて,やがて地球に落下したものと考えられる. これまで30個以上の火星隕石が発見されている(同じく,月起源の月

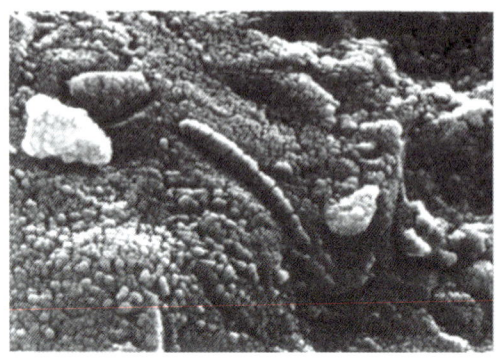

図 4-6 ALH84001 隕石とバクテリア状構造(NASA)

隕石の存在も知られている).

火星の生命の議論にとって,1996年は忘れられない年である. 8月,火星隕石 ALH84001 から,バクテリアの化石と考えられる構造が発見されたというニュースが世界を駆けめぐった(図 4-6). Science 誌に掲載された NASA ジョンソン宇宙センターのディビッド・マッケイらの研究結果は,大きな議論を巻き起こした. 隕石中の炭酸塩鉱物の電子顕微鏡観察から,1 μm よりも小さいバクテリア状の構造や地球の磁性バクテリア内に存在するような数十 nm の磁鉄鉱結晶が発見された. その後,バクテリア状構造は他の火星隕石にも発見されている. ALH84001 は,火星隕石の中では例外的に古い45億年の年代をもち,40億年前後に水質変成を受けたらしい. この結果には反論も強く,未だに決着はついていない. しかし,火星生命に対する興味が急速に高くなり,生命探査が重要なテーマとして火星探査を後押しするこ

とになった．そして，生命維持に必要な「水」がこれまでに増して重要なキーワードとなった．

(5) 継続する火星探査

同じく1996年には，アメリカがマーズパスファインダー，マーズグローバルサーベイヤーを火星に送った．ロシアのマルス96（マルス8とも呼ばれる）は打ち上げに失敗した．マーズパスファインダー探査機は，翌年にエアバッグを使い火星のアウトフローチャンネルの1つ，アレス谷の中に着陸した．ヴァイキング以来，20年ぶりの火星着陸船である．周囲の撮像や気象観測を行うとともに，ソジャーナというローバー（小型移動探査車）を使って周囲の岩石の観測を行った．アルファ線陽子線エックス線分光計（APXS）の測定から，岩石は，玄武岩や安山岩に近い組成を示しており，上流から洪水で運ばれてきたと考えられた．

マーズグローバルサーベイヤーは，磁力計のほかに，2 mを切る分解能で表面を撮像できるカメラ，さらに大気の温度・圧力や表面の組成や熱慣性を観測できる赤外放射計を搭載した．高分解能のカメラは様々な発見をしたが，なかでも大きな議論を引き起こしたのが，火星の高緯度全域の急斜面に存在する，ガリーと呼ばれる，溝地形である．寒冷な極側を向いた斜面に多く存在する．ガリーの形成原因としては，地下水の流出，岩石なだれ，斜面に貯まった雪の融解やドライアイスの蒸発が引き金になった斜面崩壊，など様々な可能性が指摘されている．少なくともかなり若い地形であることは確かである．

また，高分解能の画像を使うことで，クレーター年代の精度が上がる．これにより，火星の火山活動は，数千万年前までは継続していることが明らかになった．

(6) マーズローバー，堆積岩を発見

私たちの火星の知見を大きく進歩させたのが，2004年初めに着陸して現在（2015年）も観測を続けている2機の火星ローバー（移動探査車），オポチュニティとスピリットである（図4-7）．ゴルフカートと比べられるサイズは高さ1.5 m，幅2 mほど．太陽電池パネルと最上部にカメラのある支柱．太陽電池がエネルギー源であるが電気回路部は放射性熱源で保温し長期運用に耐える設計になっている．下部には，折りたたみ式のアームがあり，顕微カメラ，アルファ線エックス線分光計，メスバウアー分光計，岩石研磨装置が先端に搭載され，岩石を直接観察する．

オポチュニティは，赤道域のメリディアニ平原に着陸した．この地域は水の存在下で生成される酸化鉄ヘマタイト（赤鉄鉱）が多いと分光観測から推定されていた．オポチュニティが着陸して静止したところは，小さなクレーターの内部であった．周囲を観察すると，これまで火星では観察されていなかった明るい色の地層が露出していた．この地層に接近して観測すると，水流による波状構造や縞模様が存在して，水中で生成された堆積岩であることがわかった（図4-8）．さらに，地

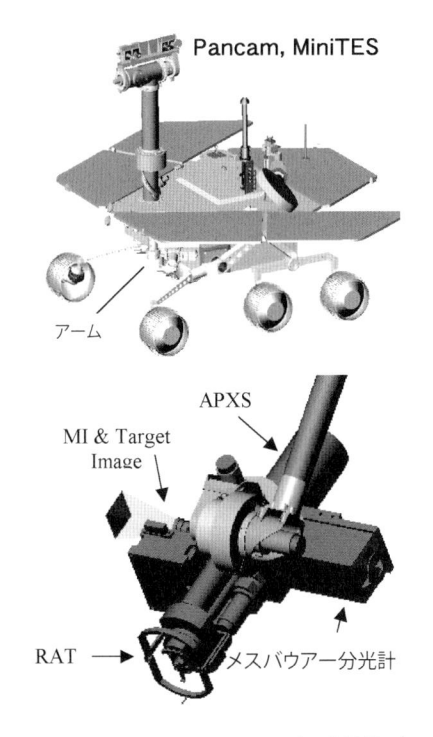

図4-7 マーズローバーとそのアームの表面分析機器(NASA)

図 4-8 マーズローバーの発見した堆積岩構造（NASA）

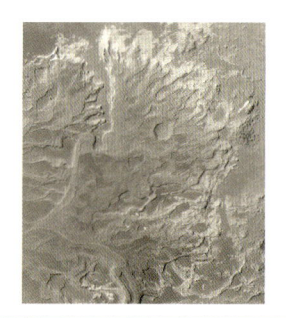

図 4-9 エベルスヴァルデ（デルタ地形）とゲールクレーター（キュリオシティ探査機の着陸地点）（NASA）

下水での反応で生成される数 mm の酸化鉄の球粒が発見され，メスバウアー分光計により含水硫酸塩鉱物ジャロサイトが同定された．その後，オポチュニティは 20 km 以上にわたり平原を踏破し，クレーター内部の地層の観察などを行っている．堆積岩層は広く続いている．それを貫いたク

レーターには水が貯まっていた水質変成の証拠があることから，この地域では堆積岩が固まったあとでも水が安定に存在したことがあることがわかった．

もう 1 機のスピリットは，バレーネットワークの 1 つであるマアディム谷が流れ込んでいる地形から，100 km サイズの湖の跡と推定された，グセフクレーターに着陸した．同じ赤道域で，メリディアニ平原とは反対側の位置にある．スピリットの着陸地点には，火山性の岩石が点在するだけで，期待していた湖沼堆積物は発見されなかった．その後にコロンビアヒルと命名された丘陵地域を越えて観察を続け，水質変成を受けた土壌などを発見した．

2 機のマーズローバー，とくにオポチュニティが堆積岩地層を発見したことで，過去の火星表面が，生命が存在できた場所であることは確実になった．その後，マーズエキスプレス探査機や，マーズコネッサンスオービター探査機の高分解能カメラにより，堆積層の地形が数多く発見されている．風によって地形が浸食されるときに固結した堆積層が浸食に強く，残ることがある．図 4-9 上

図 4-10 フェニックスの着陸地点周囲（ポリゴン構造）とアームで掘削した土壌中の氷（NASA）

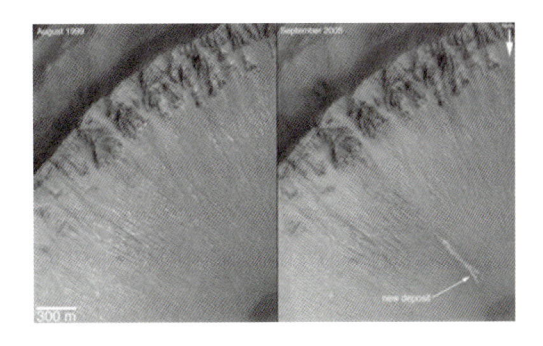

図 4-11 マーズグローバルサーベイヤーの撮像したガリーの変化（NASA）

は，エベレスヴァルデクレーターに河川が流れ込んだところに形成されたデルタ地形である．

(7) 現在の火星の水

現在の火星の平衡温度は－40℃以下で，液体の水は表面では安定に存在することはできない．火星の北極，南極には極冠があり，表面の数m～10mほどは二酸化炭素のドライアイスだが，大部分は H_2O 氷であることがわかっている．また，マーズエキスプレス探査機の画像から，高緯度地域のクレーターの内側に氷が存在している事例が明らかになっている．マーズオデッセイ探査機は，中性子分光計，ガンマ線分光計の観測から，高緯度地域で水素が表面近くに存在する強い証拠を得ている．ちょうど地球での凍土地帯のように地表近くに地下氷が存在することを示唆している．また，低緯度でも水素濃度が高い地域があることから，含水鉱物や氷の存在が議論されている．

火星の水や炭酸塩鉱物，有機物などを直接測定することを目的として，2008年フェニックス探査機は，北極域のボレアリス平原（北緯68.2°，東経233.6°）に着陸した．ここは，マーズオデッセイの観測から浅い地下に氷が存在することが

わかっている地域である．着陸機のエンジン噴射によって削られた着陸機の下に氷が露出していることがわかった．また，周囲は地球の凍土地帯に見られるポリゴン地形が広がっていた．フェニックスにはチタンアルミニウム合金でできた2.4mのロボットアームがあり，先端はシャベル状になっていて周囲の土壌を掘削して，本体の分析機器に運ぶことが可能である．掘削した場所に白い氷が露出していることがわかった（図4-10）．さらに，土壌の分析から，水分子，炭酸塩，過塩素酸の存在が確認された．しかし，有機物は確認されていない．

水の凝固点は現在の火星の表面温度よりかなり高いため，液体の水は安定ではない．しかし，水に塩類が溶け込むことによって凝固点は下がる．塩分濃度の高い水が最近流出したことを示す証拠が得られている．図4-11は，同じ場所を4年の間隔をおいてマーズグローバルサーベイヤーが撮像したものである．衝突クレーターの内壁にあるガリー地形が白く変化している．これは塩分濃度の高い地下水が流出して，蒸発して塩分が白く残ったものと解釈できる．

マーズルコネッサンスオービターの高分解能カメラは，クレーターの内壁に，幅1〜5m，長さ数百mほどの指のように見える暗い直線状の模様が春から夏にかけて現れることを発見した．これも塩分濃度高い地下水が夏期に暖められて流出していると解釈されている．

コラム5　日本の火星生命探査計画

　火星は太陽系で最も地球に似た惑星である．4-1-1項で述べたように，高緯度地域の地下には氷があり，初期には海があった証拠がある．現在も低地や地下には液体の水の存在が期待される．一方，大気密度が地球の1％以下であること，温度が低いことなどは，生命にとって過酷な条件であるが，微生物の生存は十分可能である．地球の極限環境にすむ微生物ならば，紫外線を避けることのできる火星表面下数cmに潜れば生存可能である．

　しかし地質学的な時間，すなわち長期間にわたって生命が存続するためには，生命活動を支えるエネルギー源が必要である．火星ではすでに地熱活動が停止しているので，生命活動を支える還元型物質の供給がないと思われていた．

　ところが最近になって，火星大気中にメタンガスを発見したという報告がなされた．メタンを生成し放出する機構として，メタン生成菌が関与する機構以外に，非生物的な機構も考えられるので，メタンが大気中に放出されていることだけではメタン生成菌が生存していると決められない．しかも，検出されたメタンの生成場所は地下深くと推定されるので，メタン生成菌が関与していたとしても，現在の探査技術ではメタン生成菌の検出は不可能である．

　一方において，メタンは火星表面の酸化鉄との組み合わせで，メタン酸化菌の生命活動を支えるエネルギー源となりうる．このメタン酸化菌はメタン生成菌と異なり，メタンと酸化鉄がある場所すなわち火星表面付近に生息していると推定される．メタンの生成機構はどのような物であっても構わない．そこで，火星表面付近でメタン酸化菌を探そうという日本の火星生命探査計画 JAMP（Japan Astrobiology Mars Project）が誕生した．

　ごく最近，火星表面において，春から夏に液体の水が流出する場所が複数箇所見つかった．液体の水があれば，メタンの有無によらず，生物が存在する可能性が高いため，火星探査計画は水流出地形の箇所を重点的にを調べる方向で検討が進められている．

　次に重要なのは検出手法である．JAMP計画では，以下のように，できる限り生命の定義に沿った検出手法を採用する．地球上のすべての生物は細胞からできている．細胞は細胞膜と呼ばれる脂質膜

で有機物が囲まれている．細胞膜は細胞内部と外部を区切り，細胞内部の基質濃度を保つ役割を担っている．2つの蛍光色素の組み合わせで，細胞の生死を判定する蛍光色素が開発されている．1つは膜透過性の緑色色素，もう1つは膜不透過性の赤色色素である．細胞が死ぬと膜の透過性が高まるため，死細胞は赤く染色される．一方，不透過性膜に囲まれた生細胞は赤色色素に染色されないので緑色に染色される．

地球外の生物であっても何らかの膜，おそらく脂質膜で囲まれている可能性は高い．そこで，この2つの色素を用いることで，膜で囲まれた有機物とそうでない有機物を選別することができる．膜に囲まれていない有機物は膜不透過性の赤色色素で染色される．一方，赤色色素で染色されず，緑色色素で染色される有機物がみつかると，それは膜で囲まれている構造であることを意味し，火星生物の「細胞」である可能性が高い．次に，触媒活性を検出する蛍光色素を用いて，細胞が「代謝反応」を行っているかどうかを判別する．

仮に細胞らしき構造体が発見されたら，次の探査機でアミノ酸の分析を行うべきであろう．地球生物のタンパク質は20種類のアミノ酸でできている．火星の「細胞」が同じ20種のアミノ酸だけでできていたら，地球の生物と進化のどこかでつながりのある生物であることになる．つながりは40億年前かもしれないし，探査機に付着してきた生物かもしれない．遺伝子の解析を行えば，火星に来た年代を推定できるので，探査機付着生物の混入は区別できる一方，地球生物と異なる種類のアミノ酸，あるいは異なる「キラリティ」のアミノ酸を持っていたとすると，地球の生物とはまったく別に進化した火星生物であるといえる．

4-1-2　エウロパ

(1) 衛星，氷衛星，エウロパ

前項では地球外生命の存在可能性が高い惑星として火星をとりあげた．惑星と同様に太陽系の主たる構成員である衛星においても，アストロバイオロジーのターゲットとなる天体が見つかっている．

人類に最も馴染み深い衛星である地球の月は，大部分が岩石からなり生命の存在を感じさせない天体だが，外に目を向けると木星や土星などの巨大惑星は数十個もの衛星を従えたミニ太陽系とも言うべき巨大なシステムをなしており，これらの衛星の大部分は表面が氷で覆われているという組成的な共通性を持つ．これらは月などの岩石型衛星と区別する意味で「氷衛星」と呼ばれており，いくつかの氷衛星では氷の一部が融解し液体で存在する可能性が指摘されている．

なかでも木星の衛星のエウロパでは，固体氷からなる地殻の内部が局所的に融解した領域（内部湖）や，氷地殻下部に全球的な液体水の層（内部海）の存在が予想されていることから，このエウロパは氷衛星の中で最も注目されている天体の1つである（図4-12）．その表面には長大な亀裂・断層構造や斑状に破壊を受けた地形が散見される一方で衝突クレーターが極めて少なく，地質年代が比較的若く活動的な表層状態にある．このことは，エウロパの内部で液体領域を保持できるような熱的状態が実現していることと強く関係している．また2013年に行われたハッブル宇宙望遠鏡による観測がきっかけとなって，過去のデータも再検討したところ，おそらく氷の割れ目からの水蒸気噴出も示唆されており，内部液体水層の存在は極めて現実的な想像と言える．

本項では，「内部湖・内部海」の存在可能性について観測と理論的研究の両面からレビューし，エウロパの内部構造についての現状の理解をまとめる．

(2) 氷の月と水の海

エウロパは約 1569 km の半径と約 4.8×10^{22} kg の質量を持ち，木星から平均約 67 万 km の距離の軌道上を約 3.55 地球日の周期で公転する．地上望遠鏡による観測のみが行われた時代から，分光観測によって，その表面が H_2O を主体とする氷で構成されていることがわかっていた．後に 1995 年から約 8 年間続いたガリレオ探査機による調査から，内部構造に関する多面的な情報が得られ，表面下に全球的な液体の水の海が存在する可能性が強く示唆されるようになった．

①重力場測定から見る内部の海

海の有無を想像する前に，まず表層を覆う氷（H_2O）が衛星全体に占める割合を推測する．3.01 g/cm^3 というエウロパの平均密度は，岩石の密度を 3.5 g/cm^3，H_2O の密度を 0.92 g/cm^3 とすると，H_2O は衛星全体の質量の約 1 割を占めることを意味する．

さらにこれらの成分の内部成層度は，惑星探査機が衛星近傍を通過する際の重力場測定から導かれる慣性能率を用いて，ある程度の制約がなされる．ガリレオ探査機によって得られたエウロパの慣性能率因子（慣性能率を衛星質量と半径の 2 乗で割った値）は 0.346 ± 0.005 であり，内部が均質な場合の値である 0.4 より有意に小さい．これは中心には鉄や岩石からなる核があり，その外側を 80～200 km の厚さで H_2O 層が覆うという分化構造を持つことを意味している（Anderson et al., 1998）．しかし H_2O は固液間の密度差が小さいために，慣性能率だけで固液状態を判別することはできず，内部海の有無を見出す直接的な情報にはならない．

重要なのは，H_2O 層の厚さが最大でも 200 km 程度だという点である．固体の H_2O は圧力と温度条件に従い様々な相（結晶構造）を取る．エウロパの H_2O 層が持ちうる圧力範囲では氷 Ih 相（普通の氷）だけが出現し，この相は融点が圧力に対して負の傾きを持つ．氷 Ih 相は液体水よりも軽いため，衛星表層に氷地殻として安定して存在できることを意味している．

②表面地形から見る内部の海

氷地殻を構成する H_2O 氷は，内部活動の履歴を地形として遺している．第 1 に特徴的な地形が，数十 km 四方にわたる領域が様々な変形を受け局所的に崩壊したカオス（chaos）と呼ばれる地域である（幅数 km 程度の小規模な崩壊地形はレンティキュラ（lenticulae：ラテン語で斑点の意）と呼ばれる）．大規模なカオスでは，表面が多数の小さなブロック状に破砕された，地球でのパックアイスような外見を持ち（図 4-13），表面やその直下が局所的に融けたことを示唆する．H_2O とともに不純物として氷地殻に含まれる硫酸マグネシウムの水和物など（McCord et al., 1998）が純粋な H_2O 氷よりも融点を下げ，地殻底部から上昇した暖かい氷のプルームによって一部が融けて，内部湖ともいうべき局所的な液体領域が形成する．これに伴う体積減少で表面が陥没し，その後まもなく再凍結した結果，「流氷」に喩えられる外見を持ったカオスが形成されたと考えられている（Schmidt et al., 2011）．

図 4-12 ガリレオ探査機が 67 万 7000 km の距離から撮影したエウロパ．表面全体は主に H_2O の氷でできており，褐色の領域は岩石等の不純物が存在していることを示す．多くの線状地形（リニア）や斑状模様（カオス，レンティキュラ）が見える一方で，衝突クレーターは極めて少ない．

またエウロパ表面には，様々な方向に走るおびただしい筋模様も見られる．リニア（Lineae）と呼ばれるこの地形は，木星から受ける潮汐力でエウロパの氷地殻が変形を受けてできた亀裂と考えられている（Greenberg et al., 1998; Nimmo and Gaidos, 2002）．氷地殻下に全球的な内部海が存在する場合，潮汐力による表面の鉛直変位量は最大で約 30 m に達して亀裂が発生するが，内部海が存在しない場合には鉛直変位量が 1 m 程度にしかならず，亀裂を作るために十分な応力が発生しないことが理論的に予想されている（Moore and Schubert, 2000）．このことから，リニアの存在はエウロパ内部における全球的な海の存在を示すものと言える．

2013 年 12 月に行われたハッブル宇宙望遠鏡の分光観測では，南極域表面からの水蒸気噴出が示唆されている（Roth et al., 2013）．またこの噴出は，エウロパが自身の公転軌道上で木星から最も離れた位置（遠木点）付近にあるときに発生していることもわかった．この観測事実は，遠木点付近では氷の亀裂を広げるような伸張性の応力が働くという理論的予測と一致する．すなわち，潮汐力によって開いた地殻の亀裂を通って，エウロパ表面下の液体水が表面へ噴出する過程を想像することができる．

このように様々な内因的活動の痕跡が見られる一方で，エウロパには衝突クレーターが少なく，直径 5 km より大きいものは数個見られる程度である．クレーター年代学によればエウロパの表面は約 2000 万年から 2 億年程度という比較的新しい年齢を持つ（Zahnle et al., 2003）．またクレーター形状の特徴として，直径のわりに深さがかなり浅くなっているものが多い点が挙げられる．他の固体天体表面に見られるクレーターでは直径とともに深さも増加するのが一般的な傾向だが，エウロパでは直径が 8 km を超えるクレーターはその深さが直径に反比例して減少し，さらに直径が 30 km を超えるものになると窪みをほとんど持たない．これは衝突地点の下部に柔らかい氷や液体水があることによって，衝突時に形成した窪地が平坦化しやすかったためと考えられる．このことから，深さ約 8 km より深い領域では比較的暖かく柔らかい氷が対流運動をしており，さらに 20 〜 25 km より深い領域には海が存在することが示唆される（Schenk, 2002）．

また，この氷地殻はプレートテクトニクスのような運動を起こしている可能性もある．地球のプレート境界のように表面の一部が消失している領域があり，一方の氷のプレートが別のプレートの下に沈み込んだと考えられている．表層付近の冷たく硬い氷の層が，氷地殻下部のやや温度の高い柔らかい氷の対流に乗って移動しているのかもしれない（Kattenhorn and Prockter, 2014）．

③磁場環境から見る内部の海

以上は外見上の特徴からその内部を推測するアプローチだったが，同時に磁場観測によっても内部状態に関する重要な示唆が得られた．

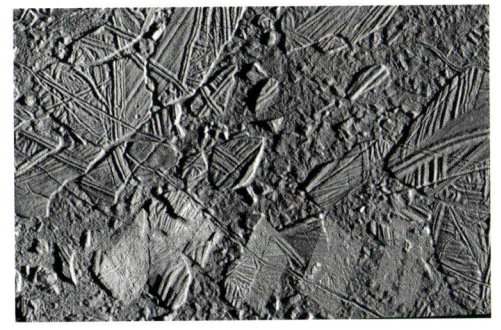

図 4-13 カオス地形の例．上は北半球にある Conamara と呼ばれるカオス（縦 35 km，横 50 km．画像の中心は北緯 9°，経度 274°．1997 年 12 月 16 日にガリレオ探査機が撮影）．下は南半球にある 2 つのカオスで左が Thera，右が Thrace と名付けられている（縦 525 km，横 300 km．画像の中心は南緯 50°，西経 180°．1998 年 9 月 26 日にガリレオ探査機が撮影．濃淡を誇張してある）．

エウロパはその公転面が木星の赤道面にほぼ沿っているのに対し，木星磁気圏の軸は木星の自転軸から約10°傾いているため，エウロパは公転する間に木星磁気圏の南北半球を往来することになり，エウロパ自身へかかる木星磁場の向きや強さが周期的に変化する．この周期変動に応答してエウロパ内部の電気伝導体が渦電流を生み，その電流が二次的な磁場を発生させる．探査機ガリレオの磁力計は，エウロパ接近時にこの二次磁場に伴う木星磁場の乱れを捉えた（Kivelson et al., 1997; Kivelson et al., 2000; Zimmer et al., 2000）．この乱れはエウロパ内部に自転軸に対して約90°傾いた磁気双極子の存在を考えることで説明でき，さらにその磁気双極子の向きは木星磁気圏の変動に従って変化していた．これはすなわち，地球の海水のように塩分を含んだ電気伝導性のよい流体がエウロパ内部に全球的に存在していることを強く示唆している（Khurana et al., 1998）．

コラム6　太陽系内生命探査の将来計画

どのようなステップを踏んで探査を進めるか

　太陽系生命探査を進めるにあたっては，次の4つの重要問題がある．第1は，「どのような場所に生命の存在可能性があるか」である．この生命の存在条件（ハビタビリティ）には，液体の水とエネルギー源の存在，その他生命の生存限界が問題になる．液体の水は，大量に見つかれば有力な証拠となる．しかし液体の水だけでなく，氷や水以外の液体も生命探査の手がかりとなる．エネルギー源としては，太陽光を駆動力とする光化学反応に依存した生態系がありうる．光合成以外の，大気圏や地表での光分解に依存した生態系の可能性がある．太陽光がなくても地熱活動に依存した酸化還元反応，とりわけ還元型化合物に依存した生態系は重要な探査対象となる．極限環境生物学の研究から，生命の生存限界はかなり広いと推定されている．

　第2に，その天体で生命が誕生しえたかどうかが問題となる．しかしそれを判定するに十分なだけの生命の起源に関する知識は得られていない．現時点では逆に「地球以外の生命探査によって地球生命の起源研究に重要な知見を得ること」が生命探査の大きな目標の1つとなる．今後，地球での生命の起源研究がさらに進めば，生命誕生の条件が生命探査対象選定の材料となる可能性もある．

　第3に，生命探査方法の問題がある．欧米のこれまでの惑星探査とりわけ火星探査では，ヴァイキング計画で「代謝」の探査，その後「水」の探査が行われ，現在「有機物」特に生体関連物質の探査に移行している．日本の研究者は，蛍光顕微鏡を用いた「細胞」探査，アミノ酸分析装置を用いた探査，サンプルリターンによる探査という，欧米とは異なった独創的な計画を検討している．

　第4に，探査を実現するためには，探査機を探査対象天体の適切な場所に輸送し，探査目的を達成できるような，技術的人的予算的な基盤が必要となる．欧米では，NASA（アメリカ航空宇宙局）やESA（欧州宇宙機関）が，探査計画の中でアストロバイオロジーの研究を位置付けている．日本ではこれまでアストロバイオロジーを目的とした惑星探査は行われてこなかった．しかし，最近はアストロバイオロジー研究者と地球惑星科学，宇宙工学研究者の連携が急速に進みつつある．今後，この連携の強化発展が重要な課題となる．

　こうした点を踏まえたとき，太陽系内での重要な探査対象天体は，火星と氷衛星の2タイプである．日本惑星科学会は「月惑星探査の来たる10年」の検討を進めている．この検討では，トップサイエンスの提案から何回かの学会シンポジウム等での議論を経て，第2段階を経て，最終の第3段階へと検討が進んでいる．アストロバイオロジーパネル分科会では，火星と氷衛星の2つを重要な対象

としている.

　探査計画を進めるためには，上述の4項目すべてを進めていく必要がある．これらの4項目はそれぞれが重要であり，これらの項目を総合的に判断することでの計画推進が必要である．たとえば，生命の存在条件に関する研究の推進から，生命探査対象の選定がより有効に行えることになる．生命の起源の研究からも，生命存在可能性に関する制約がつく可能性がある．具体的な探査手法に関しては，探査機搭載可能な装置として開発される必要がある．探査の実現のためには，アストロバイオロジーの枠を越えて，惑星科学者，宇宙工学者との連携は必須である．アストロバイオロジーにとどまらない，惑星科学全般の推進と連携した計画の遂行あって初めて惑星探査が実現するであろうと期待される．

4-2　太陽系外惑星探査

4-2-1　太陽系外惑星探査の現状

(1) 太陽系外惑星発見に至る概略史

　太陽系内の8つの惑星に対し，太陽系外の惑星（系外惑星）は，2014年6月末現在で約1800個以上，最近のケプラー衛星による惑星候補はすでに4500個以上がリストされる時代になった．しかし，系外惑星の観測が本格化してからわずか20年しか経っていない．遡れば，水星，金星，地球，火星，木星，土星は有史以前からその存在が知られていた．17世紀初めには，ガリレオ・ガリレイが初めて望遠鏡を用いて（太陽系の）金星の満ち欠けなどのスケッチを残している．また，18世紀のイマヌエル・カントとピエール＝シモン・ラプラスの星雲説は，太陽系を含む惑星系の誕生の理解にとって重要なアイデアであった．一方，太陽系の外側領域の天体は，天王星（1781年），海王星（1847年），冥王星（1931年），太陽系外縁部天体（1992年）の各発見という，より遠方に位置する惑星発見レースの対象であった．

　天文観測技術の進展により，既に1930年代には太陽系外の惑星を検出する試みがあった．数十年にもわたる恒星の位置天文学的手法（後述のアストロメトリ法）のデータの集積によって「系外惑星の発見」が報告されたことも数例あったが，いずれも確認されることはなかった．一方，1970〜80年代には，分光学的手法（後述のドップラー法）の技術革新が進み，系外惑星探査も開始されていたが，しばらく目立った成果はなかった．しかし，Mayor and Queloz (1995) が，太陽型恒星51 Peg（ペガスス座51番星）の周りを約0.5木星質量の巨大惑星がわずか4日の公転周期で周回していることを報告し，文字通り，本分野のパンドラの箱が開けられた．これを契機に系外惑星研究は一挙に進展し，天文学における最重要テーマの1つとなった．以下では，系外惑星探査に関して，比較的軽い惑星の観測の現状，惑星の精密調査，一般的検出手法について概観する．

(2) 惑星の定義

　ここで議論する星は，その質量によって，恒星，褐色矮星，惑星に分類することができる（表4-1）．恒星と褐色矮星は，天体内部で水素が安定して燃焼するための最低質量 $0.075M_\odot$（約 $80M_J$）で区別される．ここで，$M_\odot$ は太陽質量（1.989×10^{30} kg），M_J は木星質量（〜$1/1000M_\odot$ 〜$300M_E$；ただし，M_E は地球質量）を表す．惑星と褐色矮星の区別は必ずしも明確ではなく，(1) 重水素燃焼が起こる質量 $13.6M_J$ 以下を惑星，それ以上（かつ $80M_J$ 以下）を褐色矮星，(2) 星周円盤で形成されるものを惑星，主星とともに伴

表 4-1 質量による天体の分類

	G 型恒星	M 型恒星	L 型褐色矮星	T 型褐色矮星	孤立惑星	惑星
例	太陽	Gl229A	Teide1	Gl229B	UGPS1	木星
質量	$1\ M_\odot$	$0.6\ M_\odot$	$60\ M_J$	$40\ M_J$	$10\ M_J$	$1\ M_J$
温度	5800 K	3700 K	2600 K	950 K	500 K	170 K
半径	$1\ R_\odot$	$0.7\ R_\odot$	$0.1\ R_\odot$	$0.1\ R_\odot$	$0.1\ R_\odot$	$0.1\ R_\odot$

注：L 型・T 型は温度分類であり，質量分類ではないことに注意．

星として形成されるものを褐色矮星，(3) 中心にコアを持つものを惑星，持たないものを褐色矮星とする，などの相異なる定義がある．系外惑星に関しては，観測上の理由で，2006 年に定義された太陽系内の惑星の定義をあてはめることが難しい．さらに，最近の観測によって，20～30 M_J の巨大惑星候補，1～10 M_J 程度の孤立浮遊天体候補，円盤中で従来のモデルとは異なる機構で生まれたと考えられる惑星候補の例が発見されて，惑星と低質量の褐色矮星の区別がさらに曖昧になっている．

(3) 系外惑星の分類とその性質

太陽系内惑星と太陽系外惑星の比較をするために，惑星の軌道長半径と質量の分布図を示す（図 4-14）．この図では主星質量を限定していないが，データ点のほとんどを占めるのは 2010 年までのドップラー法（惑星の公転運動による，恒星の速度変化の検出）を中心として発見された惑星で，かつ，ドップラー法観測はもっぱら太陽型恒星（G 型星）に対して行われているので，近似的には G 型星に対する惑星の分布図と考えてよい．

太陽系の惑星は 3 種類の惑星（木星型：巨大ガス惑星，地球型：岩石惑星，海王星型：氷惑星）に大別できる．一方，太陽系外惑星も，木星型すなわち巨大ガス惑星に似た軌道長半径と質量を持つものが既に多数発見されている．しかしながら，2010 年の時点では，地球型岩石惑星や海王星型氷惑星と呼べる軌道長半径や質量を持つ系外惑星は発見されていなかった．

他方，太陽系外惑星には，太陽系の惑星にはない新しい種類の惑星がある．まず，1995 年に最初に発見された 51 Peg に代表されるような，約 0.1 AU 以下の恒星近傍を短周期で周回する巨大惑星，すなわち，ホットジュピター（hot Jupiter）がある．また，同様に恒星近傍を短周期で周回する，より軽い惑星がホットネプチューン（hot Neptune）である．例としては，Gl436b がある．同様に，さらに軽い惑星がスーパーアース（super Earth）あるいはミニネプチューン（mini-Neptune）である．例としては，Gl876d があり，ケプラー衛星によって発見された惑星の多数がこれに相当する．また，最近の直接撮像観測で発見された HR8799 b, c, d, e や GJ504b に代表されるような，恒星から数十 AU も遠く離れた軌道を周回する巨大惑星は遠方惑星，あるいは，遠軌道惑星と呼ばれ，これも太陽系にはない種類の惑星である．

このように，軌道長半径と質量の分布からだけでも，系外惑星は非常に多様な性質を持つことがわかる．もちろん，それぞれの観測手法（4-2-1

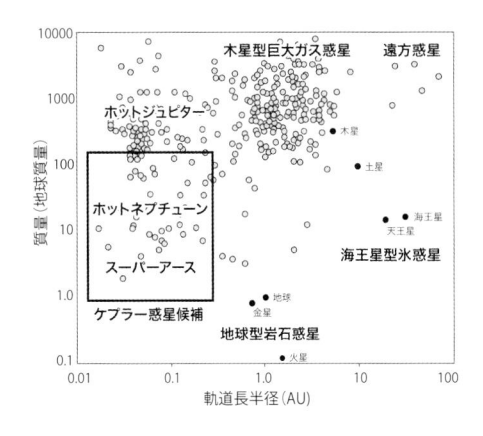

図 4-14 系外惑星と系内惑星の軌道長半径と質量の分布と惑星の種類．2010 年までに存在が確認された例と 2011 年時点でケプラー衛星が検出した惑星候補の占める領域を示してある．ケプラーの惑星候補は大部分が半径の情報しかないために，おおよその質量範囲を示してある．

表 4-2　惑星の分類

惑星の種類	惑星質量	軌道長半径
木星型巨大ガス惑星	$\geq 100 M_E$	≥ 0.1 AU
ホットジュピター	$\geq 100 M_E$	≤ 0.1 AU
海王星型氷惑星	$10\text{-}100 M_E$	≥ 10 AU
ホットネプチューン	$10\text{-}100 M_E$	≤ 0.1 AU
（短周期）スーパーアース	$1\text{-}10 M_E$	≤ 1 AU
地球型岩石惑星	$\leq 1 M_E$	$0.1\text{-}10$ AU

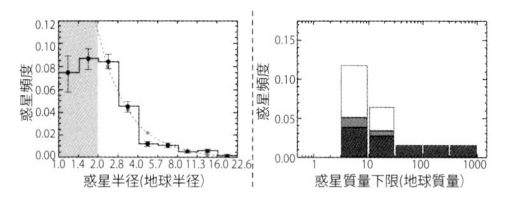

図 4-15　(左)ケプラー衛星で発見された惑星候補の質量分布．影は統計的に不完全な領域．点線は近似曲線．(右)高精度ドップラー法で発見された惑星の質量分布．共に，海王星からスーパーアースにかけて惑星頻度が急増する傾向が共通する．

項(6)参照)には測定能力にそれぞれの限界があるため，図 4-14 の中で検出例がないような性質の惑星が存在しないとはいえない．また同じ理由で，この分布図がそのまま各種類の惑星の存在頻度を表しているわけではないことにも注意されたい．表 4-2 に系外惑星を含めた惑星の分類をまとめた．

(4) 系外惑星の統計的性質
①低質量惑星の半径分布と質量分布

惑星の質量（あるいは半径）分布は，系外惑星に関する最も重要な統計的性質である．巨大惑星よりも軽い系外惑星について，それらの分布は，ようやく最近になって明らかにされつつある．図 4-15 左は，ケプラー衛星の最初の 4 ヵ月の結果に基づく半径分布図である．ケプラー衛星はトランジット法によって観測するために，惑星質量を直接求めることはできないが，この初期データでは約 15 万個の恒星の観測から 1781 個の惑星候補が検出されている．統計的不完全さを抑えるために，そのうちの周期が 50 日未満で半径が $2 R_E$ 以上のサブサンプルだけを用いている．

ケプラー衛星の初期結果によると，$2 \sim 6 R_E$ の海王星型惑星は，$6 \sim 22 R_E$ の木星型惑星よりもはるかに数が多い．これは，166 個の GK 型星に対して行われたケック望遠鏡におけるドップラー法サーベイ（エータアース・サーベイ，図 4-15 右）の結果と類似している（Howard et al., 2010）．それらの海王星型惑星の頻度はおおよそ 10％である．

②長周期惑星を含む惑星頻度

上記は短周期の惑星分布であるが，約 8 年の長期間にわたる高精度ドップラー法（HARPS および CORALIE 分光器）のサーベイから得られた短周期から長周期までの惑星頻度の統計を表 4-3 にまとめる（Mayor et al., 2011）．その結果によると，太陽型星には周期 100 日までの短周期惑星が 50％以上の頻度で存在する．また，周期 10 年未満で 50 地球質量以上の惑星が約 15％の頻度で存在する．他方，上記のケプラー衛星の結果によれば，太陽型恒星の 34％以上に短周期の惑星（巨大惑星からスーパーアースまで）が存在する（Borucki et al., 2011）．

(5) ハビタブル惑星

ハビタブル惑星（habitable planet）とは，惑星表面上において液体の水が存在しうる領域（ハビタブルゾーン：habitable zone）にある惑星と定義される．水は生化学反応のために不可欠な溶媒として考えられる．また，望遠鏡を用いて系外

表 4-3　長期高精度ドップラー法による惑星頻度のまとめ

質量	周期	惑星頻度	注
土星質量以上	10 年未満	10％	巨大ガス惑星
50 地球質量以上	11 日未満	1％	ホットジュピター
すべての質量	10 年未満	65％	全ての惑星
すべての質量	100 日未満	55％	短周期惑星
30 地球質量未満	100 日未満	50％	短周期のスーパーアース・海王星質量惑星

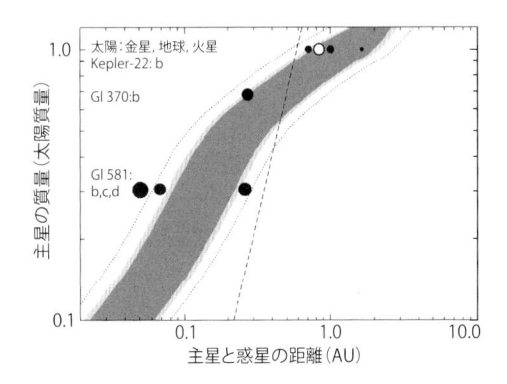

図 4-16 様々な質量の恒星に対する連続的ハビタブルゾーン（CHZ）．薄い灰色および点線は雲の量の変化に伴う境界の変化を表す．破線は円軌道にある惑星が潮汐固定を起こす距離の上限．Selsis *et al.* (2008) より改変．代表的なハビタブル惑星候補の位置も示した．白丸は Kepler-22 を周回する惑星を表す．

惑星をリモート観測する場合，基本的に大気組成やその季節変化のような惑星表面現象の観察に限られる．一方，太陽系内の惑星のように「その場観測」が可能な場合は表面だけでなく内部における水の存在を考える必要があるが，ここでは惑星表面の水だけを考える．また，広くは銀河系全体でのハビタブルゾーンや衛星表面のハビタブルゾーンも議論できるが，ここでは恒星の周りだけを考える（星周ハビタブルゾーン：circumstellar habitable zone）．

ハビタブルゾーンは，主星の明るさ，エネルギー分布，惑星大気の性質（吸収と反射），雲など様々な効果に依存する．主星の光度 L_* だけを考慮すると，惑星の平衡温度 T_p，アルベド A に対し，領域は $a = ((1 - A)L_*/16 \pi \sigma T_p^4)^{1/2}$ の距離で決まる．ここで，σ はステファン・ボルツマン定数である．太陽系の場合で地球のアルベドを用いると，$0 \sim 100°C$（$273 \sim 373\,K$）は $0.87 \sim 0.47$ AU に対応する．これは古典的ハビタブルゾーンと呼ばれ，地球でさえもその外側に位置する．したがって，ハビタブルゾーンを定義するには，上記のような惑星自体の別の物理パラメータを考察する必要がある．たとえば水による温室効果を考慮するだけでもハビタブルゾーンは $0.55 \sim 1.1$ AU となる．上記のような様々な効果を考慮した

議論は Kasting and Catling (2003) を参照されたい．恒星の明るさは年齢によって変わるので，恒星の年齢の期間中，ずっとハビタブルであるという条件を課したものを連続的ハビタブルゾーン（continuous habitable zone: CHZ）と呼ぶ．さまざまな恒星質量に対して CHZ をプロットしたのが図 4-16 である．太陽系では地球と火星が CHZ に含まれ，金星は境界近くに来る．質量の軽い恒星では，その距離は 0.1 AU にも近づく．

ケプラー衛星によって発見・公開されているデータのうち，ハビタブル惑星候補は約 100 個である（ケプラー衛星のハビタブルゾーンの定義は論文によって異なるため，リリースごとに数が変動していることに注意）．これまでに出版されている代表的なハビタブル惑星候補（地球質量の 10 倍以下のスーパーアースから地球質量まで）は，Gl581d，Kepler-22b，HD85512b（＝ Gl370b），Gl667Cc などである．

ごく最近の解析によれば，データの不完全性を補正後のハビタブルゾーンにある地球型惑星の頻度 η_{Earth} は約 20% となる．ケプラー衛星の今後のデータ解析で，より正確に η_{Earth} が求められるだろう．

(6) 系外惑星探査手法の概観

太陽系から 10 パーセク（pc，約 20 万 AU あるいは約 3.26 光年）の距離までの数百個の恒星が，最も近い惑星探査の重要なサンプルとなる．典型的には太陽系内の惑星の観測よりも 10 万倍以上遠方にある惑星を捉える試みが系外惑星の観測である．これに伴う系外惑星探査の問題は，惑星が軽くて暗いこと，主星と惑星を見分ける高い解像度が必要なこと，主星と惑星の明るさのコントラストが非常に大きいことである．惑星と主星とを見分ける観測を行うには，これらを克服するための感度，解像度，コントラストという各観測能力を向上させる必要がある．そこで，なるべくこれらの要求を緩和できる手法によって系外惑星探査を行う間接法が先に実践されて成功を収め

た.

①ドップラー法（視線速度法）

惑星の公転に伴い，恒星自身も，恒星と惑星の共通重心の周りを回っている．その恒星の速度の変動による，恒星のスペクトル線の振動数の変動（光のドップラー効果による偏移）を測定するのが動径速度法（ドップラー法）と呼ばれる．波長の偏移は非相対論的な場合 $z = (\lambda - \lambda_0)/\lambda_0 = V_r/c$ と書ける．ここで，V_r は動径速度（radial velocity），c は光速である．視線速度法と呼ばれることも多い．

FGKM 型の主系列恒星には光球から放出される連続光に，原子や分子が形成する吸収線や輝線が重なっており，この吸収線の波長の偏移を高分散分光器によって高精度で測定する．最も成功している惑星検出法の1つであり，後述するケプラー惑星候補を除くと，約80%の系外惑星はこの方法で発見されてきた．ただし，惑星を直接見ているのではない間接法であること，重い惑星や近接惑星に検出バイアスがある．

この手法からは力学的に惑星質量 m_2 の下限値が得られる．惑星の軌道を円軌道と仮定すると，周期 P，速度振幅 K_1，主星質量 m_1 には以下の関係が有る．

$$m_2[M_J]\sin i = 0.035(P[\text{yr}])^{1/3}(K_1[\text{m/s}])(m_1[M_\odot])^{2/3}$$

ただし単位として，主星は太陽質量 $M_\odot$，惑星は木星質量 M_J，速度は m/s，周期は年を用いる．添え字1と2はそれぞれ主星と惑星を表す．軌道面の傾き i が不定要素に入っていることに注意されたい．

太陽系の惑星の影響による太陽の速度ふらつきのリストを表 4-4 に示す．ドップラー法の現在の最高速度精度は 1 m/s 弱である．木星による太陽のふらつきは約 13 m/s なので，現在のドップラー法は太陽系の木星型惑星の検出は難しくない．しかし，地球ほど軽い惑星の検出は困難である．一方，同じ精度であれば主星が軽いほど軽い惑星まで検出可能である．実際，最近ドップラー

表 4-4 ドップラー法で期待される速度振幅

惑星	惑星質量（M_E）	周期（日）	速度振幅（m/s）
木星	318	4333	12.5
海王星	17	60189	0.28
地球	1	365	0.09
51 Peg b	130	4	50.2

法で検出された地球質量の数倍程度の惑星は，太陽よりずっと軽い M 型星の周りで発見されている．

②アストロメトリ法

惑星の公転運動による恒星の速度の天球上での位置ふらつきに着目するのがアストロメトリ法である．地球から距離 d にある惑星系における主星の位置ふらつきは，

$$\theta = \frac{a_1}{d} = \left(\frac{m_2}{m_1}\right)\left(\frac{a_2}{d}\right) = \frac{(m_2[M_J]a_2[\text{AU}])}{(m_1[M_\odot]d[\text{pc}])} \text{ ミリ秒角}$$

となる．ここで，a_i は軌道長半径，m_i は質量．主星の公転半径は主星の半径程度あるいはそれ以下でしかない．

木星による太陽の位置ふらつきの振幅は，10 pc の距離から観測しても最大 0.5 ミリ秒角しかない．一方，大気揺らぎで制限された地上観測では通常 0.1 秒角程度の位置決定精度しかないので，ふらつきを検出することはできない．現在に至るまで，この手法で最初に発見された惑星はないが，既知の惑星をハッブル宇宙望遠鏡で確認したものが数例ある．2013 年に打ち上げられたガイア衛星は極めて高い精度で恒星の位置が測定できるので，距離 160 pc 以内の巨大惑星や，ごく近傍の恒星を周回する海王星型惑星が検出できると期待される．

③トランジット法

惑星の公転面が恒星と地球を結ぶ視線を含むか近い場合は，惑星が恒星の前面と背面を周期的に横切る．この現象がトランジット（食）であり，これによる惑星の明るさ変化を測定して惑星の存在を知るのがトランジット法である．正確には，小さな伴星（惑星）が前面に来る第一食（primary eclipse）を「通過」，背面に来る第二食（secondary eclipse）を「掩蔽」と区別するが，どちらもト

ランジットと呼ぶことも多い.

　主星も伴星も一様な明るさの円盤と仮定し，ランダムな軌道を持つ惑星系を観測した場合，トランジットが起こる確率 p が容易に計算できる．軌道半径を a，軌道傾斜角を i，主星半径を R_1，惑星半径を R_2 とすると，$p = (R_1+R_2)/a \approx R_1/a$ となる．したがって，惑星が主星に近いほど，また，主星半径が大きいほど，トランジットは起こりやすい．そのため，トランジット法でもドップラー法に類似した観測バイアスがかかる．

　ドップラー法で発見された主星に近接する巨大惑星（ホットジュピター）はトランジット法では比較的容易な観測対象となる．太陽系の各惑星などに対するトランジット確率は，約 0.01 から 0.0001 の程度である．

　このとき，観測されるフラックスの変化は，

$$\Delta F/F = \frac{\pi R_2^2 B_1}{\pi R_1^2 B_1 + \pi R_2^2 B_2} = \left(\frac{R_2}{R_1}\right)^2 \quad (R_2 \ll R_1 \text{の場合})$$

となる．ここで，B_i は星の表面輝度である．具体的な変化量（減光量）を表4-5に示す．

　太陽系の木星の場合，減光量は約1％であり，地上からでも比較的精密な測光観測で実現できるため，現在さまざまな地上観測が行われている．一方，地球型惑星は0.01％以下の精度が必要なので，大気の影響を受けないスペースからの超精密モニター観測がケプラー衛星等で行われている．2011年末には約2300個の系外惑星候補がリストされた．ただし，食連星など惑星と似た変光を起こす現象（偽陽性）があるため，一般にトランジット法による惑星候補は別の手法による確認（クロスチェック）が必須とされている．

　トランジットに関連した興味深い現象の1つに，ロシター・マクローリン（Rossiter-McLaughlin）効果がある．ドップラー法の観測において，トランジットのとき以外は恒星の自転の効果は対称性のために問題とならない．しかし，トランジット時には惑星が恒星の一部を掩蔽するため，隠された部分の恒星の自転の効果がスペクトルに現れる．惑星の軌道と公転の向きの場合に分けると，スペクトル線の振動数異常が予測される．解析的な導出は Ohta ら（2005）が行った．異常の最大値は視線速度に換算すると $\Delta V_{RM} \sim (R_1/R_2)^2 v_* \sin i_*$ であり，太陽型星の場合は，$v_* \sin i_* \sim 2$ km/s なので，木星型惑星では $\Delta V_{RM} \sim 20$ m/s 程度，地球型惑星では $\Delta V_{RM} \sim 0.2$ m/s 程度となる．したがって，巨大惑星のロシター・マクローリン効果を検出することは，その効果の大きさとトランジット継続時間の両面で比較的容易である．この手法による発見の一番の驚きは，逆行惑星（Retrograde planet）の発見である．単純な惑星形成モデルであれば，恒星の自転軸と惑星の公転軸は一致し，かつ，同じ向きを持つと考えられる．しかし，Narita ら（2009）と Winn ら（2009）による HAT-P-7b の独立な観測で，両軸の差角 $\lambda = 182.5 \pm 9.4°$ が導かれ，系外惑星で初めて逆行惑星が存在する例となった．

　トランジットに関連したもう1つの興味深い現象がトランジット時刻の変動である．トランジット惑星系では周期的に主星の減光がみられるはずであるが，もしこの系に未検出の伴星が付随する場合，それら惑星同士の重力相互作用によりトランジット惑星の周期に変化（ずれ）が生じる．この効果は Transit Timing Variation（TTV）効果として知られており，第2の惑星を検出する手段になりうる．この周期のずれは地上の小中口径（0.5～2 m）望遠鏡でも検出が可能であり，

表 4-5 トランジット確率，継続時間，減光比

惑星	周期	確率	継続時間（時間）	減光比
地球	1年	4.7×10^{-3}	13	8.4×10^{-5}
木星	12年	8.9×10^{-4}	30	1.1×10^{-2}
天王星	84年	2.4×10^{-4}	57	1.3×10^{-3}
ホットジュピター	4日	0.1	-	1×10^{-2}

第2の惑星の質量が地球程度のものでも検出出来る可能性がある．ケプラー衛星ではKepler-9惑星系においてTTVが初めて検出された（Holman *et al.*, 2010）ほか，現在までに多数のTTV現象が報告されている．

④重力マイクロレンズ法

重力場の影響により光の進行方向は湾曲する．ある恒星の視線のごく近傍を別の恒星が横切る際には，極めて大きい増光として，この効果が顕著に現れる（重力レンズ効果）．さらに，そのような重力レンズを起こしている恒星が惑星を伴う場合，2次的な明るさの変化を検出することができる．これが重力マイクロレンズ法と呼ばれるものである．変光の大きさがトランジット法よりも大きく，測光精度は0.1等精度でもよいが，変光の期間が短いため連続的なモニターが大事である．そのため，現在では，予報に基づき国際的ネットワークで24時間観測できるような体制ができている．これまでに約15個のマイクロレンズ系外惑星が発見されている．数AU付近の惑星にたいして最も感度が高く，現在の技術でも地球型惑星まで検出可能である．ただし，一般に遠方過ぎて，検出された系外惑星のフォローアップ観測による特徴付けや違う時期における確認はできないため，発見や統計的研究が中心となる．

これら以外にも，パルサータイミング法，一般的タイミング法，偏光法，反射光分光法などの間接法もあり，実際に試行されているが，本稿では割愛する．

⑤直接観測法

以上の間接的惑星検出は，惑星からの光（恒星光反射，あるいは，惑星自身の熱放射光）を直接に捉えるものではない．ただし，第二食トランジット法と反射法は，主星からの強い光を取り除いた結果，差分として惑星光を検出しているため，広義の直接法と言えるが，一般的な直接撮像や直接分光（狭義の直接法）は長らく成功していなかった．その理由は，直接撮像のためには，高感度，高解像度，高コントラストという3つの性能が同時に必要になるからであり，間接法に比べより技術的に難しく，巨大望遠鏡や特別な観測装置が必要とされるからである．しかし，口径8 m級望遠鏡において地球大気の揺らぎによる画像劣化をリアルタイムで補正する補償光学（adaptive optics，図4-17）技術の実現を契機として，2004年ごろから急速に直接観測の機運が高まった．現在の技術では反射光検出のための超高コントラスト確保は難しいため，若い惑星からの熱放射光の検出に限られている．

図4-18の例のように，直接観測は，太陽系の巨大惑星と比べると遠方でかつ大質量ではあるが，数十AUの距離に数木星質量の「広軌道巨大惑星」（wide-orbit giant planets）と呼ばれる新しいパラメータスペースを開拓しつつある（Tamura., 2009）．一方，より主星近傍にある，

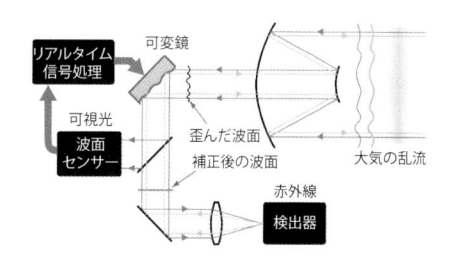

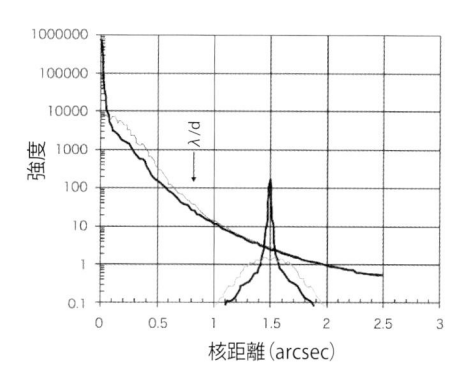

図4-17 地上望遠鏡における補償光学技術の応用．（上）地球大気による天体光の波面の乱れを波面センサーと可変鏡を用いてリアルタイムで補正する．（下）補償光学によって，自然シーイングの場合（細線）と比べて星像がコアに集中し，解像度と感度の双方が向上する．

より暗い（軽い）天体の検出を目指して競争が行われている．代表的な例としては，A型星を回る4つの巨大惑星系HR8799b, c, d, e（図4-18 上）や，すばる望遠鏡を用いたSEEDSプロジェクトで発見された太陽型恒星を回る木星型惑星GJ504bなどがある．また，太陽系と同程度の大きさの原始惑星系円盤について，詳細な観測が進んでいる（図4-18 下）．

直接観測を行う意義は以下のようなものがある．（1）間接法では得にくい惑星の特徴（光度，カラー，スペクトルなど）が得られる．これらから，温度，大気組成という重要な情報が得られる．（2）間接法と比べ外側の惑星の情報が得やすい．これは，間接法では長い期間の観測が必要になるからである．（3）間接法で観測しにくい天体（若い星，重い星など）も観測できる．（4）何といっても画像の持つ説得力は「百聞は一見にしかず」とも言える．将来の生命探査では地上・スペースを問わず直接法が不可欠と考えられる．

(7) 系外惑星の精密調査
①系外惑星の大気

間接的な観測方法では惑星そのものからの光を観測しないため，一般に惑星大気の性質を調べることができない．しかし，トランジット法だけは惑星大気を特徴づけることができる．これはハッブル望遠鏡によるホットジュピターの惑星大気原子とその散逸の発見や，スピッツァー望遠鏡による惑星大気分子の発見を導いた．

トランジットの際，恒星からの光の一部は惑星大気の上層を通過し，一部は吸収される．その吸収は波長依存性を持ち，特定の原子や分子の吸収遷移によって，大気は光学的により厚く，惑星の有効半径が大きくなる．惑星大気の実効的断面積と恒星の光球の面積比は，惑星大気のスケールハイト H を用いて，

$$\frac{\Delta A}{A} = \frac{2\pi R_2 H}{\pi R_1^2} = \frac{2R_2\left(\frac{kT}{g\mu M_H}\right)}{R_1^2}$$

と書ける．ここに，T は惑星大気の温度，g は惑星の表面重力，μ は惑星大気の平均分子量，M_H は水素原子の質量，k はボルツマン定数である．典型的なホットジュピターの場合，$\Delta A/A \sim 10^{-4}$ 程度である．一方，地球型惑星の場合は，10^{-6} 程度となる．

この手法により，系外惑星の大気中の原子（Na, H, O, C），分子（H_2O, CH_4, CO），ダスト（$MgSiO_3$）の検出が報告されている（e.g., Seager and Deming, 2010）．一方，M型星のトランジット惑星GJ1214bでは可視光長波長〜近赤外線で波長依存性のない平坦な透過スペクトルが観測されている（図4-19）．

②系外惑星の密度と内部組成

ドップラー法で検出されたいくつかの惑星についてはトランジット法でも検出されている．この2つの手法の併用により惑星質量と半径（したがって平均密度）を正確に求めることができる．この平均密度と半径を惑星内部構造モデルと比較することによって，その惑星内部の組成についても情報を得ることができる（図4-20）．

巨大トランジット惑星は，ほぼ木星や土星の組成モデルで説明できる．しかし，HD209458bなどのホットジュピターについては半径の過剰が見られ，組成の差だけでは説明できず，近接する恒星にあぶられた大気流出の結果であると考えられている．

GJ436b, HAT-P-11b, Kepler-4bはいずれも海王星に似た惑星である．Kepler-10bは有望な地球型岩石惑星候補である．Kepler-22bとKepler-20e, fは有望な候補であるが，いずれも十分な質量決定がまだ行われていない．

スーパーアースの内部構造についての詳細は，3-2節を参照されたい．

(8) 代表的な低質量惑星系の紹介

ここでは，地球型惑星・ハビタブル惑星に直接関連する少数の代表的系外惑星系について，詳しく紹介する．

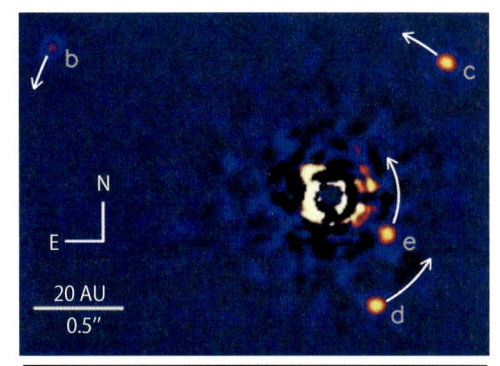

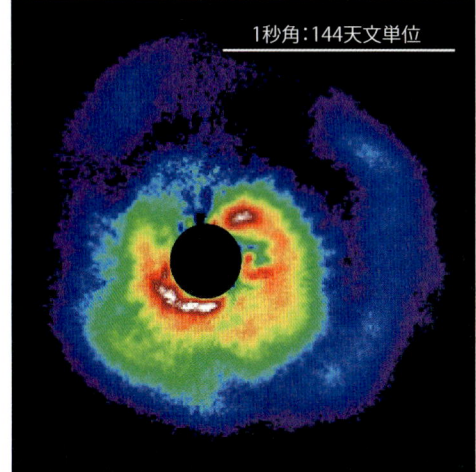

図 4-18 (上) 直接撮像された巨大系外惑星の例 (HR8799). 約 10 木星質量の 4 惑星が約 15〜70 AU の軌道を周回している (Marois *et al.*, 2010). (下) 原始惑星系円盤の詳細な画像 (ぎょしゃ座 AB 星). リング状のギャップや凹凸は既にそこで生まれている惑星の影響の可能性がある. いずれも地上望遠鏡と補償光学を組み合わせて得られたもので, 明るい中心星の影響は抑制されている (図中央の黒い部分).

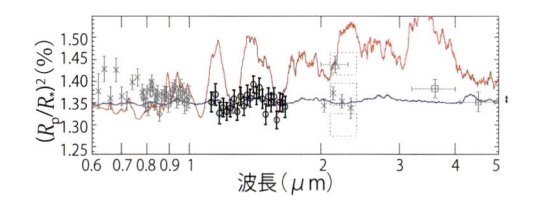

図 4-19 GJ1214b の透過スペクトル. 曲線は大気モデルの違いを表す. 詳細は Berta *et al.* (2012) 参照.

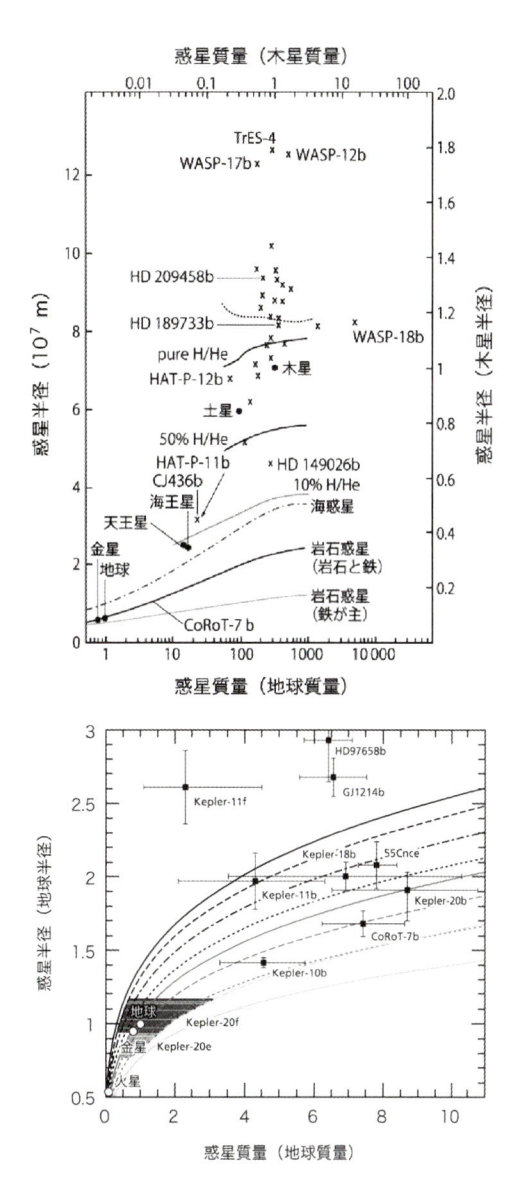

図 4-20 系外惑星の質量・半径図. (上) 代表的なトランジット惑星. (下) 代表的なスーパーアース. 曲線は惑星の組成が異なるモデルを表す.

① Kepler-10b

地球型岩石系外惑星の例である. 主星は 175 pc の距離にある太陽型恒星. トランジット法から求められた惑星サイズは $1.4 R_E$ だが, ドップラー法により質量も決定されており, 周期 0.8 日, 軌道長半径 0.017 AU, 質量 $4.5 M_E$ のスーパーアースである.

② Gl581d

軽い恒星の周りのハビタブル系外惑星候補. 主星 Gl581 は 6 pc の距離にある $0.3 M_\odot$, 年齢約 90 億年の恒星. 惑星 Gl581d は, 軌道長半径が 0.22 AU で, 質量 $7 M_E$, 半径 $1.7 R_E$ のスーパーアー

スである．なお，ケック望遠鏡で報告された Gl581f（$7M_E$）と Gl581g（$3M_E$，ハビタブル惑星）については，最近の HARPS の観測によって否定的な結果になった．

③ HD85512b（= Gl370b）

太陽より少し軽い恒星の周りのハビタブル系外惑星候補．主星は 11 pc の距離にある質量 0.7 $M_\odot$，年齢 56 億年の恒星．惑星は軌道長半径が 0.26 AU，質量 $4M_E$ 以上のスーパーアースである．

④ Kepler-22b

太陽に似た恒星の周りのハビタブル惑星候補である．主星は 190 pc の距離にある太陽型恒星．トランジット法から求められた惑星サイズは 2.4 R_E，軌道長半径は 0.85 AU，周期は 290 日である．長時間のドップラー法観測にもかかわらず質量が $36M_E$ 以下という上限値しか求められていない．

⑤ Gl667Cc

Gl667 は，7 pc の距離にあり，Gl667A（K 型星），Gl667B（K 型星），Gl667C（M 型星）の 3 重星系を成す．Gl667Cc は，M 型星の周りのハビタブル惑星候補である．惑星質量は $4.5R_E$，軌道長半径は 0.12 AU，周期は 28 日である．

⑥ Kepler-186f

最近発見された，ほぼ地球サイズのハビタブル惑星候補である．ただし主星は 15 pc の距離にある赤色矮星．トランジット法から求められた惑星サイズは 1.1 R_E，軌道長半径は 0.4 AU である．

4-2-2 太陽系外惑星探査の将来計画

さて上述のように，太陽系外惑星探査の観測は急速に進展してきた．この項では今後どのような展開が予想されるかについて，特に太陽系外の生命現象発見への「道筋」に焦点を当てて記す．研究の進展のためには，センサーの高感度化や望遠鏡技術，スペース技術など観測技術の進歩と，生命現象の効果的検出方法を提案する理論研究の双方が必要であることは言うまでもない．あまた発見された系外惑星の中から，望遠鏡を向けるべき天体を選び出すためには，多くの惑星系および恒星，原始惑星系円盤の詳細な準備研究の進展が必須である．「この惑星なら生命現象が見つかるかも」という候補を選び出すことが必要である．なお「知的生命の探査」については第 5 章に詳しく記される．

(1) 生命現象発見への道筋

まず系外惑星発見と生命現象探査に関わる重要な項目を挙げよう．これからますます多くの系外惑星が発見されると予想されるが，その中から生命現象を見出すのは（見出そうとするのは）とても難しいと言わざるをえない．その根本的な理由は，太陽系の惑星と比べてはるかに遠方（少なくとも 100 万天文単位以遠）の，しかも明るい恒星の至近にいる暗い惑星（恒星の明るさの 100 万分の 1 あるいはそれ以下）について，その惑星の大気あるいは惑星表面の分光をする以外に，有力な方法がないからである．したがって可能な限り大型で高感度の望遠鏡を，可能な限り長時間かけて特定の惑星を観測し続けることが必須である．また，有力な多数候補惑星をできるだけ多数見つけておく必要がある．以下のリストはこのような惑星を見つける道筋の例である．

表 4-6 太陽系外生命検出ロードマップの一例

1992 年　パルサーを周回する惑星の発見
　　　　（PSR B1257+12）
1995 年　恒星を周回する惑星の発見（51 Peg b）
1999 年　三重惑星系の発見（ウプシロン And b）
2000 年　トランジット法による惑星の検出
2007 年　系外惑星大気分子のスペクトル検出
2007 年　居住可能帯の地球質量惑星の発見
　　　　（Gl 581d）

（これから）
系外惑星のリングの発見　　　　惑星形成理論・シミュレーション
系外惑星の衛星の発見　　原始惑星系円盤・残骸円盤（ALMA）
全惑星系の高感度検出（外側に木星があるなど）
密度，表面温度→内部構造推定　　惑星内部構造理論
惑星自転検出　→磁場の状況証拠　　惑星大気理論
自転を利用した大陸の検出，雲の検出
その他の条件
　（主星年齢，光度，活動性，元素存在比，……）

狙いを絞って徹底的に観測！

↓ バイオマーカーの検出

↓ 太陽系外生命の発見

銀河系円盤部において太陽系近傍の恒星の平均個数密度は，1 pc（パーセク）立方に約1個である．したがって比較的近い宇宙空間，つまり距離30 pc以内でも約10万個の恒星あることになる．その半数以上が太陽より暗いために惑星検出が容易なK型やM型の主系列星のはずである．これらの恒星について地球と同程度の半径，質量の惑星があるかどうかを，まずは徹底的に調べるべきであろう．1つでも惑星が見つかった場合には，高精度視線速度法や高精度トランジット法によって，その惑星系の全メンバーを調べ上げ，惑星系が力学的に安定していることを確認する必要がある．生命が発生するには，少なくとも1億年以上，軌道が安定しているべきだろう．また，トランジットする場合には，惑星の平均密度が求まり，主要組成と内部構造を推定できる．

　次は惑星の高精度測光観測を行い，表面温度，自転の有無を調査すべきであろう．前者からは惑星大気の情報が得られる．仮にその惑星が自転していれば，磁場を持つ要件を備えているばかりでなく，惑星表面が一様か非一様か，さらには雲や大陸の存在がわかるかもしれない（コラム7参照）．

　主星の詳細な情報が必要であることはいうまでもない．これらすべての情報から，その惑星系の形成過程が推定できる可能性がある．その惑星表面で生命が発生してもおかしくないことがわかった段階で，さらに本格的な生命現象探査の段階に進むことになるであろう．生命現象の検出には極めて大型高性能の観測装置を長時間使用することが必要になるので，十分に狙いを絞り，可能な予備研究をやりきった上で，この最終段階の研究に着手するのがよいのではないだろうか．以下に各段階の詳細について記す．

(2) 現在進行中の研究と期待される成果——サンプル数の急増期がつづく

　前項で取り上げた進行中の計画の内で，NASAのトランジット観測用宇宙望遠鏡ケプラー（2009年3月6日打ち上げ）は，当初の観測予定期間であった3年半が成功裏に終了し，さらに4年間延長されることになった．これによって太陽型の恒星（G型主系列星）の周りにある1地球半径以上の惑星が多数発見されるばかりではなく，このような恒星がどれくらいの割合で地球程度の惑星を持つか（$\eta_\oplus$：イータ・アース）が，より高精度で求まると期待された．われわれ太陽系がごく普通の恒星系なのかあるいは珍しいのか，言い換えると，地球のような惑星が宇宙にはどれくらいありそうかについて精度の良い推定ができるようになると期待された．しかしその直後に衛星の姿勢制御装置に不具合が発生したため，最終的に所期の目的は断念され，新たな研究目的のために「K2ミッション」として活躍している．

　さらにNASAではテスミッション（2017年打ち上げ予定），ヨーロッパ宇宙機関（ESA）ではプラトーミッション（2024年打ち上げ予定）が進められている．いずれもケプラー衛星の対象よりずっと太陽系に近い恒星の周りに，地球と同じくらいかやや大きい惑星を多数発見すると期待される．発見された天体は，次の段階の詳細観測の対象候補になるであろう．

　重力マイクロレンズ法による惑星探査は，わが国が中心のMOAチームとOGLEチームが中心となって毎年10個程度のペースで系外惑星，それもハビタブルゾーンの惑星を中心として，検出例を増やすと予想される．さらには韓国のKMTNet計画が立ち上がった．これによって統計的・総合的な惑星系の構造の研究が進展すると期待され

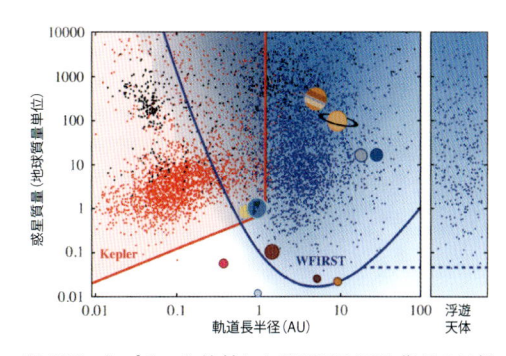

図 4-21 ケプラーと比較したWFIRST-AFTA衛星の予想感度図（WFIRST-AFTA2015Reportより）．

る．しかしながらこの手法によるほぼすべての検出例が銀河系のバルジに属する恒星の惑星であり，距離が数千 pc と遠いことから，残念ながら生命現象探査の直接の対象にはならない．惑星や褐色矮星形成過程の解明には重要な役割を果たすと期待され，本格的なスペースミッションである WFIRST-AFTA 計画の 2024 年頃の打ち上げが，NASA によって計画されている．

　ドップラー法はこれまで最も重要な役割を果たしてきた．HARPS を軸として近距離の惑星探査では今後も最も強力な手段であり続けるだろう．とりわけわが国において開発が開始されたすばる望遠鏡用赤外線視線速度法観測装置（IRD）は，近距離の M 型星の惑星探査によって，ハビタブルゾーン内の惑星を多数見つけることが期待される．2015 年の実現が期待されている．

　直接撮像法によっても，最近は検出例が増加しつつある．特に中心星から遠方の巨大惑星や褐色矮星が見つかりやすく，標準モデルであるコア・アクリーション以外の惑星系形成過程を示唆するなど，重要な役割を果たしている．今後も AO 装置（補償光学装置）の性能改良，ハッブル宇宙望遠鏡（少なくとも 2016 年度まで運用期間延長が事実上決定している）などによる発見，詳細研究は継続されるであろう．すばる望遠鏡でも新しい AO 装置（SCEXAO）の準備観測が始まっていて，直接撮像によって，統計的議論ができるような多数の惑星の発見が期待されている．

　一方，大電波干渉計アルマは従来の電波望遠鏡に比べて格段に高感度でかつ高解像度を誇り，惑星系の母胎である星周円盤の観測において極めて強力である．2004 年には昨年開始された初期観測では図 4-22 のように，若い恒星である牡牛座 HL 星（HL Tau）を取り巻く原始惑星系円盤（惑星系形成現場候補）の固体微粒子分布の高精度測定に成功した．明るい縞に見える間隙は，惑星がある間接的証拠の可能性があり，理論研究と相まって，惑星系形成の一般論に大きい進展をもたらすと期待される．

図 4-22 ALMA 電波望遠鏡がとらえた原始惑星系円盤の固体微粒子分布（Credit: ALMA（NRAO/ESO/NAOJ）; C. Brogan, B. Saxton（NRAO/AUI/NSF）

(3) 2020 年代中頃までの予想到達点──JWST の打ち上げ

　2010 年代後半から 2020 年代前半には極めて多数（おそらく 1 万例以上）の太陽系外惑星候補がテス衛星やプラトー衛星などによって見つかるだろう．このような近距離恒星の全天トランジット観測専用プロジェクトによって，生命現象探査の対象として有力な候補が見つかると期待される．赤外線視線速度法によっても近傍に多数の系外惑星が発見されるだろう．

　さらに 2020 年代中頃までには JWST（ジェームズ・ウェッブ宇宙望遠鏡）が打ち上げられているはずである．JWST は約 20 年にわたって大活躍したハッブル宇宙望遠鏡の後継機で，口径は 6.5 m である．そのままでは打ち上げ時にロケットの頭部に納まらないので，打ち上げ後に宇宙空間で組み上がる計画である．2018 年の打ち上げを目指して準備が進められている．この望遠鏡には強力な近赤外線分光器が搭載される予定であり，図 4-23 のように，スーパーアースクラスの系外惑星の大気の分光によって，含有水蒸気量の測定が 10 ppm の精度でできると期待される．これによって本格的な系外惑星大気測定が可能になる．一方，地上では 30 ～ 40 m クラスの望遠鏡

が稼働し始めると予想される．日本が参加するTMT（Thirty Meter Telescope），GMT（Giant Magellan Telescope），E-ELT の 3 つの巨大望遠鏡計画が進められている．わが国はハワイ島マウナケア山頂での建設が始まったTMTに参加しており，地球型系外惑星の大気成分分析が可能な装置（SEIT）が提案されるなど，期待を集めている．またわが国の宇宙科学の総力を結集しようとしている赤外線宇宙望遠鏡SPICA（口径2.5 m の冷却望遠鏡）も 2027 〜 2028 年の打ち上げを予定しており，これまで赤外トランジット観測で大きい成果を上げてきたNASAのスピッツァー宇宙望遠鏡（口径85 cm）を性能面で格段に上回っており，系外惑星の熱放射赤外線の検出による惑星の性質解明に大きい成果を上げると期待される．

(4) 2030年代中頃を目指して——候補の絞り込み

このようにして 2030 年代中頃までには，比較的近距離に多数の惑星が見つかっていると予想される．これらに対して，地上巨大望遠鏡とJWST，SPICAなどの宇宙望遠鏡によって，惑星大気の分光観測が精力的に行われるであろう．またトランジット惑星に対しては大望遠鏡による高精度TTVが行われ，惑星系の全メンバーが確定するであろう．その結果，生命現象探査候補の惑星が一層絞られる．

これらと並行して，その頃までにもう1つの宇宙望遠鏡が打ち上げられていて欲しい．それは

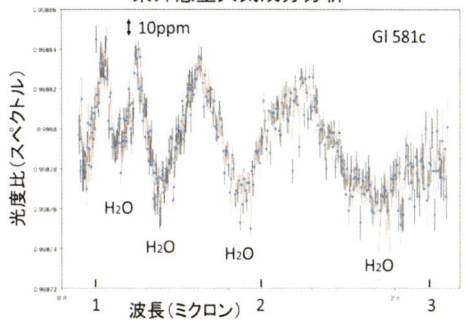

図 4-23 NASA の JWST 宇宙望遠鏡による観測予想スペクトル．太陽系外惑星 Gl 581c の場合の例．

図 4-24 日本が参加する巨大望遠鏡 TMT の想像図．（© 国立天文台）

2つの宇宙機を組み合わせた超精密望遠鏡（例：New World Observer，図 4-25）である．本体の望遠鏡と，「Star Shade」と呼ばれる遮蔽板を太陽地球系の第2ラグランジュ点周回軌道に打ち上げ，中心恒星の光を隠して周囲を周回する暗い惑星を高精度で検出するというものである．これによって，もし惑星表面が非一様でかつ自転して

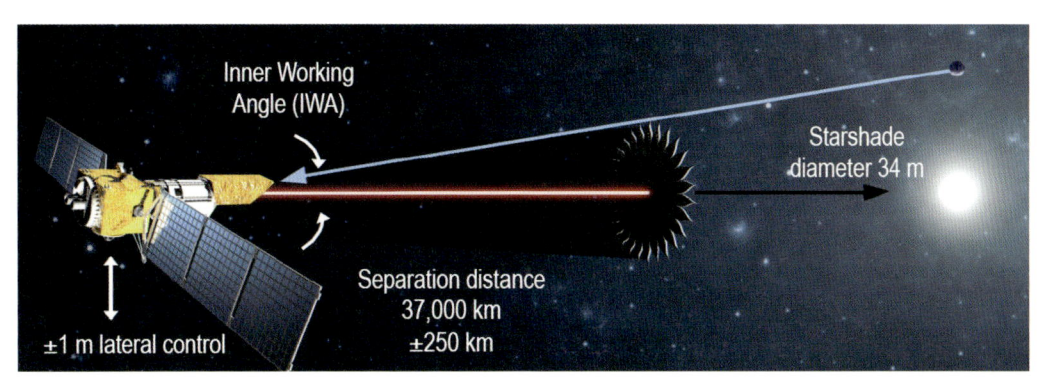

図 4-25 宇宙コロナグラフ望遠鏡 New World Observer の概念図（NASA）．

いれば，光度の周期的変化として検出できるはずである．

惑星表面が非一様になる原因としては，雲，海洋＋大陸，表面生命現象（植物など），火成活動（火山など）が考えられる．また，惑星が自転していれば，地球のように磁場を持つ可能性が有意に高いと考えられる．したがって宇宙空間の高エネルギー粒子を遮蔽することによって生命活動の表面への拡大を可能にすると考えられる（コラム7参照）．

このように「表面が非一様に自転する惑星」は最重要候補であり，最適な観測法で生命現象の発見のためのミッションを計画することになる．宇宙望遠鏡による可視光線あるいは赤外線の分光観測が最有力の方法であり，必要な望遠鏡の口径，光学系，センサーの感度，フィルター，観測時間などが最適化されるだろう．そして「確かに生命現象である」と結論付けられる観測結果がもたらされて太陽系外生命現象の発見がなされるであろう．

■ コラム7　ペイル・ブルー・ドットを超えて

　系外惑星の探査とその統計的分類は，すでに天文学における中心的研究分野として確立した．しかしそこからさらに宇宙生物学へ踏み出すためには，地球型惑星の直接撮像・分光観測を通じて，惑星の大気組成と表面環境を探ることが不可欠である．

　（地球外）生命の存在を示す指標はバイオマーカーと呼ばれている．以前より標準的なバイオマーカーとして，大気のスペクトルに見られる酸素やオゾン，メタンといった生物活動由来の大気分子が有望視されてきた．より最近では，地球上の植物の反射率は波長 $0.75\,\mu m$ 付近で急激に上昇するという普遍的な特徴（レッドエッジと呼ばれている）が，惑星反射光の多バンド測光データを通じてより直接的なバイオマーカーとなりうるのではないかという提案もなされている．

　その模擬観測とも言うべき画像が，宇宙探査機ボイジャー1号が1990年2月14日，太陽からおよそ60億km離れた場所から，わが地球を撮影した「ペイル・ブルー・ドット」である．さらに2013年7月20日には，土星探査機カッシーニが，地球と月を撮影した．事前の呼びかけに応じて，その瞬間地球上で2万人を超える人々が，土星の方向に手を振っていたという．むろん実際の「もう1つの地球」の撮像は段違いに困難であるが，それがもたらしてくれるであろうワクワク感は容易に想像できる．

　ボイジャーが撮影した画像では，地球は単なる点でしかない．当然その表面の様子を分解することは不可能である．これが「ドット」と名付けられている所以である．また「ペイル・ブルー」とは，地球を遠くから見たときの海の色を指している．しかし実は地球は24時間周期で自転しているので，見る場所によってはいつも完全に同じ色というわけではない．

　ゆっくり回る地球儀を，はるか遠くから眺めているものとしよう．その表面分布まではわからずとも，こちら側にサハラ砂漠があるのか，太平洋があるのか，はたまたアマゾンのジャングルがあるのかによって，青の中にも赤みがかったり，緑

図 4-26 日本時間2013年7月20日，土星探査機カッシーニが撮影した地球と月の画像
(http://saturn.jpl.nasa.gov/photos/imagedetails/index.cfm?imageId=4869)

っぽくなったり（赤外線まで観測波長帯を広げればレッドエッジのために「真っ赤」になるはずだが）といった，微妙な色の変化が生まれるはずだ．その色の変化を詳細に調べることで，空間的には単なる「ドット」であったとしても，その表面に，海，大陸，森林，氷，雲などの異なる成分が存在することを突き止められるであろう．

少なくともわが地球においては，「海」は生命誕生に本質的役割を果たしたと信じられている．また，森林は宇宙から見て一番わかりやすい「生命」存在の証拠であろう．つまり，これらが検出されれば，わが地球以外の「もう1つの地球」に生命が存在するかという問題への科学的解答（の第一歩）となるはずだ（Fujii et al., 2010, 2011）．近い将来，技術的および経済的困難を克服し，大気圏外から惑星を観測する専用望遠鏡を宇宙に打ち上げることできれば，文字通り「もう1つの地球」の存在を確認することも決して夢物語ではない．

展望　はたして地球外生命はみつかるか

第4章本文では，これまでの研究と今後の研究計画を詳しく説明した．そこでこの「展望」では，研究進展の方向性と期待される成果を，先の予想まで含めて書いてみよう．

宇宙生命（正確には地球外生命）を，われわれは主に次の3通りの方法で探索しつつある．

1. 太陽系天体（火星など）で生命を探す．
2. 系外惑星を観測して生命現象を探す．
3. 高度文明（電波文明）を探す．

まず，1について考えてみよう．4-1節で詳しく述べたように，これまで火星生命探査に多くの努力が払われ研究が進んできた．水の存在が確立したし，有機物やメタンも発見された．これからも火星探査は精力的に進みそうである．この探査（他の太陽系天体でも同じ）の答えは3通りだろう．

1A. 火星に生命を発見できない．
1B. 火星には過去に生命がいたことがわかる．
1C. 火星に現在も生命がいることがわかる．

このうち1Bの場合は，どういう証拠が見つかるかによって，その後の展開が変わる．すなわち，

1Ba. 生命活動の痕跡が見つかるのみである．
1Bb. 生命体の構造観察や遺伝子解析ができる．

のように，発見された証拠の種類による．しかし1Baの場合でも，さらに詳しい調査が進んでいつかは1Bbのレベルに達するであろう．

一方，1Bbと1Cの場合は，即座に地球生命との関係を調べることになるに違いない．その結果，答えは2通りである．つまり，

ア．地球生命と同じ起源である．
イ．地球生命とは別の起源である．

「ア」の場合，若干落胆があるものの，それはそれで生命の惑星間航行（伝播）の研究が大いに盛り上がるだろう．生命はどれほど自由に太陽系内の惑星間旅行を楽しんだことだろうか．そしてそのことが「地球生命を含む太陽系生命」の進化にどのような影響を及ぼしたのだろうか．他の恒星の惑星系に行くのは難しいが．

次に「イ」の場合，人類史上，最重要な画期的発見である．現在われわれが知っている生命（地球で誕生したと仮にしておく）とは独立に，別の生命が別の天体で誕生したことになる．つまり「2例目」の生命系が見つかったことになり，生命の起源が普遍的な一般論に発展する道が開けたことになる．

それに加えて，ただちに次のことが言える．「地球や火星のような惑星では，かなりの確率でその場で生命が誕生する．したがって，太陽系外の惑星系に所属する地球や火星に似た惑星（ハビタブ

ル惑星）では，かなりの確率で生命が誕生し，棲息しているはずである．」

この段階で，宇宙・生命に対する人間の考え方が，従来とは一変するだろう．これまでは生命は地球でしか知られていなかった．しかし宇宙のあちらこちらに生命が誕生し，棲息していると考えるべきである．つまり，この意味では「宇宙原理」の立場に立つべきことになる．

何と宇宙は素晴らしいことか．無機的に見える夜空のあちこちの恒星に惑星があって，その惑星のあちこちに生命がいるに違いないからである．一体どの星にはどんな生命がいるのだろうか．われわれの想像力がまったく追いつかないくらい，わくわくしながら「想像」をめぐらせることだろう．

さらにその次に，ある割合で高度に発達した知的生命がいると予想することも当然であろう．その結果，太陽系外の生命探査に続いて，高度文明探査も一挙に盛り上がるであろう．それが人間に似ていると考える積極的な理由はないのだが，ある確率で人間のような「知力」を備えた生命に進化し，科学技術を発展させて高度文明を維持することであろう．

さてここで一旦，最初の分かれ道に戻る．もう1つのケースは，1A，1Bb ア，あるいは 1C アの場合である．つまり，地球以外の太陽系に生命が見つからない場合か，見つかったものが地球生命と同じ起源だった場合である．いずれも，生命の起源は太陽系内では一通りしか見つからないことになる．

この場合でも，あきらめることはない．最初に述べた方法1の太陽系生命探査と並行して，方法2も進められているからである．すでにわれわれは数千個もの太陽系外惑星（候補を含む）を知っているし，普通の恒星がほとんどが何らかの惑星を持つことを知っている．銀河系には1000億個もの恒星があることから，同程度の個数の惑星があると考えてよい．これらに生命の兆候を探す天文観測は着実に進んでいくはずである．とても難しい観測ではあるが，惑星の質量，軌道，密度，自転，大気，磁場などの観測を積み上げ，状況証拠を1つ1つ積み上げ，生命現象の探査をするためには，どの系外惑星をどの方法で探せばよいかの研究が進んでくるにちがいない．「宇宙における生命は，この地球上のものだけである」という考え方に固執しない限り，2の方法の研究が止まることはない．長い年月がかかるかもしれないが，どれかの系外惑星の大気か表面状態に，まぎれもない生命活動の証拠を見つけることになるだろう．

1つ見つかれば「しめたもの」である．勢いがついて2例目，3例目もやがて見つかり，どんどん例が増えていく．それらの生命体の特性（基礎過程や遺伝情報）の差異が識別できるようになり，生命の分類が試みられるだろう．分類の次には，それぞれの生命の進化系列の研究がなされ，やがては生命起源の一般論から生命進化の一般論へと発展することになる．

方法3，つまり高度文明探査も並行して進むはずである．超大型の電波干渉計SKA（Square Kilometer Array）が2020年代に完成して稼働を始めれば，これが伝統的な天文学だけにのみ使われると考える理由はない．いつか必ず，地球外電波文明の探査が行われることになるだろう．しかしこれまた難しい観測である．なにせ観測対象は「星の数ほど」あるのに，検出するべき電波はノイズに埋もれるほど弱い．膨大な電波信号から，高度文明起源の電波信号を検出しなければならない．

しかし「知的生命は地球にしか発生しない」と信じる理由がない以上，いつか必ず，電波文明からの信号が検出されるであろう．電波による探査だけとは限らない．1つの惑星系に複数の文明があると，惑星間の通信には強力なレーザー光が使われるだろう．これを検出する方法もありうる．そして高度文明の存在が1つでも明らかになったら，他の文明も順次見つかるだろうし，探索に並行して，見つかった電波文明との交信の努力が

行われるに違いない.

ただしここに「距離」という困難な障害がある．一番近い恒星，ケンタウロス座アルファ星にも惑星が見つかっているが，距離は4.4光年もある．交信には往復で8.8年かかる．ほとんどの場合，高度電波文明との交信に必要な時間は，われわれ人間の寿命を大きく超えるに違いない．まずは地球から信号を送って，100年あるいは1000年間，ずっと返信を待つことになる．何世代，何十世代にもわたる共同作業が必要である．

われわれ人間が電波交信を始めることは，われわれ人間が次々と世代を超えて1つの目標に向かうことを意味している．果たしてこの覚悟ができるだろうか．現代でも繰り返される国と国との争い，人と人とのいがみ合い，環境破壊などを見ていると，悲観的にならざるをえない．人間の高度な技術文明が，100年あるいは1000年間にわたって，継続し発展し続けるかが懸念される．しかしその一方，この覚悟をすることによって，逆に人間の方が変わるかもしれない．もう1つの知的文明との交流がどんなに素晴らしい，かけがえのない喜びをもたらすかに思いを巡らせることができればである．この覚悟ができたなら，われわれ（の子孫）の考え方が変わって，いずれは「自分たちは高度知的文明を持つ生命である」と，この豊かな宇宙に向かって胸を張れるのではないだろうか．

第5章 人類・文明と宇宙知的生命探査

5-1 知能の進化と科学文明にいたる道

5-1-1 脳の進化と文明

現在のところ，この地球上にいったい何種の生物が生息しているのか，それは誰も知らない．これまでに学名がつけられている種の数は200万種弱であるが，それがすべてではないことは明らかである．今でもまだ新種の発見は続いている上に，深海や熱帯雨林の樹冠など，調査が十分でない領域はまだまだある．私たちは，現生生物の進化と多様性の全貌を捉えきれていない．

この地球上での生命の誕生は，およそ38億年前と考えられている．それ以降，様々な生物が進化してきたが，一方で多くの生物が絶滅した．これまでに地球上に存在した生物をすべて挙げてみると，そのほとんどの種が絶滅したと言われている．属や科など1つの分類群が丸ごと絶滅したこともたびたび起こった．つまり，生命は，絶滅と種分化を繰り返しながら進化し続けているのである．

これら幾多の生物の中で，知的活動を行うものが出現するには，神経系の発達と大きな脳の進化が必須であると言ってよいだろう．どんな動物にとっても，脳神経系は，周囲の環境からの情報を受け取り，評価し，それらを利用して自らの行動を適切に選択する役目を果たしている．「知的活動」とは，周囲の環境の理解の深さにおいても，適切な行動の種類やその複雑さにおいても，この脳神経系の基本的な働きを極限まで推し進めたものと言えるだろう．

脳神経系は，感覚情報を受け取る神経細胞と，運動系に出力を送る神経細胞とに分かれるが，動物が複雑になると，さらに，それらをつなぐ中間的な役割を果たす神経細胞が付け加わる．そして，様々な異なる感覚器官からの情報を統合したり，運動と感覚を統合したりする神経細胞が付け加わり，記憶に関わる細胞も増えていくと，その動物はより複雑な活動を行うことができるようになる．そして，必然的に脳が大きくなる．

つまり，神経細胞の数とそれらの間の連結の数が多く，脳が大きくないと，知的な活動は行えない．体重が大きくなると，必然的に体表面積や筋肉も多くなるので，それらを制御するために脳も大きくなる．したがって，脳の活動の複雑さを真に理解するためには，単なる脳重ではなく，体重の影響を補正した後の脳重を考えねばならない．

現在の地球上には，何千万という種が存在するが，ヒトは体重に対してもっとも大きな脳を持つ動物である．ヒトの脳重（およそ1.5 kg）は体重（およそ65 kg）の2％にも達するが，そのような動物はほかにいない．また，かつても存在しなかった．チンパンジーや鯨類は比較的大きな脳を持つが，それでも彼らの脳重は体重の1％ほどだ．脳が大きいと様々な高度情報処理をすることができるので有利ではあるが，大きな脳を育て，維持していくためには相当のコストがかかる．まず，ヒトの脳は体重の2％しか占めていないが，代謝エネルギーの20％は脳が消費している．脳

は，これほどコスト高の器官なのである．また，大きな脳を育てるためには長い成長期間が必要であり，寿命の長い生物でなければ，そのコストに見合う利益は得られない．

したがって，世代を経るとともに生物の脳が必ずや大きく進化するようになるとは限らない．植物はそもそも神経系を持たないが，地球上で大いに繁栄している．ミミズなどの無脊椎動物の多くも，ほんの小さな脳，または神経節しか持っていないが，十分に繁栄している．脳がなかったり小さかったりしても，生物が地球上で繁栄する方策はいくらでもあるのだ．脳がことさら大きくなるには，そのコストを上回るなんらかの利益がなければならない．哺乳類は，他の綱の動物（魚類，両生類など）よりも体重のわりに脳が大きいが，中でも，ヒトが属する霊長目（サルの仲間）の動物は脳が大きい．それは，なぜなのだろう？　様々な研究が行われ，論争が繰り広げられてきたが，霊長類の脳が相対的に大きく進化したもっとも重要な要因は，社会生活の複雑さだったようである．

5-1-2 社会脳仮説

霊長類は，他の分類群に比べて相対的に脳が大きい．その進化的理由として，複雑な社会生活が要求する計算力の高さが指摘されるようになった．他者に誤った情報を与えたり，別のコンテキストに解釈できるような曖昧な行動をとったりすることによって，他者の認知をことさらに操作することを「戦略的騙し」と定義する．そして，各種霊長類が世界中で観察されてきた時間当たりに，このような行動がどれほど記録されたかを調査したところ，その頻度は，その霊長類の脳重と相関することがわかったが，食性やなわばりの大きさなど，他の生態学的な変数との間には，相関は見られなかった．社会生活における深い他者理解と，他者を出し抜く能力こそが霊長類の脳を大きく進化させたとして，これは「マキアヴェリアン・インテリジェンス」と呼ばれるようになった．

その後，この仮説はさらに拡張され，脳は脳でも，その全体における新皮質と呼ばれる部分の割合こそが「戦略的騙し」の頻度と相関し，他の生態学的な要因とは相関しないことが明らかにされた．また，新皮質の割合は，その種が恒常的に作っている社会集団の大きさとも比例することがわかった．霊長類の社会集団は，ただの烏合の衆の集まりではなく，互いに個体を識別している．個体は，親子，きょうだいなどの血縁関係や，社会的順位関係を認識し（もちろん，「母親」，「おば」などという呼称はないが），誰と誰が仲良しか，敵対しているかなども認識しており，個体どうしが連合を組んで第三者に立ち向かうこともある．その複雑さは集団のサイズとともに指数関数的に増加するはずなので，集団のサイズと新皮質の大きさとの間に，他のどんな変数とよりも強い相関が見られたことは，霊長類の脳を特別に大きくした主要な進化要因が，社会生活の複雑さであったことを示している．これを，社会脳仮説と呼ぶ．

脳全体には，小脳や脳幹などいろいろな部分があり，それぞれ異なる機能を担っている．その中で，新皮質は，感覚運動の統合や意思決定などにかかわる部分である．新皮質の中でも，とくに前頭葉前野は意思決定にかかわる「執行脳」と呼ばれる部分である．前頭葉前野は，霊長類でとくに発達し，脳全体が大きくなるペース以上に大きくなってきたことが知られている．単に脳が大きいと言うだけではなく，脳の内部の機能的役割分担に着目した研究により，社会生活の複雑さによって新皮質が増加したのだということが明らかになった．

ヒトはこの延長線上にある．ヒトの脳は他に類を見ないほど相対的に大きいが，ヒトという種だけに突然そのような進化が起こったのではない．ヒトが進化したとき，すでに霊長類は社会生活の複雑さゆえに大きな脳を持つ分類群だったのだ．つまり，ヒトの広範囲な知的活動を支える大きな脳は，もとはと言えば，社会関係の複雑さへの適応から進化したのである．

ところで，先に述べたように，脳は多くのエネルギーを必要とする器官である．すでに相対的に大きな脳を持つようになっていた霊長類から，さらにヒトが大きな脳を進化させるには，それを実現できるためのエネルギー源がなければならない．つまり食性が変わり，余分なエネルギー供給ができねばならない．事実，ヒトは，他の類人猿に比べて腸が短い．腸も非常に多くのエネルギーを必要とする器官なので，この違いは示唆に富む．ヒトはサバンナに進出してから，肉食と根茎食の割合が増え，さらに火の使用による調理を始めたと考えられている．このことが，利用しやすいエネルギー源の確保につながり，腸が短くなった代わりに，脳を大きくする余地を生んだと推測される．

5-1-3 ヒトの進化環境と脳の進化

現生の哺乳類はおよそ4500種あるが，その中で，脳を体重の2%にまで大きくしたのはヒトだけである．ヒト（*Homo sapiens*）に至る系統が，チンパンジーの系統と分かれたのは，およそ600万年前である．ヒトの系統，つまり人類と呼べる生物を他の類人猿から分ける形質は，常習的な直立二足歩行であり，それが始まったのが，600万年前のアフリカであった．

しかし，そのときすぐに脳が大きくなったのではない．直立二足歩行する人類に属する種は600万年前から存在するが，およそ250万年前まで，人類の脳容量は類人猿のそれと同じにとどまっていた．これらの人類には，サヘラントロプス，オロリン，アルディピテクス，アウストラロピテクスなど，様々な属のものが含まれているが，彼らはまだ森林も利用し，樹上生活を捨てきってはいなかった．

ところが，250万年前ごろに新しい人類が出現する．彼らは，脚が長く腕が短く，からだのプロポーションは私たちヒトと同じである．体全体が大きくなり，足は完全に地上の二足歩行に適応し，親指も他の4本の指と同じく前を向いている．そして，脳容量も1000 ccほどへと大きくなった．これらの種は，私たちと同じホモ属に分類されている．

ホモ（*Homo*）属は，おそらく，森林を捨てて完全にサバンナでの生活に適応した．アフリカの平原をてくてくと長距離歩行，または走行したのだろう．当時は，氷期が始まるころで，アフリカは寒冷化と乾燥化に見舞われ，熱帯林が縮小していった時期である．そのような環境変化の中で，熱帯林にしがみついたのが類人猿で，開けた草原に出ていったのが人類であるのだろう．

からだ全体も大きくなったとはいえ，なぜ，ホモ属の脳は突然大きくなったのだろうか？ 1つの答えは，直立二足歩行そのものである．直立二足歩行になると，それまでの四足歩行とはまったく異なる世界が広がる．からだの進行方向が重力の軸と直交し，自分のからだと，視覚に入る世界の座標とが異なるようになる．バランスをとるための視覚と運動の協調も，より重要になるだろう．さらに，直立二足歩行になると自分自身のからだがよく見えるようになる．それらすべての感覚運動の統合のためだけでも，かつての四足歩行者と比べ，大きな脳，とくに大きな連合野が必要になったと考えられる．

また，直立二足歩行になると両手が完全に移動から自由になる．サル類はみな手が器用で，小さな果実をつまんだり，木の枝を操ったりすることができるが，必ずや両手も移動のために動員せねばならない．しかし，常習的に二足歩行するようになった人類は，つねに両手を別の用途に使えるようになった．すると，自らの手で物を操作する機会は大いに増え，いろいろなものを両手で運搬することも可能になった．道具の発明や洗練が起こる機会も増えたはずだ．それらは脳をさらに大きくするだろう．また，そのようにして自分自身が手で物を操作することを自分で見ることは，因果関係の理解や自己の認識にも影響を与えたに違いない．

それに加えて生活様式が大きく変化した．霊長類はそもそも，葉と果実を中心とする雑食者であり，森林を利用していた類人猿時代には，豊富に存在する果実が主食であった．しかし，サバンナの暮らしでは食物が劇的に変化した．もはや森林ではないので，果実がふんだんにあることはない．一方，サバンナには，有蹄類などの哺乳類の形で大きなタンパク質のかたまりがふんだんに点在する．しかし，私たちは食肉目ではないので，それらを狩るための牙も爪も持っていない．また，サバンナには，根茎，地下茎の形で大きなデンプンのかたまりがふんだんに点在する．しかし，私たちは齧歯類でもイノシシでもないので，それらを掘り起こすのに有用な爪も牙も持っていない．おまけに，サバンナには，本職の食肉類もたくさんいて，私たちの祖先を襲っただろう．

つまり，森林を捨てて開けたサバンナに進出した私たちの祖先は，食性を大きく変えざるをえなくなった．そこで失敗して絶滅してしまってもおかしくはなかったのだが，彼らは生き延びた．私たちの祖先は，食性の変化に対応したが，そのために牙や爪を進化させたわけではない．からだはあまり変化せず，変わったのは脳がさらに大きくなったことだ．つまり，生息環境と食性の劇的な変化に対処した方法は，脳を働かせ，緊密な関係を持つ社会集団を作り，さらに強固な共同作業をすることであったに違いない．もともと，社会性のために発達した脳を持っていたのだから．

しかし，共同作業を効率よく遂行するためには大きなハードルがある．それは，非協力者の検知と排除である．共同作業をするためには，各自が労働行為をしなければならない．その成果は，すべての人々に跳ね返る．ところが，そのときに自分だけ作業をしない非協力者がいて，それが排除されなければ，彼らはコストを払わずに利益を得るので，はびこっていくだろう．そうすると，システム全体が崩壊し，共同作業は進化しなくなる．初期人類が共同作業によって大きな利益を得るためには，非協力者の検知と排除が必須だったに違

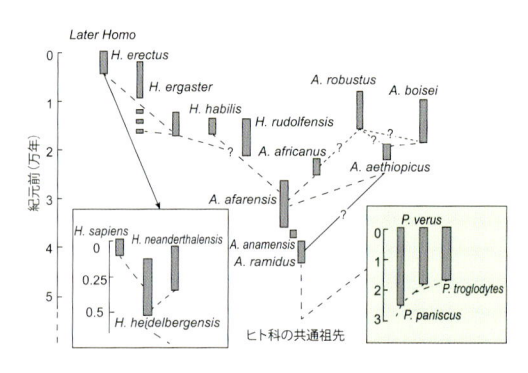

図 5-1 人類進化史で出現した数々の人類の種

いない．そこで，社会脳はますます進化せざるをえなくなる．

現在の化石人類学の証拠によれば，600万年前に人類の系統がチンパンジーの系統と分岐して以来，実に様々な人類の種が進化してきた．私たちホモ・サピエンス（Homo sapiens）は，およそ20万年前にアフリカで出現したが，それ以前に存在した多くの種のすべてが絶滅している（図5-1）．この中で，およそ200万年前に出現したホモ・エレクトスは，人類として初めてアフリカ大陸を出てユーラシア大陸に広がった．しかし，その末裔はすべて絶滅してしまった．その後，アフリカに残っていたグループからホモ・サピエンスが進化し，およそ10万年前に再びアフリカを出て，今度は，南北アメリカ大陸やオーストラリアも含めた全世界に広がった．

人類の様々な種の進化と絶滅を，大きな脳を持つ動物の成功に関する進化の試行錯誤と見なすと，そのような動物が出現し，存続して，繁栄する確率は決して高くはないようである．

5-1-4 文化の蓄積を可能にした脳機能と言語

現在のヒトは言語を使用し，それによって様々な情報を伝達し，共同作業を行っている．そこで得られた知識をみなで共有し，次の世代に伝えることができる．次の世代は，それらの知識を習うことによって，再び自分たち自身でそれらの知識を発見する手間を省き，そこからその先へと知識

を積み上げていくことができる．それが文化である．ヒトが地球上で大繁栄している原因は，文化を持っていることだろう．

文化とはなんだろうか？ 文化人類学，民族学などでは，「ヒトの暮らしを取り巻く，道具や住居，衣服などの物質的産物，および，習慣，法律，祭事，儀礼といった決まり事などの総称で，異なる社会ごとに異なる文化がある．ヒトは文化の中に生まれ込んでくるので，文化なしには生きられないが，文化はそれ自体で自律的な存在である」などと言われてきた．しかし，これでは文化はヒト固有のものとなり，動物との連続性はないことになる．

行動生態学では，文化とは，「遺伝情報が世代を越えて集団の中に生物学的に受け継がれていくのとは別に，情報が，個体間で，または世代を越えて集団の中に伝達されること」と定義する．この定義は，ヒトの文化を正しく描写しているとともに，動物にも文化があるかどうかを実証的に研究する窓を開く．その結果，この定義のような意味では，他の動物にも文化は見られることがわかった．たとえば，チンパンジーは，生息地の異なる集団では食物選択や挨拶行動などに違いが見られるが，それらの中には，生息地の環境の違いに起因するのではなく，その集団で任意に始められた行動が個体間で共有され，世代を越えて伝達されているものがあることが確認されている．

化石人類の文化的産物として残されているものは，石器などの道具である．最古の石器はエチオピアのゴナで発見された，およそ260万年前のオルドワン型石器である．これらは，アウストラロピテクス類が使用していたと考えられる．石器だけでなく，皮革や木材なども使用していたかもしれないが，それらは腐るので，証拠として残されてはいない．その後，およそ180万年前から，アシュレアン型と呼ばれる石器が出土するようになる．これは，ホモ・エレクトスが使用していた石器で，オルドワン型石器よりもずっと洗練されている．

オルドワンやアシュレアンの石器に特徴的なのは，100万年もの長期にわたって，さしたる変化がないことである．石器の形やその製造方法が変わる，増える，ということもない．50万年前ごろになると，よく保存された木製の槍などが出土するので，アシュレアン型の石器だけが彼らの唯一の道具であったということは言えない．しかし，道具の発達と進歩という観点から見ると，その速度はきわめて緩慢であった．

ところが，ホモ・サピエンスの出現以後，様々な用途別の石器が出現し，さらに，動物の骨を利用した釣り針や縫い針，2つの道具を組み合わせた道具，そして芸術作品など，次々と種類が増加し，その技術も向上していく．つまり，文化が蓄積的に発展していくのである．その後，農耕と牧畜の発明が起こり，青銅器や鉄器が使用されるようになり，現在までの科学技術文明が発展することになる．

人類のような大きな脳を持つ動物が進化で出現したのは，きわめて稀な出来事であった．さらに，脳の大きな動物として様々な人類が出現したが，蓄積的な文化を持つに至った人類はきわめて少ない．私たちはそのような，きわめて稀な存在であるのだが，この能力の生物学的基盤は何なのだろうか？

少なくとも現在の私たちが文化的情報を共有し，伝達し，次世代の人間がそれを改良していくというプロセスは，言語によって支えられている．言語は，事物の意味を表す単語と，単語の組み合わせよって新たな意味を創造するための文法規則とによって成り立っている．「イヌ」，「咬む」などの単語には意味がある．さらに，「イヌが私を咬む」と「私がイヌを咬む」とでは意味が異なる．それは，単語を並べて新たな意味を創出する文法規則によるのである．

言語が他の動物の信号と異なるのは，このような構造にある．動物のコミュニケーションで使われる信号は，目の前に実際にあるものや自分自身の感情状態について，ある表象を発信するだけで

ある．それを知覚した他個体は，それに応じて自分の行動を変える．いわば，それだけである．意味と文法の双方を備えたコミュニケーションのシステムを持つのはヒトだけである．

このような言語があれば，現実の状態とは離れた事柄についても伝達することができる．しかし，言語に関して何よりも重要なのは，ある言語表現が，単なる信号として受け渡しされているのではなく，言語で表されている表象を発信者が心のうちに抱いているのだと受信者が想定し，発信者も，受信者が，発信者は心の中にそのような表象を持っているのだと想定していることを理解していることだ．「これはリンゴだ」，「そうだね」という会話が成り立つのは，互いに，「あなたがこれはリンゴだと思っていることを私は知っている，ということをあなたは知っている，ということを私は知っている」ということだ．つまり，決してつかみとって現実に見ることのできない他者の「心」の中に作られている表象を，互いに想定し，共有しているのである．これは，「私」と「あなた」が「事物」に関しての表象を共有することであり，三項表象の理解と呼ばれている（図5-2）．

ここには，「自己」の認識や他者の心の読み取りなどが複雑にからまっている．ヒトにもっとも近縁な動物であるチンパンジーが三項表象の理解をどれほど持っているのか，まだ結論は出ていない．チンパンジーに，単語に類似した意味を持つ記号を教える研究は大量になされている．しかし，それらの使用を習得したチンパンジーが，ヒトの子どもが「お花，ピンク」，「あ，ワンワンだ」などと言うのと同じように，言葉で外界を描写し，その描写を他者と共有しようとすることは観察されていない．おそらく，ヒトが言語を駆使するようになる以前に，三項表象の理解に基づく心の共有が可能になる必要があったのだろう．

チンパンジーに言語を教えようとする実験は20世紀の半ばから行われてきたが，チンパンジーが文法規則を修得したという証拠はない．それよりも前に，そもそも彼らは他者の心の表象を理解しているのか，という疑問が提出され，1970年代後半から実験がなされてきた．その結果は，チンパンジーは確かに他者の心の中にある表象を理解してはいるが，「あなたが思っていることを私は知っている」にとどまり，「あなたが思っていることを私は知っている」がさらに入れ子になって「あなたが知っていることを私は知っていることを，あなたが知っている，ということを私は知っている」には至っていないことが明らかになっ

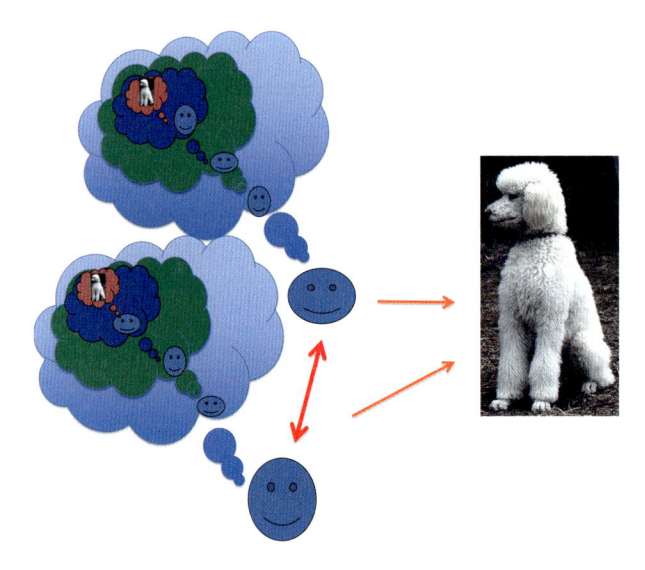

図 5-2 三項表象の理解

た．

言語は，このように素晴らしい進歩の可能性を持った道具であるが，1つ危うい点がある．それは，何を言語で表現するのも自由で容易であるが，その内容が真である保証がないということだ．「谷の向こうにヒョウがいる」，「〇〇さんは悪い奴だ」などという言語表現が真実であるかどうか，それを担保するなにかがない限り，ウソが侵入することが可能になる．ヒトの言語では，それを検知する1つの重要な手段が，表情認知，微妙な感情表現の解読であると考えられる．ウソをついているヒトの表情を，ヒトは非常に敏感に察するのである．

現在の科学技術では，記述が真であるかどうかは，論理的推論や実証的検証で試される．しかし，そこまで知的に発展する以前に，そもそも言語という手段が真実を伝える保証を持つためには，表情認知などの肉体的な検知手段を備えていなければ進化できなかったのである．つまり，言語の論理構造は，表情認知による真偽の判断の方法と手に手をとって進化してきた．言いかえれば，そのような肉体的な検知手段抜きに言語のみが進化することはないと考えられるのである．

5-1-5 自然科学を生み出す文明

およそ20万年前に出現したホモ・サピエンスは，狩猟採集生活をしながら生き延びてきた．その間に様々な道具を発明し，言語を持ち，芸術なども発展させたのであるが，それでも彼らは，生態系に対する影響としては，もう1つの「類人猿」に過ぎなかった．狩猟採集生活は，自然のエネルギーの流れにそった生活であり，環境を大きく改変することはなく，人口が爆発的に増えることもなかった．

そこに大きな変化が訪れたのは，農耕と牧畜の発明である．それによってヒトは資源の蓄積が可能になった．そして，階級の差異が生まれ，分業が生じ，考えるための余暇時間を持つ人間の数が増えた．

農耕と牧畜の開始はおよそ1万年前である．その後，地球上には様々な文明が生まれた．メソポタミア，エジプト，中国，インドは世界の四大文明と呼ばれているが，そのほかにも，日本も含めてアジア，アフリカ，アメリカ大陸などに様々な文明が生まれた．しかし，現在の科学と技術の発展の基礎である科学的な自然探求の近代的方法を生み出した文明は，1つしかない．それは，古代ギリシャに端を発するヨーロッパ文明の流れである．中国やインドでも「科学的な自然探求の方法」は出現し，現代科学と技術の基盤にはなっているものはあるが，現代につながる大きな活動となる近代科学を生み出したのはガリレオ以降のヨーロッパである．

現在の科学的探求の基礎となる活動は，1) 自然界には自然現象を支配する普遍的な法則があると確信すること，2) その説明は論理的整合性のあるものであること，かつ，3) それが正しいかどうかを検証するために，実証的な方法を用いること，の3つの考えに則っている．それらは一朝一夕に出来上がったわけではないが，様々な紆余曲折を経て花開いたのはヨーロッパ文明においてであったと言える．もちろん，中国の文明や，ヨーロッパ中世におけるアラブの文明のように，科学的探求という活動の一部において一翼を担った文明は数あるが，現在の科学的探究の主要な舞台として，一貫して近代科学的な思考の発展を支えたのは，ヨーロッパ文明である．

電波を利用することを考え出す知的存在は，おそらく，電波を発見せねばならず，そのためには，大きな脳神経系を持った，寿命の長い生物でなければならない．その上で，自然現象について科学的探求をせねばならないだろう．そのためには，知的な表象を集団で共有するすべを持ち，さらに，その真偽を判定するすべも持たねばならないだろう．さらに，それだけではなく，一見，毎日の暮らしとは関係のない自然現象の探求に時間を費やすことのできる，生活の保証のある人間が，かな

りの数として存在せねばならなかっただろう．そこまでに至る歴史の分岐点は無数にあり，現在のヒトは，そのような地点に達することのできた，まことに幸運な一集団である．

　脳が大きくなることは，知的活動を行えるようになるための出発点である．これまでの地球上での生物進化を見る限り，これほど大きな脳が進化したのは，38億年のなかでヒトが初めてだったようだ．さらに，そのような大きな脳を持った人類は，多様な文明を発展させるが，それが科学的探求に結びついたのも，17世紀が初めてだったようだ．こうしてみると，それはきわめて稀な出来事であるように思えるが，ともかく1回でも起こったのであるから，この宇宙に何百億という惑星があれば，そのうちのどこかで似たようなことは起こるのだろう．その経路は必ずしも，地球上の生命がたどったものと同じではないとしても．

　生物の進化をより普遍的な宇宙的視野でとらえ直すために，進化生物学者，人類学者として，系外惑星での生物進化が解明されていくことを，切に願う次第である．

5-2　第4の生物，ヒト

5-2-1　知的生物としてのヒト

　われわれが属するヒト（現生人類，ホモ・サピエンス）という種は，*sapiens* という種小名からも明らかなように，知的であるという際立った特徴をもっている．筆者はこの特徴をもって，本項の表題にあるように，ヒトを「第4の生物」と呼んでいる．その意味するところ，ならびにその理由は次節で述べるが，その前に本章で扱う「宇宙文明」という話題についての見解を述べておきたい．

　「宇宙文明」という語は，地球外にも文明を生み出す知的生命体が存在するという仮定のもとに成り立っているが，この仮定の裏には，広大な宇宙の中で，地球だけが特殊であるとは考えられないという信念がある．天文学の歴史を振り返れば，観測技術の進歩によって宇宙における地球の唯一無二性が次々と打破されてきたことは明らかであり，筆者もそのような信念を共有するものである．この意味において，広大な宇宙のどこかに知的生命体がいるかもしれないという仮定は理解できる．

　しかし，そこから一歩踏み出して，知的生物たるヒトの出現は単なる偶然の結果ではなく，極端に言えば生命進化の必然の方向であるという信条に組することはできない．これはまた，ヒトこそは少なくとも現時点における生命進化の最高の到達点であるという，抜きがたい信条ないしは価値観に基づくものであろう．このような信条に至る心情を理解できないわけではないが，生命の進化に方向性があるとはまったく考えない筆者にとっては，認めがたい信条である．

　同じような信条から，超大陸パンゲアに誕生して中生代の覇者となった恐竜が，もし絶滅しなかったらヒトのような知的な恐竜を生み出したのではないかという仮説がある．カナダの古生物学者であるD.ラッセル（1982）は，白亜紀後期に生息していた体長1.5～2m程度の華奢な肉食（？）恐竜トロオドン（Troodon）が，体に比べ脳が大きく（といってもオーストラリアに生息する大型の飛べない鳥，エミュー程度），目が大きくて正面を向いていたので立体視が可能であったろうと思われるうえ，前肢の3本の指には霊長類の特徴の1つである「拇指対向性」が認められるので物を握ることができたと推定されることなどから，もしトロオドンが絶滅しなければ知的なヒト型恐竜ディノサウロイド（Dinosauroid）へと進化しえたであろうと推定した．これがもととなって，SFやアニメでは様々なヒト型恐竜の世界が展開されていることは，ご存じのとおりである．

　恐竜人類という考えは，カール・セーガンの示唆（1977）に始まるとのことであるが，恐竜が絶滅せず，トリへと進化もしなかったなら，哺乳

類の繁栄はなく，ヒトへの進化もなかったことであろう．しかし，1-3節「生命の連続性と地球型生物の世界」で述べたように，生物学は現に生存する，あるいは嘗て生存した生物，いいかえれば実際に表現された生命系（Spherophylon; 1-3-4 項参照）を対象とするものであり，「絶滅しなかったならば」というのは，生物を理解するための思考実験としての意味しかない．

進化する能力は，生命体のもっとも重要な属性の1つであり，生命活動が遺伝情報を基盤として営まれていることの反映でもある．生物学的には，進化は生物集団内の遺伝子頻度の時間的な変化を意味し，進化（Evolution）という語が内包する「進歩」や「発展」という価値観とは無縁のものである．遺伝子頻度の変化は，遺伝情報の複製におけるランダムなエラー（あるいは「揺らぎ」）などによる突然変異を駆動力として，環境とのかかわりによる自然選択（Natural Selection），および環境とは独立な確率的過程である遺伝的浮動（Genetic Drift）との両者によってもたらされる．

遺伝情報は核酸によって担われていることは言うまでもない．生物の持つ核酸は，DNAであれRNAであれ4種類の塩基の並びによって情報が与えられており，4文字情報系である．人工的に作った2種類の塩基（たとえばアデニンとチミン）のみからなるDNAは二重らせんを作ることができる．情報の担体としては，2文字情報系であっても不都合はないはずである．4塩基を用いた方が，2塩基を用いたものよりも構造がほどよく柔軟となり，好都合なのかもしれないが，現時点ではこの問いに答える手掛かりを持っていない．タンパク質を構成するアミノ酸が，特定の20種類に限定されているのはなぜかという問題に比べて，問われることは少ないが同類の問題である．

1-3節「生命の連続性と地球型生物の世界」で述べたように，現生生物はすべて単系統であり，それぞれが38億年の歴史を背負っている．いいかえれば，現生生物のゲノムは，この地球で38億年の間に起こった様々な天変地異などの偶発的な変化を生き抜いてきたものであり，その間の自然選択を反映したものである．そのような歴史のうえで，生命系は真正細菌，古細菌，真核生物の3大グループのいずれかに属する多様な生物種として表現されている．ヒトは，生命系が現時点で表現している数千万とも数億さらには数十億ともいわれる現生生物種の1つである．原核生物，単細胞性真核生物，多細胞性真核生物と，より複雑な構造になり，より大型になってきたことは事実であるが，われわれの体内で営まれる化学反応のほとんどは原核生物が開発したものであり，現在においても原核生物の生息域は真核生物の生息域よりはるかに広く，原核生物のバイオマスは真核生物のそれを凌駕していることを忘れてはなるまい．

ミツバチなどの社会性昆虫を見ると，知的と言いたくなるような優れた能力がみられるが，そのような能力は基本的に遺伝によって伝えられるもの（本能）であり，ヒトのように主に後天的な経験によってもたらされるものではない．知的ということには，経験に基づく様々な情報を体外に集積し，時間と空間の制約を越えて共有する能力が必要である．この能力こそは，脳の可塑性がもたらしたものであるが，ヒトは生命38億年の歴史の結果として，偶々そのように進化した動物に過ぎない．確かにヒトは目下大繁栄と言える状況にあるが，これは常に揺れ動く生命系の表現の，ごく小さな，またおそらくはごく短い表現形の1つに過ぎないであろう．

現在のような生命系の表現は地球の歴史がもたらしたものではあるが，その歴史には多くの偶発的な変化が含まれており，異なる天体が細かな過程まで含めてまったく同じ歴史をたどるということは考え難い．この宇宙のどこかに知的生命体が存在するかもしれないが，それは生命進化が，いいかえれば物質，さらには宇宙の進化が必然的にもたらすものではなく，偶々そのようなことが生じたに過ぎないであろう．知的なETを見出す可能性は極めて低いと考えるゆえんである．

かなり大型の哺乳動物であるヒトは，ヒト属（ホモ属）唯一の現生種であるが，発達した脳の力によって遺伝情報とは別にいろいろな情報を獲得・集積し，体外に保存して，時間・空間の制約を超えて伝達・共有することができる唯一の動物である．この能力を利用するには教育し学習することが必要であろうが，ヒトは上手にできれば誉め，間違えれば正すという風に，仔に積極的な教育を行う唯一の動物でもある．この意味で，ヒトは約38億年前に出現した原核生物，約25億年前に出現した真核生物，約14億年前に出現した多細胞生物（多細胞性真核生物）*2 につぐ第4の生物ということができよう．

本種はわずか20万年ほど前にアフリカに出現した新参者でありながら，1万年ほど前からは，生態系からややはずれた存在となって個体数を徐々に増やしてきた．200年ほど前から，鉱物などの非生物的資源をも盛大に利用しだすとともに，他に例を見ない素早さで個体数を伸ばし，この70年間，いいかえれば平均的な現代日本人の生涯程の時間で3倍に殖え，すでに70億を超えている．この値がいかに異常なものであるかは，5-2-4項で述べよう．

ヒト科の他種の生息地がいずれも熱帯の狭い範囲に限られているのとは対照的に，この種の生息地は五大陸はもとより，北極から南極にまで広がり，地表のみならず水中，地下，さらには1万mの上空にまで進出している．少数とはいえ，大気圏外や月にまで進出したことのある個体すらいる．きわめて雑食性が高く，鋭い牙や爪を持たないにもかかわらず，食物連鎖網の頂点に立っている．また，短期間のうちに浅海や地表を大きく変え，他の生物に大きなインパクトを与えている．ここでは，この奇妙奇天烈な動物，ヒトについて考えてみよう．

5-2-2 ヒトはどこから来たのか*3

約46億年前に誕生した地球に，ヒト（ホモ・

表 5-1 ヒトへの道のり（2-2 説参照）

億年前	
46	地球の誕生
38	生命の誕生
35	原核細胞最古の化石
25	真核細胞の出現
22	真核細胞最古の化石
14	多細胞生物の出現
6	多細胞生物の多様化，動物最古の化石
5.2	最初の脊椎動物として無顎類が出現
4.2	植物の陸上進出と，これに続く節足動物多足類の陸上進出
4	昆虫の出現
3.65	原始両生類の出現
3.4	最初の羊膜類として爬虫類が出現
2.25	哺乳類の出現（単弓類から進化）
1.25	原始有胎盤類の出現
百万年前	
90-80	原始霊長類の出現
65	原猿類の出現
47	真猿類の出現
33-20	類人猿の出現
18	大型類人猿
4.4	ラミダス猿人の出現
3.9-3	アファール猿人
2.6-2.4	ガルヒ猿人
2.4-1.5	ホモ属の出現
2 (?)	"第一次出アフリカ"
	ホモ・ハビリス（2.3-1.4），ホモ・エルガステル (1.8-1.25)，ホモ・アンテセッソール (1.2-0.05，ホモ・ハイデルベルゲンシス (0.8-0.3)，ホモ・エレクトス (1.8-0.07)，ジャワ原人（ホモ・エレクトス・エレクトス；1.0)，北京原人（ホモ・エレクトス・ペキネンシス；0.78)
万年前	
80.4 (?)	デニソワ人・ネアンデルタール人の祖先とヒトの祖先が分岐
64 (35?)	デニソワ人の祖先とネアンデルタール人の祖先が分岐
40-30?	出アフリカ
?-4.1	デニソワ人 中東からユーラシア東部へ．
25-2.8	ネアンデルタール人 中東からユーラシア西部へ．
20-0	ヒト（ホモ・サピエンス）の出現
10	出アフリカ

サピエンス）が出現したのは約20万年前とされる．この間の略史を表5-1にまとめたが，詳細は5-1節を参照願いたい．ヒトは真核生物領域，動物界，脊索動物門，哺乳綱，霊長目（サル目），ヒト科，ヒト属ヒトという位置に分類される．ヒト属（ホモ属）で唯一の現生種であるだけでなく，ヒト科の現生他属（オランウータン属，ゴリラ属，

---
*1 ここでは，学習を経験に基づく行動の変更と定義しておく．
*2 1-3節を参照．
*3 5-1節を参照．

図 5-3 霊長類の系統樹（Campbell and Recce, 2007 を改変）

表 5-2 ヒト科の進化に伴う体の大きさの変化（Carroll, 2003 を改変）

種　名	推定生息年代 （百万年前）	体重 (kg)	脳容積 (cm^3)
H. サピエンス	0.0-0.2	53	1,355
H. ネアンデルタレンシス	0.03-0.25	76	1,512
H. ハイデルベルゲンシス	0.3-1	62	1,198
H. エレクトス	0.2-1.9	57	1,016
H. エルガスター	1.5-1.9	58	854
H. ルドルフェンシス	1.8-2.4	-	752
H. ハビリス	1.6-2.3	34	552
P. ボイセイ	1.2-2.2	44	510
Au. アフリカヌス	2.6-3	36	457
Au. アファレンシス	3-3.6	29	400弱
Au. アナメンシス	3.5-4.1	-	-
Ar. ラミダス	5.2-5.8	-	-
S. チャデンシス	6-7	-	～320-380

を旧世界ザルという）に区別される．狭鼻類の一部が類人猿（ホミノイド）で，3000～2000万年前頃に出現した．類人猿は小型のテナガザル科と大型のヒト科（ホミニド）とに分かれるが，大型類人猿の出現は1800万年前頃とされている．

ヒトの祖先とチンパンジー属（チンパンジーとボノボ）の祖先とがアフリカで分岐したのは700～500万年前頃で，ヒトの祖先は森からサバンナへと進出したが，200万年前頃までにはサバンナにおける生活に完全に適応し「裸のサル」となっていたと考えられている．ヒトへの進化はアフリカで続き，いろいろな猿人が次々と現れて完璧な直立二足歩行が確立されたが，脳はまだ小さい．ヒトは「直立二足歩行する類人猿」とも言われるが，そのような状況はヒトが出現する200万年以上も前に達成されていたことになる．表5-2に示すように，約240万年前頃より脳の大型化が始まり，ホモ属の出現となる（表5-2）。[*5]

ホモ属はさらにいろいろな原人へと進化し，200万年前頃には一部はアフリカからユーラシアへと進出し，アジアに達したものはジャワ原人や北京原人として知られている．アフリカに残ったものからデニソワ人‐ネアンデルタール人の祖先とホモ・サピエンスの祖先が分岐したのは80万年前頃，前者がアフリカを出てユーラシア東部へ進出したのがデニソワ人（4万年前ごろに絶滅），少し遅れてユーラシア西部に進出したのがネアンデルタール人（2万8000年前頃に絶滅）となった．ホモ・サピエンスへの進化は約20万年前にアフリカで起こり，最古の化石として16万年前のものがエチオピアから出ている．

ネアンデルタール人とホモ・サピエンスは同時代におそらく同所に住んでいたのではないかと考えられており，その異同が議論されている．

チンパンジー属）が，いずれも絶滅が心配されている中で，圧倒的な個体数を誇っている．

図5-3は霊長目の系統関係をまとめたものであるが，原始霊長類は9000～8000万年前に，おそらくアジアでツパイのような動物から進化し，5600万年前頃に曲鼻（猿）類に繋がるアダピス類と，直鼻（猿）類に繋がるオモミス類とに分岐したと考えられている．ヒトはビタミンCを合成できないが，これは直鼻類に共通の性質である．曲鼻類と直鼻類のごく一部（メガネザル類）を原猿類と総称することがあるが，[*4]その多くは夜行性であるのに対して，直鼻類のほとんどを占める真猿類は，ヨザル類を除けば昼行性である．真猿類はさらに広鼻（猿）類（中南米に生息し，新世界ザルともいう）と狭鼻（猿）類（類人猿以外

---

*4 かつては，原猿類と真猿類の2グループに分けられていたが，メガネザルはキツネザルやロリスとは別系統で，真猿類と系統的に近いことが分子系統学的に明らかになった．

*5 5-1節で詳しく述べられているように，脳の大型化は，社会生活の複雑さに関わっていると考えられている．

2010年末のデータでは，現生人類はネアンデルタール人と中東で混血したと考えられ，アフリカ土着ネグロイド以外では，その遺伝子の数％がネアンデルタール人由来とされる．また，デニソワ人との混血もあったようで，パプア・ニューギニアなどのメラネシア人では約4～6％，中国南部住民では約1％の遺伝子がデニソワ人由来と言われている．

分子生物学的な知見から，現生人類はわずか1000～1万組のカップルの子孫と推定されている．Ambrose（1998）によれば，6.9～7.7万年前に，ジャワ島トバ火山（現トバ湖）で超大規模な噴火が起こり，火山の冬が6～10年続き，地球の平均気温が5～3℃低下し，その後1000年間寒冷気候が継続したという（トバ事変）[*6]．この時期は，最後の氷河期（ヴュルム期）の開始時期とも一致し，直立原人等は絶滅し，デニソワ人，ネアンデルタール人，ホモ・サピエンスは残ったが，ホモ・サピエンスは1万人程度にまで激減したと考えられており，上の推定とも合う．アタマジラミとコロモジラミの分化は衣服の使用によると考えられているが，両者の分化は約7万年前であることが遺伝子解析から推定されており，この点でも矛盾がない．最終氷期の厳しい気候の下で，まずデニソワ人が約4万年前に，ネアンデルタール人が約3万年前に絶滅し，ホモ・サピエンスのみが最終氷期を生きぬくことができた．環境に対して柔軟に適応する能力のわずかな差が，このような結果をもたらしたのではないかと想像される．

5-2-3 ヒトという動物

約10万年前にアフリカを出たヒト（ホモ・サピエンス）は，歩き歩いて1万3000年前には南米のほぼ南端にまで達している．この間，ヒトが侵入すると，その地域の大型の哺乳類や大型の飛べない鳥の個体数が激減したことが知られている．このすべてがヒトの侵入の結果であるか否かは定かではないが，おそらくは優れた脳を駆使してこれらを狩り尽くし，食い尽くしては次々と新天地を求めたのであろう．

ヒトは体重当たりに最も大きな脳を持った動物である．この脳なる臓器は，大変な優れものであるが，著しくエネルギーを消費する臓器でもある．その重量は体重の50分の1程度にすぎないが，代謝エネルギーの消費量は全身の5分の1から4分の1にもなり，燃費を無視して機能を追求したレーシングカーにでも喩えられよう．

すでに述べたように，ヒトはこの優れた脳の力によって，遺伝情報とは別にいろいろな情報を獲得・集積し，体外に保存して，時間・空間の制約を超えて伝達・共有することができる唯一の動物である．この能力を利用するには教育し学習することが必要であるが，ヒトは子や孫に積極的な教育を施す唯一の動物でもある．ごく近い親類であるチンパンジー[*7]では，子は親のすることを見て真似をしようとするが，子が間違えても親が直すわけではないし，偶々うまく行っても親が誉めるわけでもない．5-1節で述べられているように，教育は「自分」と「相手」と「物」との関係の理解を共有できればこそ可能になるが，チンパンジー

図 5-4 ヒトの拡散（Hedges, 2000による）

[*6] グリーンランドの氷床コアの酸素の同位体比より支持されるが，南極の氷床コアには記録されていない．

[*7] ヒトとチンパンジーでは，ゲノムでは約1.2％の違いがあるにすぎないとされているが，ヒトの21番染色体とこれに対応するチンパンジーの22番染色体を比較したところ，DNAの塩基配列で5.3％の違いがあり，コードされている231タンパク質のアミノ酸配列では83％の違いがあった．

にはこのような能力は乏しい．チンパンジーは豊かな感情表現をし，因果関係の意味や相手の意図の検出もある程度できることは確かであるが，入れ子構造の理解や感情移入の能力は，ヒトには遙かに及ばない．

ヒトは「シンボルによって考える類人猿」とも言われるが，約7万5000年前には，シンボルを扱っていたことが，動物の骨に刻まれた模様から推測できる．約3万5000年前の遺跡からは，動物の骨で作った笛と思しいものが出てくるので，このころには芸術も始まっていたと言えよう．有名なアルタミラ等の洞窟絵画より1万7000年ほども前のことである．約1万年前には農耕・牧畜を開始し，生態系からややはずれるという稀有の存在となり，その後，文明は加速的に進歩して，今日に至っている．優れた脳を手に入れたヒトは，何世代をも要する生物学的な進化によらずに，文化の伝播・継承によって急速に変化する手立てを得たわけである．これがヒトの大繁栄をもたらし，わが身に引き付けて言えば科学や技術の急速な発展を可能にしたわけである．

相手の意図を速やかに正しく把握する能力は，相手を騙し，相手の裏をかく能力ともなり，ヒトは種内殺戮を盛大に行っている動物でもある．Richardson（1960）によれば，1820年から1945年に至る126年間に，ヒトは5900万人以上を殺戮しているという．

表 5-3 1999年における動物の種の総重量比べ

	個体数	重 量（トン）
ウシ	13.4×10^8	6.7×10^8
ナンキョクオキアミ	-	$\sim 5.0 \times 10^8$
ヒト	60.0×10^8	3.0×10^8
スイギュウ	1.6×10^8	0.8×10^8
ブタ	9.2×10^8	0.4×10^8
ヒツジ	10.7×10^8	0.3×10^8
ウマ	0.6×10^8	0.3×10^8
ヤギ	7.1×10^8	0.2×10^8
シロナガスクジラ	1.4×10^4	2.2×10^6
アフリカゾウ	2.5×10^5	1.3×10^6
全生物		10^{12}-10^{14}

5-2-4 大繁栄するヒト

前項で述べたように，約7万年前にはヒトの個体数は1万人程度にまで減ったが，その後徐々に増え，約1万年前には1000万人程度になっていた．6万年かけて1000倍になったわけである．その頃，自ら食糧を生産すること（すなわち農耕と牧畜）を開始し，ヒトは地球生態系の領域からやや外れて生存する最初の種となった．その結果，人口支持力（環境収容力）が増し，紀元元年には2億5000万人程度になった．1650年には5億人，1850年位は10億人，1930年に20億人，1975年に40億人，1999年には60億人，2012年には70億人を突破した．この値は，自然環境がヒト程度の大きさの野生動物を収容しうると推定される値の40倍にもなるということからも，いかに異常なものかわかろう．別の言い方をすると，ヒトという種が始まって以来の総積算人口の約6％が現存していると推定されている．この100年で人口は4倍に，水の使用量は7倍になっている．現在の農耕は灌漑なしには成り立たず，地球レベルで見ると，淡水の不足は日々深刻になっている．地球が生産する食糧で養いうる最大人口は80億人と言われていることを思うと，まさに危機的な状況である（図5-5）．

現在，全地球で植物が光合成によって炭酸ガス

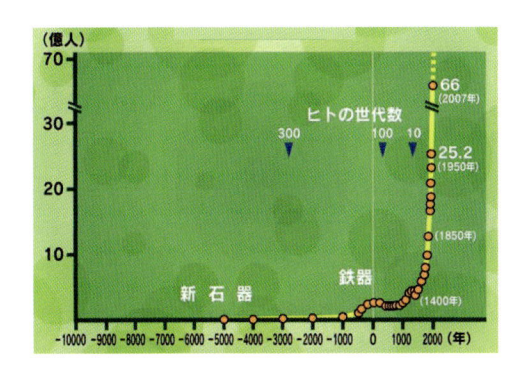

図 5-5 世界人口の変遷（星・松本・二河，2008を改変）

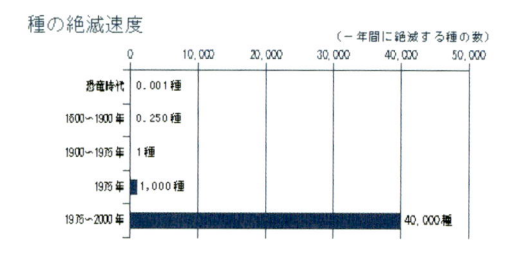

図 5-6 種の絶滅速度（Myers, 1981 より環境省作成）

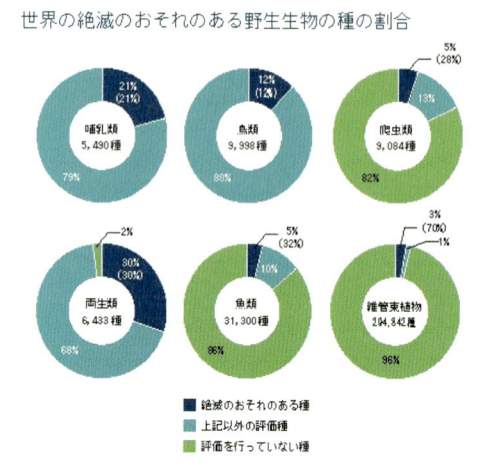

図 5-7 世界の絶滅のおそれのある野生生物の種の割合（IUCN, 2009 より環境省作成）

と水から糖を約 2200 億トン生産し，これを様々な生物が酸素呼吸によって炭酸ガスと水に戻している．このシステムは，太陽から光が届き，宇宙空間に熱を捨てることができれば持続可能なシステムであるが，ヒト 1 種で総生産量の 5～30% を消費していると推定されており，このサイクルが維持できないのではないかと危惧されている．

表 5-3 は人口が 60 億を突破した 1999 年における，動物の種当たりの重量を推定したものである．ナンキョクオキアミは年によって生存量が大きく変動するが，多い年にはヒトの重量を超す．これを唯一の例外として，上位を占めるのはヒトおよび家畜である．いうまでもなく，家畜はヒトが消費するために生産している動物であり，ヒトがどれほど大きなインパクトを地球生態系に与えているかが伺われよう．最大の現生動物であるシロナガスクジラにしても，最大の陸上動物であるアフリカゾウにしても，ヒトの 1% にも満たない（表 5-3）．

2007 年には総人口の過半が都市生活者となり，ヒトは *Homo urbanus* と呼ぶべきであるとすら言われた．様々な都市問題の解決が，一層難しくなったわけである．生活レベルが上がるとともに，1 人当たりの消費エネルギーはもとより，肉食が増えるために家畜の飼とする穀類換算の消費食糧も増加する．ヒトは 1 日に 4 万種以上の生物を利用して生活しており，その大部分は植物であるという．また，もし昆虫が消滅すれば，人類社会は 2，3 ヵ月で壊滅し，ほぼ同時に両生類，爬虫類，哺乳類も大部分が死滅し，ついで，顕花植物の大部分が死滅すると推定されている．

にもかかわらず，種の絶滅が空前の速度で進んでいる．背景絶滅率は 0.5 種/年と推定されているが，最近では，6～9 万種/年という絶滅率となっており，今世紀中に，現存種の半分以上が絶滅や絶滅寸前になると危惧されている．本来，種は絶滅するものであり，新しい種が分化することによって生命はその発生以来絶えることなく連綿と 38 億年に亘って続いてきた．2-2 節で述べられているように，生物は大絶滅も何度か経験してきた．化石資料から見たときに最大の絶滅は，ペルム紀最後（すなわち古生代最後）の絶滅で，化石を残すような生物種九十数%が消えたと言われている．このペルム紀最後の大絶滅と比べると，現在進行している絶滅の速度は 2 桁以上早く，補うべき新しい種の分化が追い付かない状況にある（図 5-6，5-7）．

この他にも，ヒトは多くの問題，特に人口急増がもたらす環境問題に直面している．優れた頭脳のもたらした大成功が，今や深刻な軛（くびき）となっているといえよう．

5-2-5 明日に向けて

前項で述べた問題は，ヒトが直面している大問題のほんの一端に過ぎない．これらの問題をどう解決するのか，糸口がなかなか見えない．ヒトの感性や欲求は，ローカルな場で進化してきたので，地球全体を考えるというようなことは，本来苦手である．また，最近でこそメタボなどと言われるが，ヒトは長年にわたって，十分な食料を求め，物質的な充足を求めて苦労してきた．今直面している問題の多くは，ようやく手に入れた充足の快楽を失うことにも繋がる．

ヒトは自分自身をいろいろな名前で呼んでいるが，リンネがサピエンス，賢い，叡智があると形容してから二百五十余年が経った．リンネの判断が正しかったか否かは，上の難問を解決できるか否かにかかっていよう．その名に恥じないものとなることを，心より願うばかりである．

5-3 宇宙文明とその探査

いま私たちは，宇宙に多くの「第二の地球」の存在を予想し，生命存在の兆候も含めて探索と観測を進めようとしている．生命の先に思い描かれるのは，やはり文明である．21世紀の科学と技術にとっては，その存否にかかわらず宇宙文明の本格的な探査も十分視野の中にある．

5-3-1 文明を生みだすもの

第1章で，生命の定義について考察した．地球外の生命が多かれ少なかれ地球とは違う条件・歴史の中で生まれ育つものなら，地球の生命の常識がどこまで地球外生命にも通じるかを考えておくことが重要だ．そうした考察はまた，「生命」という存在に新しい光を当てるだろう．では，文明についてはどうか．生命は必ず，文明を生み出すものだろうか？　ここでも出発点は，私たちにとって文明の唯1つのサンプルである「地球文明」の批判的考察である．

現代的人類文明を特徴づけるものは，「科学と技術」である．「科学」とは，自分をとりまく自然や事物を知り理解する人間の営みだ．そして「技術」とは，必要とするモノを作るという人間の営みである．科学と技術とは，知ることで新たなモノが生まれ，新たなモノが新たな知識を生み出し，そのように互いに刺激し合って発展する．5-1節および5-2節でも述べてきたように，自我の認識，時間の観念，抽象化と言語などの基本能力，さらに情報の共有が，私たち人類の知的営みの基本である．科学と技術は，そうした基本能力の上に立ち，それらの発達と並行して進んできた．文明にとってこの科学と技術が本質的に重要なのは，それらが積み上げによって発展するからだ．科学も技術も，客観的に存在する成果＝知やモノを生みだすから，「積み上げ」ができる．確実な成果の上に新たな成果をレンガのように積んで，高いものを生み出してゆくのである．

このように「科学」とは知ること，「技術」とは作ることと捉えれば，科学と技術が知的活動の自然な発展であり，文明の発展を生みだす原動力であることは，明確だろう．自我や時間の観念，言語など知的基本能力を持つ生物が科学と技術を発展させ，文明を築き上げてきたのは，自然なことと思われる．そしてその背後には，生存に適した新しい生物種を生みだす生物独特のプロセス＝自然選択による進化（ダーウィン進化）がある．上記の知的基本能力も，生存の上で圧倒的に有利な能力として，進化の中で獲得・育成されてきたに違いない．その結果人類文明は，途方もない高みに達している．

こうした発展が地球でだけ起こった特別なことだと考えなければならない理由も，特に見当たらない．膨張を続けるこの宇宙では，自然法則も各種自然定数も共通である．さらに，地球と似通った環境を持つ惑星は，いくらも存在しそうである．それらの惑星上で生命が生まれ，競争による選択的進化が長期にわたって継続するなら，生物が偶

然と選択に基づく進化を重ねて，ある場合には知的能力（それは生存に圧倒的に有利だ）を獲得し，その自然な結果として科学・技術文明を築く可能性は，十分に考えられるだろう．

ただしここで問題となるのは，地球生物が文明を生むまでの進化に40億年近い莫大な時間をかけたという事実，また，生物進化は地球環境の変動等偶然的な要素に決定的な影響を受けてきたという事実である．したがって，冷却を続ける惑星の環境変動が知的生命を生み出すに十分な時間を許容するかどうかは，非常に大きなファクターになるだろう．また重要なことに，人類文明は1万年前，電波技術文明はわずか100年ほど前に始まったに過ぎない．現代文明は様々な問題を抱えており，その運命や寿命は，誰も知らない．

これらは地球文明にとって重要な問題だが，宇宙文明の探査を考える上でも重要なファクターであり，ドレイク方程式（5-3-3項参照）が提起した課題でもある．この項ではこうした問題意識を持ちながら，歴史的経過も含めて，宇宙文明とその科学的探査について考えよう．

5-3-2 宇宙人と宇宙文明：歴史的概観

私たちが，自分自身をどう理解し，自分を取り巻く世界の中にどう位置付けるか．その判断は，本質的に時代の制約を受ける．その制約は，人間の自然認識，言いかえれば科学の発展と蓄積のレベルで決まる．地動説，宇宙膨張，遺伝子の2重らせんなどは，人間の世界理解を根底からゆり動かし深化させた新しい科学的認識の例だ．人間はそうした新たな自然認識の中に，自分を位置づけなおし続けてきた．宇宙生命の探査，さらに宇宙文明の探査も，直接的な形で地球生命・人類文明を問い直す新たな認識をもたらす可能性がある．

ではこれまで人間は，宇宙にどのような生命や文明を思い描いていたのだろうか．宇宙の生命に関する私たち人間の認識の変遷を，以下5つの段階に分けて整理しておこう．

(1) 神話・伝説の時代（近代科学の成立以前）

文明の黎明期，世界の民族はみな，自然の事物に霊（アニマ）の存在を見るアニミズムのもとにあった．太陽は最も尊い神であり，整然と天を行く月や星も神または神の意志を現す存在だった．古代中国では，月にヒキガエルが住むとされた．欠けては満ちる月と，冬は地下に潜り春に出て鳴きたてるカエルとが，生命再生の象徴として結び付けられたからだ（ウサギは少し後になって現れる）（図5-8）．そうした天体への信仰がそれぞれの文明圏で体系化されたものが，占星術である．この時代，天体までの距離が不明だったことは重要で，天体は地上世界と近しい存在と考えられた．そこで神も，地上の人々さえも，天上と地上とを往来したのである．ギリシャ神話も中国の西遊記や七夕伝説，日本の竹取物語なども，そうした中で育まれた．

図5-8 中国・漢代の石版画．月にはカエルとウサギがいて，星空には南天の守りである蒼龍が飛んでいる（『中国古代天文文物図集』文物出版社）．

図5-9 シラノ・ド・ベルジュラック『太陽の諸国諸帝国』の挿絵．日光で蒸発する露の力で太陽に向かう．

(2) 楽観主義の時代（17C世紀〜19世紀中頃）

望遠鏡による天体観測（ガリレオ・ガリレイ，1609年）がヨーロッパ知識人の間に広まるや，それまで神の世界とされてきた天体についての感覚が一変したことは，注目すべきである．山や谷が見えてきた月はもちろん，そのほかの各天体も，地球と同様な物質の世界とみなされるようになった．ならば月にも太陽にも，地球のように人々が暮らす国があるはずだった．この当時，「生命」はほぼそのまま「文明」を意味していたことにも留意しよう．生物進化の概念が，まだ存在しなかったからである．

17世紀には，月世界人について書いたケプラーの『夢』，さらにシラノ・ド・ベルジュラックの『日月両世界旅行記』が，評判を呼んだ（図5-9）．後者は天界にこと寄せた社会批判で，朝日で蒸発する露の力で太陽に行くなど，極めて空想的だ．大気は宇宙へどこまでも続いていると考えられていた．物理学が未発達で真空や低温など宇宙の厳しい状態が不明だったゆえの，楽観主義の時代である．天王星の発見者ウイリアム・ハーシェルまでも，太陽の光球の下には地球と同様な世界が広がり，高度な文明人が住んでいると述べた（19世紀初め）．ハーシェルの「太陽地球説」は，分光学で太陽が高温のガスであることわかるまで，かなりの人気を博したという．

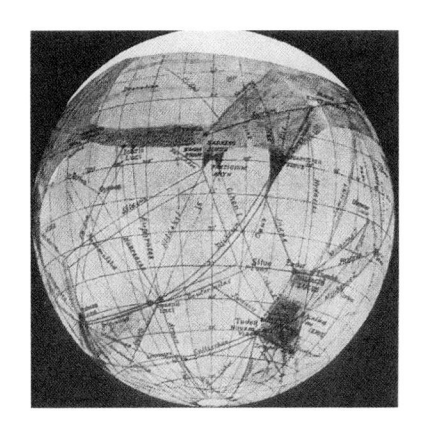

図 5-10 パーシバル・ローウエルの火星のスケッチ．彼が繰り返し描いた細かな「運河」は，「見たいと思うものを見た」錯覚だったとされている．

(3) 悲観論の時代（19世紀末〜20世紀中頃）

19世紀には，熱力学，分光学，電磁波理論など近代物理学の成立が相次いだ．それらを応用した観測により，恒星が極めて遠いこと，宇宙空間は真空であること，太陽は高温のガス体であること，などが明らかになった．月も惑星も生物には過酷な環境で，宇宙は生物に向いた世界ではないと考えられるようになった．惑星の形成プロセスも不明で，太陽系は宇宙で稀な存在，地球は水を持つ奇跡の惑星ではないかという観念が，科学者の間に急速に広がった．宇宙生命悲観論の時代である．

温室効果の提唱でも知られるS.アレニウスは，生命の萌芽（スペルマ）が宇宙に満ち，地球に落ちて地球生命の基になったとするパンスペルミア（生命萌芽汎在）説を広めた（1900年頃）．彼は生命の無限性を強く主張したが，無生物界からの生物の創造は不可能という強固な信念が当時の科学界に広がったことが背景にある．さらに20世紀，分子生物学の展開の中で生物の途方もない複雑さが理解され，生物学者を中心に強固な地球生命奇跡論が形成された（J.モノーなど）．こうした生物学からの宇宙生命悲観論は，今も広く存在する．

面白いことにこの時代，P.ローウェルの「火星人の運河」観測が，社会に大きな影響を与えた．宇宙生命・宇宙文明のテーマは並行して，サイエンス・フィクション（SF）において長く続く全盛時代を築いた．その嚆矢が，ローウェルの観測に触発されたH.G.ウェルズの『宇宙戦争』（1898年）である．宇宙は，科学的な想像の夢を羽ばたかせるには絶好の舞台である．小説，映画，コミックス，アニメと手段は変化しても，その人気は今も衰えていない．なお1950年代にはアメリカで「空飛ぶ円盤」騒ぎが起き，結局ほとんどが誤解やデマや詐欺まがいではあったが，様々な話題を提供し現在もその余韻は残っている．これについては，「フェルミのパラドックス」とともにコラムにまとめておく．

(4)「平凡な地球」の時代（20世紀後半）

科学は，さらに進歩した．20世紀後半に発展した電波天文学と赤外線天文学で，可視光では見えなかった低温度の星間物質や星の形成現場の観測が，急速に進んだ．理論では林忠四郎らによる太陽系形成論が成功を収め，こうして1980年代には，惑星は星間物質からの恒星の誕生に伴って自然に形成される，ありふれた天体だという認識が受け入れられた．恒星と惑星の材料となる星間分子雲には，多量の砂粒と氷粒，さらに有機物質も豊富にあることがわかった．地球的な環境は，宇宙に普遍的に存在すると考えられるようになったのである．

惑星系を生む原始惑星系円盤は，1990年ころから続々と発見された．決定的だったのは，1995年以後目覚しい，数多くの太陽系外惑星の発見である（第3〜4章）．こうして観測と物理的な理解が深まった結果，21世紀初めまでには，「平凡な地球」の認識がほぼ成立した．

加えて，進化論と地球科学を踏まえ，地球生物の起源の研究も進んだ．「生物＝奇跡」論に対して，生物と無生物の境は必ずしも明瞭ではなく，地球生物の発生自体は自然にかつ速やかに起こったのではないかという認識が広がった．これを宇宙規模で見るなら，生命の誕生はまさに，平凡な地球上で起きた平凡な事件，ということになる．

(5) 惑星と生命探査の時代（21世紀〜）

現代，すなわち進行形の時代である．既に第3，4章で十分述べてきたから，ここでは再論しない．

5-3-3 宇宙文明との交信（CETI）の試みとドレイク方程式

宇宙文明間の電波通信というアイデアの公表は，1959年，物理学者G.コッコーニとP.モリソンが雑誌 *Nature* に発表した論文が最初である．翌1960年，独立に準備を進めていた電波天文学者F.ドレイクが，米国立電波天文台（NRAO）グリーンバンク観測所の口径26 mパラボラで宇宙文明からの電波通信の受信を試みた．当時，惑星を持つ可能性があるとされていたくじら座τ星とエリダヌス座ε星を，水素原子のスペクトル線の周波数1.42 GHzで2ヵ月観測して，「文明人から地球に送られてきているかもしれない」通信電波の受信を試みたのである．この最初のCETI（Communication with Extraterrestrial Intelligence）観測は，オズの国の王女にちなみ，オズマ（Ozma）計画と名付けられた．またくじら座の学名はCetus，くじら座τ星はタウ・セティで，CETIはそれとの語呂合わせにもなっている．主にドレイクによるこうした遊び心は，その後も宇宙文明探査に共通する性格になった．1973〜76年のオズマ計画IIで，ドレイクは650星を観測した．もちろん宇宙人からの通信

図 5-11 ドレイク方程式を書く F. ドレイク
(© SETI Institute 『SETI 2020』 2002)

図 5-12 1961年のセミナを記念してグリーンバンク観測所（NRAO）のセミナハウスに掲げられた，ドレイク方程式の銘盤．

電波は受信できなかったが，夢のある科学者の試みとして社会の高い関心を呼び，その後の宇宙文明探査の先駆けとなった．

翌1961年，ドレイクはアメリカ科学基金(NSF)の要請を受けて，CETIに関するセミナを招集した．グリーンバンク観測所の小さなセミナハウスで開催されたが，その前夜にドレイクが急遽書き上げたという検討予定事項が，ドレイク方程式である（図5-11）．参加者はドレイク，モリソンの他，ヒューレット・パッカードの創設者B. オリヴァー，C. セーガン，NRAOの所長O. ストルーヴェなど10人だった．このセミナでドレイク方程式，すなわち電波による交信をしている宇宙文明の存在数を導く式のパラメータが検討されて，以下に紹介する電波文明の存在予測数が提案された．現在このセミナハウスには，ドレイク方程式を刻んだプレートが，記念として掲げられている（図5-12）．

1961年のセミナで検討された式と各パラメータは，以下のとおりである．

$$N = R_* \cdot f_p \cdot n_e \cdot f_l \cdot f_i \cdot f_c \cdot L$$

ただし

N：The number of civilizations in our galaxy with which communication might be possible：銀河系において，現在地球との交信が可能な文明の数

R_*：The average rate of star formation per year in our galaxy：銀河系における年平均恒星形成数

（注）このパラメータは，銀河系内の恒星形成率が空間的，時間的に一様と仮定すればほぼ「銀河系が含む恒星の数／銀河系の寿命」となり，これに書き換えることもある．

f_p：The fraction of those stars that have planets：その中で惑星を持つ恒星の割合

n_e：The average number of planets that can potentially support life per star that has planets：惑星を持つ恒星の各々において，生命を宿しうる惑星の平均数

f_l：The fraction of the above that actually go on to develop life at some point：それら生命を宿しうる惑星の各々が，実際に生命を宿す割合

f_i：The fraction of the above that actually go on to develop intelligent life：それら生命を宿した惑星の各々が，実際に知的生命を生みだす割合

f_c：The fraction of civilizations that develop a technology that releases detectable signs of their existence into space：それら（知的生命）の文明が，宇宙においてその存在を検出可能な（通信）信号を放つ技術を獲得する割合

L：The length of time for which such civilizations release detectable signals into space：そのような文明が宇宙に検出可能な信号を出し続ける時間

次に，1961年のこの会合で様々に留保条件や異論も吟味しながら与えられたパラメータの数値を，以下に示そう．カッコ内が，その理由である．

$R_* = 10/$年（時間平均値として銀河系の恒星数1000億／寿命100億年とする）

$f_p = 0.5$（恒星の半分が惑星を持つと推定［この時点では観測的証拠はなかった］）

$n_e = 2$（太陽系に地球と火星があることをふまえ，各惑星系内で生命に適した惑星は2個くらいと考える）

$f_l = 1$（生命に適した惑星では，生命は必ず生まれると考える）

$f_i = 0.01$（生命を持つ惑星のうち，100個に1個が知的生命を生むと考える）

$f_c = 0.01$（知的生命のうち，100に1つで宇宙通信が可能になると考える）

$L = 10000$ 年（そのような文明は1万年続くと仮定する）

太陽系外の惑星の発見と観測の進展は，この会合の34年後，1995年からであることに留意されたい．以上の推定を重ねた結論は，$N = 10 \times 0.5 \times 2 \times 1 \times 0.01 \times 0.01 \times 10000 = 10$ である．つまり，銀河全体で現在宇宙通信を行う文明は，10個と推定される．銀河系の大きさ10万光年

を考えれば，観測で検出するには極めて小さな数と言わなければならない．オズマ計画Ｉで観測された星の距離は，10 光年程度だった．

ここで目立つのは，条件さえ整えば生命は必ず発生するという楽観論と，知的生命からの技術文明発生率（f_c）へのかなりの悲観的見方だろう．現在，f_c はむしろ 1 ではないかという方向に動いている（後述）．だが何と言っても大きな不確定要因は，電波による宇宙通信を行いうる文明の寿命 L である．セーガンはこのセミナで文明の寿命というパラメータが宇宙文明の存在推定に決定的な影響を与えることにショックを受け，それがその後の「核の冬」への警告を含む彼の活動にもつながったという．

ドレイク方程式のパラメータの推定には，科学の発展段階に加えて個人的・思想的・文化的傾向も反映され，ゆれ動く．にもかかわらずドレイク方程式は 天文学，物理学，生物学，進化論，歴史，技術論，文明論など非常に多岐にわたる科学分野の総合的な考察を要請し，また人類文明の未来を考えるという，大きな思考実験の舞台を提供したのだった．それがまた，賛否の議論の渦を巻き起こした要因でもある．

5-3-4　ドレイク方程式への批判と反響

ドレイク方程式は大きな社会的関心を呼ぶと同時に，様々な批判も寄せられた．主な批判を以下の 3 点に整理し，それぞれについて考察を加える．

批判 1：この方程式は宇宙の文明の数を示すだけで，実際に交信できる可能性は不明だ

【考察】この批判はドレイク方程式にというより，オズマ計画に対する批判である．実際オズマ計画すなわち CETI（宇宙文明との交信）では，宇宙文明からの通信電波が受信できるかどうかは，すべて向こう次第だ．観測対象の星の技術文明が地球を認識しているか，地球に向けて通信電波を送ってきているか，それは今かどうか，周波数はどれか，など，ドレイク方程式の各パラメータとは別に，不確定で可能性に乏しい要素が並ぶ．結果として受信できなくても当たり前の観測だから，受信できないことで科学的意味をもたらすことはない（でも受信できれば大変だ）．この点については，後で改めて述べる．

批判 2：方程式のパラメータはほとんど推定するしかなく，科学的な意味は持ちえない．

【考察】パラメータの多くが，かなり思い切った推定に頼らねばならないのは事実である．だからと言って，科学的な意味を持ちえないだろうか．実験や理論化がすぐには困難な大問題について，大胆な推論と仮定を重ねて概略の解答を得るという思考実験的方法は，フェルミが学生相手に広めたので「フェルミ問題」とも言われる．ドレイク方程式は，フェルミ・パラドックス（コラム 8 参照）に具体的な思考の道筋を与えた，典型的なフェルミ問題と言える．データを重ね確実な解答を得るという狭い意味の「科学」ではないが，科学的な推定を重ね，その過程で多くの洞察を生み出してきたドレイク方程式は，大きな意味で言えば極めて「科学的」ではないだろうか．

批判 3：地球および宇宙における生命の発生に関し，あまりに楽観的である．

【考察】式そのものではなく，その解を求めるための推定についての疑問で，現在もドレイク方程式を考える上で核心の 1 つである．この問題に関し，天文学者や物理学者は楽観的，生物学者は悲観的というのが，一般的現象だ（むろん，人によって違う）．「専門家の見解こそ重要」との意見もあろうが，科学の歴史が示すところでは，大きな問題については専門家が必ずしも見通しがよかったわけではない．生物学者はかえって個別の複雑さにとらわれ過ぎているかもしれない．この問題は現在の知見で決着するものではなく生命の起源研究や今後の観測・探査で探っていくべきで，21 世紀に入り，その機運は高まっている．文明についても，地球生物の知的存在への進化が地球史の中でどう跡づけられるかについて，地球物理学と進化論の融合的研究が重要になっている．そ

してこれも，決着は次に述べる SETI の発展から見えてくる可能性がある．

以上の批判と並行して，ドレイク方程式の精密化や修正も，数多く提案された．重元素量と惑星形成との関係，超新星や太陽活動などの生物への影響，銀河系における惑星形成の非一様性，文明の性格や歴史，など．もちろんこの間，太陽系外惑星の発見や太陽系の惑星の無人探査の進展という大きな観測的進展があった．そうした変化はあってもドレイク方程式は，基本的にシンプルで強固な構造を持ち，今日もその意義を減じてはいない．大胆な推論の積み重ねに基づいて大きな科学的課題を追求する道を示した功績も，大きかった．1961 年の提案から半世紀を経たいま，総合的に見て，科学と社会とを結んで宇宙と文明に関する壮大な関心を引き起こすことに成功したと評価されよう．

5-3-5　CETI から SETI へ

「CETI ＝宇宙文明との交信」もまた，電波観測技術の半世紀にわたる進展に伴い，「SETI ＝宇宙文明の探査（Search for Extraterrestrial Intelligence）」へと展開を遂げつつある．それは，「夢から科学へ」の発展でもある．先に述べたように，CETI では観測の成否はすべてが「向こう次第」だった．観測対象の星に，技術文明が存在する惑星があるだろう．その技術文明は，地球の存在を知っているだろう．それは，地球に向かって通信電波を送っているだろう．その電波の周波数は，水素原子の 1.42 GHz だろう．通信電波を送ってきているのは，この今だろう．それぞれの「だろう」が成り立っている確率は，ゼロに近い．ゼロに近い可能性を重ねて極めてゼロに近い検出可能性を追う観測だから，受信できなくても当たり前である．しかし科学的な実験では，「受信できない」こと（negative result）からも，何かの結論が導かれることが期待される．「やみくも」な実験を重ねるだけでは理解は進まない．いかに目的が科学的でも，受信できなかったという結果が科学的意味をまったく持たないのなら，CETI は科学的観測というよりは，科学者の夢を追った高級な遊びということになる．

一方，「やってみなければわからない」のも事実である．それ以上に，オズマ計画が喚起した社会的関心の大きさも，無視してはならない．「宇宙人」はやはり，人類の大きな夢，そして人類自身の宇宙への進出という夢にもつながるものなのだ．当時の技術では，宇宙通信用に方向性を絞り込んだ強力なビーコン電波が直接地球に向いているのでもなければ，恒星間の莫大な距離を越えて受信することは不可能だった．そこで，可能性が低くとも，そうした通信電波の検出（CETI）を試みるほかはなかったのである．科学の面からみると，いま起こりつつある「CETI から SETI へ」の転換は重要である．これによって，宇宙文明探査がドレイク方程式に見合うものになりうるからだ．

この SETI は，地球自体が「電波星」であるという事実に立脚している．現在の地球文明は，テレビ塔が放つテレビ電波，人工衛星や太陽系探査機と交信して飛び交う通信電波ビーコン，人工衛星を通した絶え間ない交信など，強力な電波を宇宙に垂れ流している．もしこれらの電波を他の星で傍受すれば，その電波が自然現象ではなく知的な生産物であることは，情報を含む変調パターンからすぐにわかる．すなわち地球は 20 世紀半ば以来，「技術文明がここにある」ことを，宇宙に向けて発信し続けているのだ．したがって，非常に強力な電波望遠鏡で他の星の電波技術文明が宇宙に放出する電波を傍受すれば，地球のような電波技術文明を「検出」できることになる．宇宙文明から地球に向けて送信しているかもしれない通信をあてどもなく受信しようという CETI とは違い，宇宙文明が意識せずに垂れ流す電波を検出すればよいのである．これが，C（Communication ＝通信）に代わる，S（Search ＝探査）の意味である．

図 5-13 現在は 43 アンテナの高感度電波干渉計で観測中．将来 350 アンテナに拡張を計画している．(© SETI Institute　ホームページ)

こうして宇宙文明探査は CETI から SETI への発展で，「向こうの都合」から解放される．科学的遊びから，たとえ観測の結果がネガティブでもそれが何らかの意味を持ちうるような，科学的探査の段階に入るのである．ただそれは，そのような電波を検出することが可能になれば，の話だ．目覚ましく発展する電波観測技術は，それを可能にする段階に達しようとしている．SETI を実現する第一歩は，現在準備が進む長波長用の国際巨大電波干渉計，SKA 計画だろう．

5-3-6　SETI 観測の現状と展望

ドレイクのオズマ計画以後，CETI の試みは電波通信に向いた長波長電波用の電波望遠鏡を用いて，様々に展開された．特にオーストラリア・パークスの 64 m 電波望遠鏡，NRAO の 90 m 電波望遠鏡，コーネル大学がプエルトリコで運用するアレシボ 300 m 固定球面鏡などを用いたフェニックス計画は，200 光年以内の 800 星について，1 GHz から 3 GHz の周波数で CETI 観測を行った．1994 年から 2004 年までの観測で，意味のある信号は受信できなかったと発表している．

フェニックス計画は当初 NASA の予算的支援を得ていたが，無駄遣いではないかという米議会での批判もあり，NASA の支援は打ち切られた．その後，マイクロソフトの創始者 P. アレンなどの寄付でカリフォルニアに設置された SETI 研究所に引き継がれた．SETI 研究所は初めての CETI/SETI 専用の電波望遠鏡であるアレン望遠鏡 (ATA)

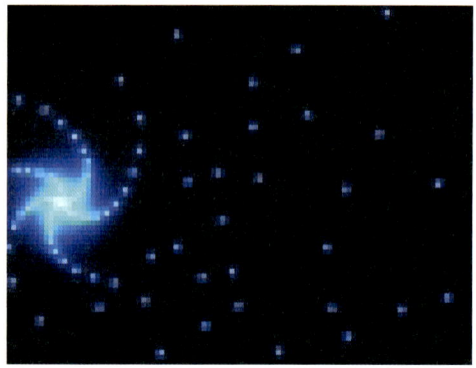

図 5-14　(上) SKA の想像図 (センターステーションの一部) と，(下) ステーションの配置構想図．範囲は全体で数千 km にわたる．(© SKA project　ホームページ)

の建設を進め，2007 年から 42 基の 6 m パラボラを並べた干渉計で，0.5 〜 1 GHz と 10 〜 12.2 GHz の 2 つの周波数帯で銀河系中心の CETI 観測などを進めている (図 5-13)．将来はパラボラを 350 基に増やし，アレシボ 300m 固定球面鏡と同レベルの感度で 10 万星の探査を計画しているが，感度からも，本格的な SETI 観測にはまだ手が届かない．寄付に頼る資金面でも，困難は大きい．

SETI の本格的スタートを期待されているのが，国際共同で 2020 年代の実現を目指す，1 平方 km 電波干渉計，SKA (Square KM Array) である (図 5-14)．国際 SKA コンソーシアムは，最終目標として以下の性能仕様を発表している．

・有効集光面積：$1\ \mathrm{km}^2$ (アレシボの 20 倍)
・観測周波数範囲：0.5 〜 10 GHz
・周波数分解能：0.01 Hz
・視野：3°

- 合成ビーム幅（角度分解能）：1 分角
- 同時に 10 ビームで独立な観測が可能

SKA はデジタル技術の固まりのような巨大電波干渉計で，中心に巨大なセンターステーションを置き，周りに 200 に及ぶステーションを広範囲に配置してゆく．有効集光面積 1 km² だから，計算上はアレン望遠鏡の 100 倍の感度になる．もちろん SETI 専用ではなく，多彩な天文観測の一部として SETI 観測も行われる．サイトは基線の長さ数千 km に及ぶ広大で電波雑音が低い地域が要求されるが，プロトタイプを建設してしのぎを削ってきた南アフリカとオーストラリアが，短波長側と長波長側を分担して，それぞれにフェーズ 1 と呼ばれる SKA のミニ版を建設することになり，フルスケールの SKA の見通しはやや遠のいた．2020 年代の着工は困難であろう．

フルスケール SKA では，次のような SETI 観測の提案がなされている．

(1) 近距離の電波文明探査

SKA の 10 ビームのうち 1 ビームを常に使い，1 つの恒星を 100 秒間 3 回ずつ観測する．他の天文観測を行いながらでも，10 年間で 100 万星の SETI 観測ができる．この場合の感度は地球の強力な TV 放送タワー電波程度なら，10 光年先まで検出可能だ．ただほとんどの候補星はもっと遠いので，適切な惑星を持つ恒星に的を絞り，さらに感度を上げる．1 万星に絞れば，地球の TV 電波を 100 光年の距離から検出が可能になる．

(2) さらに遠方の電波文明探し

ほぼ無指向の TV 電波ではなく，同じ惑星系内部の無人探査機や基地との交信電波，飛行場のレーダーなど，方向性を持つ強い電波（ビーコン）を無作為かつ偶然にとらえる可能性も探る．この場合は絞られたビームであるため電波強度は桁違いに大きくなり，天の川中の適切な領域を探査して 100 ～ 1000 光年の距離にある電波文明の検出を目指すことになろう．

5-3-7 現代版ドレイク方程式とその解

そうした SETI への進展を踏まえながら，現代の知見に基づいてドレイク方程式を改めて検討し，SETI 観測が宇宙文明の検出にどこまで迫れるかを見ていこう．まず方程式を若干だが変えて，以下のように書くことにする．

$$N = R^*_{\text{GHZ}} \cdot f_s \cdot f_p \cdot n_e \cdot f_l \cdot f_i \cdot f_c \cdot L$$

ここで，

N：銀河系において現在宇宙に強い電波を出し続ける文明を持つ惑星の数

右辺最初の R^*_{GHZ} および f_s は，ここで定義を改定または付加したパラメータである．

R^*_{GHZ}：銀河系ハビタブルゾーンにおける恒星の平均形成数／年．1961 年のパラメータ R^* が全銀河系・全銀河系史にわたる平均恒星生成率だったのに対し，超新星爆発による高エネルギー放射線や星生成過程など銀河系内環境の空間的・時間的非一様性を考慮して，銀河系内で長期にわたって生命存在が可能な領域（GHZ：Galactic Habitable Zone）を限定し，その中の恒星数のみを考えることにする（後述）．

f_s：恒星の中で生命を育むに足る年数の間安定である恒星の割合で，長期に及ぶ生命進化の間安定的に存在できる中心星の割合を明確にするため，スペクトル型による恒星の物理状態の違いを反映して新たに加えたパラメータ（後述）．

次に，各パラメータについて，現代的見地からの再検討を順次試みよう．

R^*_{GHZ} パラメータ

銀河系の全域・全歴史を通じて常に生命に適した惑星を持ちうる恒星が生まれ続けてきたと考えるのは，適切でない．そこでゴンザレスらは，銀河系ハビタブルゾーン（Galactic Habitable Zone：GHZ）の概念を提案した．星形成はまずガス密度の高い銀河中心で進み，GHZ は時間とともに外へ拡がるだろう．ラインウィーバーは，現在は銀河系中心から 7 ～ 9 Kpc の領域を GHZ とした．その内側は中心部に密集する恒星などからの放射

線や超新星爆発等の影響で生命に適せず，外側は重元素の蓄積が足りない．彼によればここでは80億年前から星形成が起きており，銀河系の全恒星の約10%が含まれる．

ドレイク方程式にGHZの視点を導入するのは，適切だろう．モデルは他にも提案されているが，銀河中心の活動性の証拠もふまえ，ラインウィーバーのGHZモデルをとろう．そこで [R_* = 銀河系の全域・全歴史の平均恒星形成率～全恒星個数，1000億/銀河系の年齢100億年] の代わりに，領域をGHZに絞って [$R_{*\text{GHZ}}$ = GHZに存在する恒星の平均形成率～1000億個×0.1/80億年] を用い，$R_{*\text{GHZ}} = 1.25$ 個/年を得る．領域を限ることは，後で述べる宇宙生命・宇宙文明の平均距離の推定にも影響してくる．

f_s パラメータ

前述のように，長期にわたり安定な恒星の割合という，新たなパラメータである．生命の進化には10億年程度は必要と考えると，このパラメータが必要になる．これに当てはまるのはほぼ，スペクトル型G型，K型，M型の小型の恒星で，どのタイプにも惑星が存在する．太陽はG型である．太陽近傍領域の恒星全体に対するG，K，M型の割合は合計48%（理科年表）だが，M型星ではフレアによるX線バーストが激しい上にハビタブルゾーンが中心星に近く，大気の喪失などが起きるのではないかという指摘もある．そこでファクターはやや小さめに，$f_s = 0.3$ としよう．

f_p パラメータ

それらの恒星が惑星（系）を持つ確率だが，めざましく進む最近の観測から，かなりの確度をもって $f_p = 0.5$ と置いて大きな誤りはなさそうだ．

n_e パラメータ

任意の惑星系の中で，生命を宿す条件を持つ惑星の平均数である．現在の理解では，「表面に液体の水をある程度安定的に持つ小型岩石惑星の平均数」とする．火星では海は存在したらしいが期間が短かったので，1961年のように2と置くのはオーバーと考え，1とする．また，惑星があっても巨大惑星の系は力学的に不安定になるので，生命の長期的存在は困難だろう．巨大惑星は大質量の原始惑星系円盤から生まれると考えられるので，ミリ波観測による原始惑星系円盤の質量分布（図5-15）をベースに，系外惑星系のほぼ半数弱が大型惑星の系と見て，このファクターは0.5とする．これには，赤外線観測衛星スピッツァーやケプラー・ミッションからの傍証もある．さらに加えて，地球の水の量の説明がまだ十分ついていないことは大きな不定要素である．しかし火星の水の存在比も地球と大きな違いはなかったことがわかってきている．結局，以上を総合して，$n_e = 1 \times 0.5 = 0.5$ でよいだろう．

f_l パラメータ

ハビタブル条件を備えた惑星上で実際に生命が発生する割合 f_l については，変更を加えるべき新しい根拠がない．地球で海の誕生後まもなく生命が発生しているという事実を重く見て，従来どおり $f_l = 1$ とする．仮に近い将来火星で生命の証拠が発見されれば，パンスペルミア説を前提としない限り，これが確認される．

中間集計：生命を宿す惑星の数の推定

以上から，GHZ中で現在生命を宿している惑星は，ここまでの積 $1.25 \times 0.3 \times 0.5 \times 0.5 \times 1 = 0.094$（個/年）に，生命の存在期間を地球を参考に40億年として乗じ，3.6億個になる．すなわち30個に1個の恒星が生命を宿す惑星を持つという推定だ．不確かなパラメータはこの間，かなり減ってきた．「生命の発生確率」はなお未知の問題だが，太陽系の直接探査や太陽系外惑星の観測で，実証的な足がかりが得られてゆくだろう．

f_i パラメータ

生命が発生した惑星で知的生命が出現する割合 f_i は，まだ不確定要素が大きい．まず真核細胞の出現，その上に立つ多細胞生物の出現などの原因が，よくわかっていない．大絶滅の影響や大陸の影響も要検討だ．だが，地球の生物は進化ととも

に複雑化の道をたどってきた．5-3-1項で述べたように，それは進化という偶発的な競争的選択の積み重ねにおいて，自然な帰結である．大絶滅で減速や加速が起きるにしても，生物が続く限りはやがて，なんらかの形で知的生命が登場する可能性は否定できない．むしろ時間との競争，言い換えれば安定的な環境と環境変換のめぐりあわせと積み重ねが重要かもしれない．ここはひと声，$f_i = 0.1$ としておく．

f_c パラメータ

知的生命が電波を用いる技術文明を生みだす確率 f_c は，1961年には0.01とされた．「通信」が念頭にあって，小さな値になったかと思われる．だがSETI（CETIではない）で考えたような「宇宙に進出し，テレビや通信の電波を垂れ流す」文明ならば，このパラメーターは1でよさそうだ．物理法則や電磁気現象の発見は科学からは必然だし，電波の利用も社会に大きな利益をもたらす．宇宙に乗り出すのも，自然な成り行きだ．$f_c = 1$ とする．

L パラメータと N

GHZの中で現在電波文明を宿している惑星の数の推定値は，これまでの積

$R_{*GHZ} \cdot f_s \cdot f_p \cdot n_e \cdot f_l \cdot f_i \cdot f_c = 1.25 \times 0.3 \times 0.5 \times 0.5 \times 1 \times 0.1 \times 1 = 0.0094$

より，$N = 0.009 L$ となる．ここでいよいよ，L がモノを言う．

電波を宇宙に放つ文明（電波文明）の寿命 L は，もっとも意見が分かれるパラメータである．これまで与えられた L の推定値は，100年から10億年までと極めて広い．人によってはこれを技術文明の寿命とほぼ同義と考えて，長くとる．一方で，テレビは早晩すべて光ファイバになり，惑星系内の通信も光ビームになると考える人もある（その場合は，光のSETIを考えればよいということになるが，技術的見通しは必ずしも明瞭でない）．文明が，生物種としての寿命を超えて他の生物種に，あるいはロボットに受け継がれるという可能性もある．技術の未来予測はかくも不確定であり，サンプルは地球文明ただ1つだ．ここでは未来予測に深くは踏み込まずに，ドレイクたちと同じく，中間的な値である $L = 10000$ 年を仮に与えよう．結果は，

$N = 90$．

5-3-8 まとめ：SETIの可能性

以上で，現代のドレイク方程式の一応の解を得た．電波を宇宙に発する技術文明は，現在，GHZ内におよそ90個存在するという予想になった．

いま，GHZ（半径7〜9 kpc）内に90個の電波文明が均等にばらまかれているとしよう．すると現存する電波文明間の平均距離は，1 kpc（約3200光年）になる．フルスケールSKAによる探査能力でもまだ届かない距離である．仮に $L = 100$ 万年とすれば，平均距離は100 pc（約320光年）に縮まり，SKAの感度範囲に入ってくる．反対に $L = 100$ 年（最短の予測値）なら，現存する電波文明間の平均距離は10 kpc，銀河系の大きさ程度にまでなる．つまり銀河系内の現在形の電波技術文明は，ほぼ地球しかないということになる．

もしも2030年代にでもフルスケールSKAが実現すれば，SETI観測も本格化するだろう．検

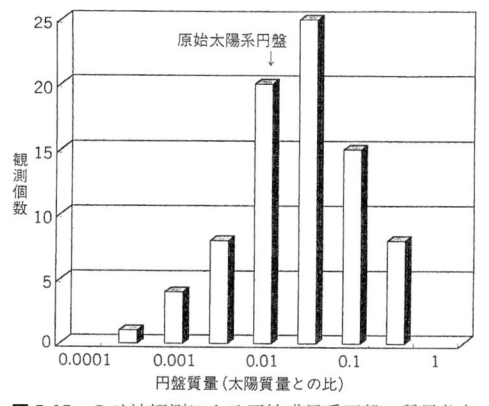

図 5-15 ミリ波観測による原始惑星系円盤の質量分布．小型岩石惑星を生むと考えられる中心星の100分の1程度以下の原始惑星系円盤は，全体のほぼ半数程度である．（Beckwith and Sargent, 1996 より）

出能力はすでに見たようにドレイク方程式のやや楽観的サイドの解の場合にしか届かないから，とても十分とは言えない．それでも観測を重ねてゆけば，ドレイク方程式のパラメータに一定の制限をかけることが可能になる．技術革新は著しいので，探査の範囲も広がってゆくだろう．その結果，仮に受信できないとしても，「受信できない」ことによって，ドレイク方程式のパラメータ，特に電波技術文明の寿命に，一定の縛りをかけてゆくことができる．火星の生命探査とともに，2020〜2030年代の課題になるだろう．

受信できれば大変，と思うかもしれない．だが，決して慌てる必要はない．非常に近い場合で100光年の先にある宇宙文明とは，通信のやり取りだけで200年かかる．じっくり確認し，ゆっくり今後の方策を議論すれば，それでよいのである．

20世紀半ばに始まった科学者たちの夢にあふれた「科学的な遊び」は，その後の科学と技術の目覚ましい進歩によって，「科学」の領域にまで発展しようとしている．それはまた，人類の未来意識や文明観にも影響を及ぼし，人類自身とその文明を映し出す鏡ともなってゆくだろう．

人間と科学の可能性の大きさを，改めて感じずにはいられない．

展望　宇宙の中で人類文明を考える

「私たちと違う世界」の存在は，私たちの空想をかきたてる．17世紀のヨーロッパ社会では，望遠鏡による宇宙観測とともに，月や太陽に人が住み文明を築いているという楽観的な宇宙文明論が広く登場したことは，本章（5-3節）で述べた．ガリレオの観測から半世紀後，シラノ・ド・ベルジュラックが『日月両世界旅行記』で描いたのは，地上文明への痛烈な批判だった．さらに半世紀後のスウィフトによる『ガリバー旅行記』の先駆ともいえる．

現代の私たちにとっても，「宇宙文明」は地球文明の鏡としての役割を担っている．私たちは宇宙に地球外生命の存在を探ろうとしているが，その存在条件は厳しいことを知っている．まして文明となれば，ある天体で発生した生命から，「どのようにして」「どのような条件で」「どれくらいの割合で」知性が出現し技術文明に至るものか，実証的にはもちろん未知数である．ここで私たちは，かつて惑星の存在について，また生物の発生に関して提起されたと同じ疑問を，文明について問うことになる「地球文明は，宇宙で2つとない奇跡の産物だろうか？」．

そうした疑問については，この第5章で地球上の人類と文明の発生やその道筋を検討し，またドレイク方程式やSETIを中心に，宇宙での文明存在度や検出可能性について考察してきた．ここでは，今後期待される太陽系外惑星の観測も念頭に，地球文明と宇宙の文明についてやや視点を変えて考えてみよう．

一般に，「地球外文明」や「宇宙人」については，「地球外生物」とほとんど同一視して受けとる向きが多い．どちらもまだ実証されていない存在だが，少なくとも地球上では，「生物一般」と「文明を築いた人類」の間には非常に大きな隔たりがある．単に「生物」といえば，海が安定的に存在し始めた38〜40億年前頃から今日まで，連綿と続いた存在を指す．生物進化史の最初の30億年以上は顕微鏡でなければ見えない単細胞生物の時代だったし，さらにそのうち前半20億年は，原始的で小さな「原核細胞生物」の時代だった．私たちが思い浮かべる多細胞の大型生物は，最近6億年で急速に進化してきた新顔の生物にすぎない．生物進化には天体の進化と同程度の長い時間がかかるというこの事実を基礎に考えるなら，太陽系内でも太陽系外惑星でも，私たちが見出す「地球外生物」は微細な単細胞生物である可能性が，まずは最も高いのである．

一方，地球上で日常的に道具を作り使うことができた最初の生物であるホモ属の登場は，約250万年前．現代にいたるヒト＝ホモ・サピエンスが現れたのは，約20万年前である．「ヒト」の存

在期間は，地球生命史40億年の中の0.005%でしかない．今後私たちが生命を宿す多数の惑星を多数見つけていったとして，文明を築きうる知性を持った生物と出会う確率は，単純に言えば2万個のうち1個になる．さらに，都市に象徴される地球文明の歴史は5000年，電波通信など宇宙から検出可能な活動を行う技術文明は，長めにまるめても200年．生命を宿す惑星のうちそれぞれに出会う確率は，80万個に1個，および2000万個に1個になる．もちろんドレイク方程式では地球からの検出可能性の算出に技術文明の寿命（L）を用いるので，上記の確率はその数値に大きく左右される．200年の代わりに技術文明の寿命を10万年と予想するなら，生命を宿す惑星のうち技術文明の存在の期待度は4万個に1個である．本章（5-3節）で詳しく述べたように，「文明の寿命」は宇宙文明の重要な考察要素だ．現代文明にとって宇宙文明の考察は，文明の成立に関わる疑問だけでなく滅亡に関わる疑問をも提出し，地球文明のあり方そのものに深刻な自己分析を迫るものなのである．

さて，地球上で文明を築く生物が登場するまでに，なぜ40億年もの時間がかかったのだろうか．本章（5-2節）でも述べているように，地球生物の歴史において，私たちヒト＝ホモ・サピエンスは進化上の4つの大ジャンプを経て現れた「第4生物」と位置付けられるべき存在である．

大ジャンプ1：原始の海，またはその辺縁での生命の発生（原核細胞生物）
大ジャンプ2：原核細胞生物から真核細胞生物へ
大ジャンプ3：真核単細胞生物から多細胞生物へ
大ジャンプ4：個体・世代間で情報を共有蓄積する知の共有生物（ヒト）へ

これら進化の大ジャンプがどのようにしてもたらされたのかについては，たびたび発生した「生物大絶滅」とも関連付けながら解明が進められていることが，各章で述べられている．ともあれ，文明を築くことが可能な第4生物＝知の共有生物としての人類の登場が，その前の大ジャンプ1〜3がなければ不可能だったことは，明らかだ．大ジャンプ2では，酸素を有効に利用する真核細胞生物の出現には海中への大量の酸素の供給が必要だったとされる．大ジャンプ3でも，動き回って大量のエネルギーを消費する動物の登場にはやはり海や大気中の酸素の増加が，また大型生物の進化には海にミネラルを豊富に供給する大陸の存在が，必要だったと考えられる（第1, 2章）．こうした大ジャンプの1つ1つはまた，地球の進化も含めた長い時間，地球環境の変化と生物進化との好都合な巡りあわせを必要としただろう．

そう遠くない将来，太陽系外惑星の中に海を持つ地球型岩石惑星が多数発見されてゆくことは，疑いない．それらが表面にどんな深さの海，どんな割合の陸地，どんな温度・組成の大気を持つかは，プレートテクトニクスとともに，高等生物への進化の可能性を探る上で重要な要素となる．海が少し深ければ，大陸は存在できない．表面温度が低ければ，海は凍結してしまう（第3, 4章）．さらに，地球上で大ジャンプ4がどのように起きたかは，活発な議論が交わされている刺激的な課題だ（第5章）．知性への進化が地球以外の惑星でも起こりうるかを探るには，未知の問題も含めて多くの関門が待っているだろう．

こうして見てくると，文明の可能性を探る上で意外に早く重要なヒントを提供するのは，SETIかもしれない．その理由は第1に，もし1つでも地球外の技術文明の存在が発見されれば世紀の発見であると同時に，知的生命が担う技術文明の普遍性について決定的な情報が得られる．第2に，前に述べた小さな存在確率を念頭に置いた広範で高感度の探査が行われ，それでも地球外の技術文明が見つからなければ，見つからないという事実自体が文明の普遍性についての重要な情報，あるいは制限をもたらす．そして第3の理由として，そのような意味のある探査を行うだけの技術的達成は，電波天文観測の進歩により，たとえば火星への有人探査，あるいは天文観測による地球型惑星の生命検出などと十分に比肩できるレベルにあ

る．すなわち，いま進みつつあるSKA，あるいは第2世代SKAなどの電波天文学の大型装置が，地球外生命の探査と同時進行的に宇宙文明の存在確率について意味のある結果をもたらす可能性は，高いと言える．

こうした観測や探査技術の進展から見て，①太陽系内の惑星・衛星における過去あるいは現存の生命の存在確証（無人・有人の探査による），②系外惑星における生命活動の確証（天文観測による），そして，③地球外文明の存在に関して科学的に意味を持つ情報（発展型SETIによる），という3つの探査からの初期的な答えが，いずれも早ければ2030年代，遅くとも21世紀の前半には得られるものと期待している．③が与える情報は，結果がポジティブであれネガティブであれ，私たち地球文明に対する非常に強いメッセージとなるだろう．

なお，本文でも書いたが念のため改めて付け加えれば，仮にSETIで「宇宙文明」を見つけたとしても，慌てたり騒いだりする必要はまったくない．地球サイドでじっくり研究する時間がたっぷりあるからだ．それが，SETIである．もちろん，社会的にマニアックに取り上げられる「宇宙人」，「宇宙人との通信」，性急な「宇宙人探し」は，本章で述べてきた科学的な探究とは無縁である．

コラム8　UFO事件とフェルミのパラドックス

1947年，自家用飛行機の操縦中に一群の光る怪飛行体を目撃したという元軍人K. アーノルドによる報告をきっかけに，アメリカで「空飛ぶ円盤」騒動が起きた．「空飛ぶ円盤＝flying saucer」という言葉は報道記者によるもので，アーノルド自身は特に宇宙人の乗り物とも考えてはいなかったようだ．しかし「未確認飛行物体（UFO）＝空飛ぶ円盤＝宇宙人の乗物説」は非常な勢いで全米に拡大し，様々な目撃情報や，宇宙人に誘拐された，実験されたという証言者が続出．奇怪な「宇宙人の遺骸回収」報道，国家による隠蔽説もとびかう，一種の社会ヒステリー現象に発展した．これには，当時始まっていた米ソの冷戦と兵器の開発競争，米国内の強い社会的ストレスも影を落としていたとされる．その後の調査で，「宇宙人の遺骸」や有名なアダムスキーの円盤も含め，円盤の証拠や写真の多くが偽造されたものとわかっている．

しかしこの騒ぎは，宇宙文明に関する「フェルミのパラドックス」を喚起した．著名な理論物理学者E. フェルミが，1950年，原爆の開発を進めていたロス・アラモス研究所での同僚との雑談中に提起したという．フェルミも含めロス・アラモスの第一線の科学者たちはもちろん，「UFO＝宇宙人の乗物」説をまったく信じていなかった．そこでフェルミは，宇宙に文明を持つ星がたくさんあるなら，彼らの文明は非常に高度で地球に来ていてもよさそうなのに，「みんな，どこにいるんだ？」と，疑問を投げたのである．

フェルミは意表を突く考察や鋭い質問で知られており，この発言は「空飛ぶ円盤」事件とともに，研究者の間で広まった．さらにジャーナリストや作家の関心を呼び，地球文明唯一論，恒星間飛行不可能論，はては「地球は宇宙人の動物園説」まで，多くの解答・迷答・怪答を生んだ．それらがSFの格好の題材にもなって，「宇宙人」への関心を大いにかきたてたのである．実はロシアのロケットの父・ツィオルコフスキーも1933年，同じ疑問を発していた．彼の答えは，「宇宙の進んだ知性には，地球文明はまだ関心を引くほどの存在ではない」という，宇宙文明の地球への無関心説だった．

なおフェルミの問いのベースの1つである恒星間飛行について言えば，超光速やワープを前提としない限り，恒星間航行には莫大な時間とコストがかかる．世代を重ねて未知の世界を目指す一方通行の宇宙植民地やその拡大が現実的に発展するかどうか，必ずしも自明ではない．もちろんそれは，5-3節で述べた文明の寿命とも，関係してくる．

参考文献

Abe, Y. (1993) Physical state of the very early Earth. *Lithos*, **30**, 223–235.

阿部　豊（1997）『比較惑星学』（地球惑星科学 12）岩波書店.

Abe, Y. *et al.* (2011) Habitable zone limits for dry planets. *Astrobiology*, **11**, 443–460.

Albarede, F. (2009) Volatile accretion history of the terrestrial planets and dynamic implications. *Nature*, **461**, 1227–1233.

Ambrose, S. H. (1998). Late Pleistocene human population bottlenecks, volcanic winter, and differentiation of modern humans. *Journal of Human Evolution*. **34**, 623–651.

Anderson, J. D. *et al.* (1998) Europa's differentiated internal structure: inferences from four Galileo encounters. *Science*, **281**, 2019–2202.

Batalha, N. M *et al.* (2013) Planetary Candidates Observed by Kepler. III. *Analysis of the First 16 Months of Data ApJS*, **204**, id.24 .

Beal, E. J. *et al.* (2009) Manganese- and Iron-Dependent Marine Methane Oxidation. *Science*, **10**, 184–187.

Beckwith, S. V. W. and Sargent, A. I. (1996) Circumstellar disks and the search for neighbouring planetary systems. *Nature*, **383**, 139–144.

Bodenheimer, P. and Pollack, J. B. (1986) Calculations of the accretion and evolution of giant planets: The effects of solid cores. *Icarus*, **67**, 391–408.

Borucki, W.J. et al. (2011), Characteristics of Kepler Planetary Candidates Based on the First Data Set. *ApJ*, **736**, 19.

ケアンズ＝スミス，A. G.（1987）『生命の起源を解く七つの鍵』石川　統訳，岩波書店.

Calvin, M.（1969）Chemical Evolution, Oxford University Press（江上不二夫 訳（1970）化学進化，東京化学同人）.

Campbell, N. A. and Recce, J.B.（2009）『キャンベル生物学』小林　興監訳、丸善.

Carl Sagan (1977) *The Dragons of Eden: Speculations on the Evolution of Human Intelligence*, Random House.

Charbonneau, D. et al. (2009) A super-Earth transiting a nearby low-mass star. *Nature*, **462**, 891–894.

Chiang, E. I., and Goldreich, P. (1997) Spectralenergy distributions of T Tauri stars with passive circumstellar disks. *Astrophys. J.*, **490**, 368–376.

Cloud, P. (1948) Some problem and pattern of evolution exemplified by fossil invertebrates. *Evolution*, **2**, 322–335.

Cloud, P. (1968) Pre-Metazoan evolution and the origins of the Metazoa, in *Evolution and Environment*, ed. Drake, E.T., Yale University Press, New Haven, CT, pp. 1–72.

Cloud, P. (1972) Working Model of Primitive Earth. American. *Journal of Science*, **272**, 537–548.

Condie, K.C. (1980) Origin and Early Development of the Earths Crust. *Precambrian Research*, **11**, 183–197.

Condie, K.C. (2000) Episodic continental growth models: afterthoughts and extensions. *Tectonophysics*, **322**, 153–162.

Cronin, J. R. and Pizzarello, S. (1997) Enantiomeric excesses in meteoritic amino. *Science*, **275**, 951–955.

Darwin, C. (1859) *On the origin of species, 1st Ed.*, p. 5.

ダイヤモンド，ジャレド（2010）『銃・病原菌・鉄』草思社.

Dyson, F. (1985) *Origins of Life*, Cambridge University Press（大島泰郎・木原 拡 訳（1989）『生命の起源』共立出版）．

Dyson, F. (1999) *Origins of Life, 2nd Ed.*, Cambridge University Press.

江上不二夫（1980）『生命を探る 第2版』岩波新書．

Ehrenfreund, P. *et al.*, (2002) Astrophysical and astrochemical insights into the origin of life. *Rep. Prog. Phys.* **65**, 1427–1487.

Feng, D.-F. *et al.* (1997) Determining divergence times with a protein clock: update and reevaluation, *Proc. Natl. Acad. Scie. USA.* **94**, 13028-13033.

ファーガソン，ニーアル（2012）『文明：西欧が覇権をとれた6つの真因』仙名 紀訳，勁草書房．

Franck, S., Lisa, K. and Jimmy, P. (2008) Terrestrial exoplanets: diversity, habitability and characterization. *Physica Scripta.* **T130**, 014032.

Fujii, Y. *et al.* (2010) Colors of a Second Earth: Estimating the Fractional Areas of Ocean, Land, and Vegetation of Earth-like Exoplanets. *The Astrophysical Journal*, **715**, 866–880.

Fujii, Y. *et al.* (2011) Colors of a Second Earth II: Effects of Clouds on Photometric Characterization of Earth-like Exoplanets. *The Astrophysical Journal*, **738**, 184.

Gilliland, R. L. (1989) Solar evolution. *Global and Planetary Change*, **1**, 35–55.

Greenberg, R. *et al.* (1998) Tectonic processes on Europa: tidal stresses, mechanical response, and visible features. *Icarus*, **135**, 64–78.

Han, T. M. and Runnegar, B. (1992) Megascopic Eukaryotic algae from the 2.1-billion-year-old Negaunee iron-formation, Michigan. *Science*, **257**, 232–235.

Hayashi, C. (1981) Structure of the solar nebula, growth and decay of magnetic fields and effects of magnetic and turbulent viscosities on the nebula. *Prog. Theor. Phys. Suppl.*, **70**, 35–53.

Hayashi, C., Nakazawa, K. and Nakagawa, Y. (1985) in *Protostars and Planets II*, ed. D. C. Black and M. S. Matthew, Tucson: Univ. Arizona Press, 1100.

Hecht, M. H. *et al.* (2009) Detection of Perchlorate and the Soluble Chemistry of Martian Soil at the Phoenix Lander Site. *Science*, **3**, 64–67.

Hedges, S. B. and Kumar S. (eds.) (2009) *The Timetree of Life*, Oxford Univ. Press, New York.

Hirose, T., Kawagucci, S. and Suzuki, K. (2011) Mechanoradical H_2 generation during simulated faulting: Implications for an earthquake-driven subsurface biosphere. *Geophysical Research Letters*, **38**, L17303.

Hoffman, P. F. *et al.* (1998) A Neoproterozoic snowball Earth. *Science*, **281**, 1342–1346.

Hoffman, P. F. and Schrag, D. P. (2002) The snowball Earth hypothesis: Testing the limits of global change. *Terra Nova*, **14**, 129–155.

Holman, M. J. *et al.* (2010) Kepler-9: A System of Multiple Planets Transiting a Sun-Like Star, Confirmed by Timing Variations. *Science*, **330**, 51–54.

星 元紀（2007a）「性と生殖」，安部眞一・星 元紀 共編『性と生殖』培風館，1–9.

星 元紀（2007b）「無性生殖から有性生殖への転換——プラナリアを例に」，安部眞一・星 元紀 共編『性と生殖』培風館，44–63.

星 元紀（2013）「人類と生命の進化」，山岸明彦 編『アストロバイオロジー』化学同人，192–198.

星 元紀（2014）「生殖と性」，澤田 均編『動植物の受精学 共通機構と多様性』化学同人，1–12.

星 元紀・松本忠夫・二河成男 編著（2008）『初歩からの生物学』放送大学教育振興会．

Howard *et al.* (2010) The Occurrence and Mass Distribution of Close-in Super-Earths, Neptunes, and Jupiters. *Science*, **330**, 653–655.

Hunten, D. M. (1993) Atmospheric evolution of the terrestrial planets. *Science*, **259**, 915–920.

ICRP (1975) Report of the Task Group of Reference Man Annals of the ICRP/ICRP Publication, vol. 23.

井田　茂・佐藤文衛・田村元秀・須藤　靖（2008）『宇宙は地球であふれている』技術評論社．

Ida, S. and Lin, D. N. C. (2008) Toward a deterministic model of planetary formation. IV. Effects of Type I migration. *ApJ*, **673**, 487–518.

Ida, S. and Lin, D. N. C. (2010). Toward a deterministic model of planetary formation. VI. Dynamical interaction and coagulation of multiple rocky embryos and super-Earth systems around solar-type stars. *ApJ*, **719**, 810–830.

Ida, S., Lin, D. N. C. and Nagasawa, M. (2013) Toward a deterministic model of planetary formation. VII. Eccentricity distribution of gas giants. *Astrophys J*, **775**, 42–64.

池内　了編（2014）『「はじまり」を探る』東京大学出版会．

Ikoma, M. and Genda, H. (2006) Constraints on the mass of a habitable planet with water of nebular origin. *Astrophys. J.*, **648**, 696–706.

IUCN（2009）*Red List*.

岩槻邦男（1999）『生命系──生物多様性の新しい考え』岩波書店．

Jeans, J. H. (1925) *The Dynamical Theory of Gases*, Cambridge University Press.

Kadoya, S. and Tajika, E.（2014）Conditions for oceans on Earth-like planets orbiting within the habitable zone: importance of volcanic CO_2 degassing. *Astrophys. J.*, **790**, 107–113.

Kasting, J. F. (1988) Runaway and moist greenhouse atmospheres and the evolution of Earth and Venus. *Icarus*, **74**, 472–494.

Kasting, J. F. *et al*. (1993) Habitable Zones around Main Sequence Stars. *Icarus*, **101**, 108–128.

Kasting, J. F. and Catling, D.（2003）Evolution of a habitable planet. *Annu Rev Astron Astrophys*, **41**, 429–463.

Kattenhorn and Prockter (2014) Evidence for subduction in the ice shell of Europa. *Nature Geoscience*, **7**, 762–767.

Khurana, K. K. *et al*. (1998) Induced magnetic fields as evidence for subsurface oceans in Europa and. Callisto. *Nature*, **395**, 777–780.

Kirschvink, J.L. (1992) Late Proterozoic low-latitude global glaciation: The snowball earth, in *The Proterozoic Biosphere* ed. Schopf, J.W. and Klein, C., Cambridge University Press, Cambridge, 51–52.

Kirschvink, J.L. *et al*. (2000) Paleoproterozoic snowball Earth: Extreme climatic and geochemical global change and its biological consequences. *Proc. Natl. Acad. Sci.*, **97**, 1400–1405.

Kivelson, M. G. *et al*. (1997) Europa's Magnetic Signature: Report from Galileo's Pass on 19 December 1996. *Science*, **276**, 1239–1241.

Kivelson, M. G. *et al*. (2000). Galileo Magnetometer Measurements: A Stronger Case for a Subsurface Ocean at Europa. *Science*, **289**, 1340–1343.

小林憲正（2008）『アストロバイオロジー──宇宙が語る生命の起源』岩波書店．

小林憲正（2013）『生命の起源──宇宙・地球における化学進化』講談社．

Kokubo, E. and Ida, S. (1998) Oligarchic growth of protoplanets. *Icarus*, **131**, 171–178.

Kokubo, E. and Ida, S. (2002) Formation of Protoplanet Systems and Diversity of Planetary Systems. *The Astrophysical Journal*, **581**, 666–680.

Kominami, J. and Ida, S. (2002) The effect of tidal interaction with a gas disk on formation of terrestrial planets. *Icarus*, **157**, 43–56.

Koshland, D.E. (2002) The seven pillars of life. *Science*, **295**: 2215–2216.

Kulikov, Y. N. *et al*. (2007) A Comparative Study of the Influence of the Active Young Sun on the Early

Atmospheres of Earth, Venus, and Mars. *Space Sci. Rev.*, **129**, 207–243.

熊澤峰夫・伊藤　孝・吉田茂夫編（2002）『全地球史解読』東京大学出版会, pp. 540.

Kuzuhara, M., Tamura, M., Kudo, T. *et al.* (2013) Direct Imaging of a Cold Jovian Exoplanet in Orbit around the Sun-like Star GJ 504. *ApJ*, **774**, id. 11.

Lammer, H. *et al.* (2008) Atmospheric escape and evolution of terrestrial planets and satellites. *Space Sci. Rev.*, **139**, 399–436.

Léger, A. et al. (2009) Transiting exoplanets from the CoRoT space mission. A&A, 506, 287–302.

Lin, D. N. C., Bodenheimer, P. and Richardson, D. (1996) Orbital migration of the planetary companion of 51 Pegasi to its present location. *Nature*, **380**, 606–607.

Lin, D. N. C. and Ida, S. (1997) On the Origin of Massive Eccentric Planets. *ApJ*, **477**, 781–791.

Lin, D. N. C. and Papaloizou, J. C. B. (1985) in *Protostars and Planets II*, ed. D. C. Black and M. S. Matthew (Tuscon: Univ. Arizona Press), 981.

Lodders, K. (2003) *Solar system abundances of the elements*, Springer.

Lyons, T.W., Reinhard, C/T., and Planavsky, NH. （2014) The rise of oxygen in the Earth's Ocean and Atmosphere. *Nature*, **506**, 307–315.

Machida, R. and Y. Abe (2010) Terrestrial planet formation through accretion of sublimating icy planetesimals in a cold nebula. *Astrophys. J.*, **716**, 1252–1262.

Marois, C. *et al.* (2010) Extrasolar planets: A giant surprise. *Nature* 468, 1080–1083.

Maruyama, S. *et al.* (2013) The naked planet Earth: Most essential pre-requisite for the origin and evolution of life. *Geoscience Frontiers*, **4**, 141–165.

Maruyama, S. and Liou, J.G. (2005) From snowball to Phaneorozic Earth. *International Geology Review*, **47**, 775–791.

丸山茂徳・磯崎行雄（1998）『生命と地球の歴史』岩波新書.

丸山茂徳・ドーム，J.・ベーカー，B.（2008）『火星の生命と大地46億年』講談社.

Mayor, M. *et al.* (2011) The HARPS search for southern extra-solar planets. *A&A*, submitted (arXiv:1109.2497).

Mayor, M. and Queloz, D. (1995) A Jupiter-mass companion to a solar-type star. *Nature*, **378**, 355–359.

McCord, T. B. *et al.* (1998) Salts on Europa's surface detected by Galileo's Near-Infrared Mapping Spectrometer. *Science*, **280**, 1242–1245.

Miller, S. L. (1953) A Production of Amino Acids Under Possible Primitive Earth Conditions. *Science*, **117**, 528–529.

峰　重慎・小久保英一郎 編著（2004）『宇宙と生命の起源』岩波書店.

Moore W. B. and Schubert G. (2000) The tidal response of Europa. *Icarus*, **147**, 317–319.

マイアース，N.（1982）『沈みゆく箱舟——種の絶滅についての新しい考察』林雄次郎訳，岩波書店

Nagasawa, M., Ida, S. and Bessho, T. (2008) Formation of hot planets by a combination of planet scattering, tidal circularisation, and the Kozai mechanism. *ApJ*, **678**, 498–450.

Nakajima, S. *et al.* (1992) *A study on the 'runaway greenhouse effect' with a one dimensional radiativeconvective equilibrium model*, **49**, 2256–2266.

Narita, N. *et al.* (2013) Multi-color Transit Photometry of GJ 1214b through BJHK s Bands and a Long-term Monitoring of the Stellar Variability of GJ 1214. *ApJ*, **773**, 144–153

Narita, N. *et al.* (2009) First evidence of a retrograde orbit of a transiting exoplanet HAT-P-7 b. *PASJ*, **61**, L35–L40

Nettelmann, N. *et al.* (2011) Thermal Evolution and

Structure Models of the Transiting Super-Earth GJ 1214b. *ApJ*, **733**, 2–13.

日本宇宙生物科学会編（2010）『生命の起源をさぐる──宇宙からよみとく生物進化』東京大学出版会．

Nimmo, F. and Gaidos, E. (2002) Strike-slip motion and double ridge formation on Europa. *J. Geophys. Res.*, **107**, 5021.

Ohta, Y., Taruya, A. and Suto, Y. (2005) The Rossiter–McLaughlin effect and analytic radial velocity curves for transiting extrasolar planetary systems. *Apj*, **622**, 1118–1135.

Oka, A., Nakamoto, T. and Ida, S. (2011) Evolution of Snow Line in Optically Thick Protoplanetary Disks: Effects of Water Ice Opacity and Dust Grain Size. *The Astrophysical Journal*, **738**, 141 (11pp).

Parker, E. N. (1964) Dynamical Properties of Stellar Coronas and Stellar Winds. I. Integration of the Momentum Equation. *Astrophys. J.*, **139**, 72–92.

Pavlov, A. A. *et al.* (2003) Methane-rich Proterozoic atmosphere? *Geology*, **31**, 87–90.

Pennisi, E. (2003) Modernizing the Tree of Life. *Science*, **13**, 1692–1697.

Petigura, E. A., Howard, A. W. and Marcy, G. W. (2013) Prevalence of Earth-size planets orbiting Sun-like stars. *Proc Natl Acad Sci*, **110**, 19273–19278.

Powner, M.W., Gerland, B. and Sutherland, J.D. (2009) Synthesis of activated pyrimidine ribonucleotides in prebiotically plausible conditions. *Nature*, **459**, 239–242.

ICRP (1975) *Report of the Task Group of Reference Man Annals of the ICRP/ICRP Publicationvol.* 23

Rasio,F. A., Ford, E. B. (1996) Dynamical instabilities and the formation of extrasolar planetary systems. *Science*, **274**, 954–956.

Ribas, I. *et al.* (2005) Evolution of the Solar activity over time and effects on planetary atmospheres I, *Astrophys. J.* **622**, 680–694.

Rogers, J.J.W. (1993) *A History of the Earth*. Cambridge University Press, Cambridge, U.K.

Roth, L. *et al.* (2013) Transient Water Vapor at Europa's South Pole. *Science*, **343**, 171–174.

Russell, D. A. and Séguin, R. (1982) Reconstruction of the small Cretaceous theropod Stenonychosaurus inequalis and a hypothetical dinosauroid. *Syllogeus*, **37**, 1–43.

Safronov, V. (1969) *Evolution of the Protoplanetary Cloud and Formation of the Earth and Planets* (Moscow: Nauka).

斎藤成也他『ヒトの進化』（シリーズ進化学第5巻）岩波書店．

Sasaki, S. (1990) The primary solar-type atmosphere surrounding the accreting Earth: H_2O-induced high surface temperature. in *Origin of the Earth*, ed. Newsom, H.E. and Jones, J.H., Oxford Univ. Press, New York, 195–209.

Schenk, P. M. (2002). Thickness constraints on the icy shells of Galilean satellites from a comparison of crater shapes. *Nature*, **417**, 419–421.

Schmidt, B. E. *et al.* (2011) Active formation of chaos terrain over shallow subsurface water on Europa. *Nature*, **479**, 502–505.

Schneider, G. http://exoplanet.eu/

シュレディンガー（1951）『生命とは何か』岩波新書．

Schopf, J. W. (1992) *Major events in the history of life*, J. W. Schopf ed. Jones and Bartlett Pub. Boston

Seager, S. and Deming. D. (2010) Exoplanet Atmospheres. *Ann. Rev. Astron. Astrophys.* **48**, 631–672.

自然科学研究機構編（2012）『地球外生命9の論点』講談社．

Shizgal, B. D. and Arkos, G. G. (1996) Nonthermal escape of the atmospheres of Venus, Earth, and Mars. *Rev. Geophys.* **34**, 483–505.

平　朝彦他編（1998）『地球進化論』（地球惑星科学講座第13巻）岩波書店，pp. 527．

Tajika, E. (2003) Faint young Sun and the carbon cycle: Implication for the Proterozoic global glaciations. *Earth Planet. Sci. Lett.*, **214**, 443–453.

Tajika, E.（2008）Snowball planets as a possible type of water-rich terrestrial planets in the extrasolar planetary system. *Astrophys. J. Lett.*, **680**, L53–L56.

田近英一（2009）『凍った地球──スノーボールアースと生命進化の物語』新潮社, 196 ページ.

Tajika, E. and Matsui, T. (1992) Evolution of terrestrial proto-CO_2 atmosphere with thermal coupled history of the Earth. *Earth Planet. Sci. Lett.*, **113**, 251–266.

Tajika, E. and Matsui, T. (1993) Degassing history and carbn cycle: From an impact-induced steam atmosphere to the present atmosphere. *Lithos*, **30**, 267–280.

高木由臣（2009）『寿命論──細胞から生命を考える』NHK ブックス.

高木由臣（2014）『有性生殖論──「性」と「死」はなぜ生まれたのか』NHK ブックス.

Tamura, M. (2009) Exoplanets and Disks: Their Formation and Diversity. in *AIP Conference Proceedings*, ed. Usuda, T., Ishii, M., Tamura, M., **1158**, 11.

田村元秀（2014）『第二の地球を探せ！──太陽系外惑星天文学入門』光文社新書.

Tanaka, H., Takeuchi, T. and Ward, W. R. (2002) Three-Dimensional Interaction between a Planet and an Isothermal Gaseous Disk. I. Corotation and Lindblad Torques and Planet Migration. *The Astrophysical Journal*, **565**, 1257–1274.

Toomre, A. (1964) On the gravitational stability of a disk of stars. *Astrophysical Journal*, **139**, 1217–1238.

Valencia, D. *et al*. (2010) Composition and Fate of short-period Super-Earths: The case of CoRoT-7b. *A&A*, **516**, A20.

Wächtershäuser, G. (1992) Groundworks for an evolutionary biochemistry: The iron-sulphur world. *Prog. Biophys. Mol. Biol.* **58**, 85–201.

Walker, J. C. G. *et al*. (1981) A negative feedback mechanism for the long-term stabilization of Earth's surface temperature. *J. Geophys. Res.*, **86**, 9776–9782.

渡部潤一・井田　茂・佐々木晶 編（2008）『太陽系と惑星』（シリーズ現代の天文学　第 9 巻）日本評論社.

Watson, J. D. (1976) *Molecular Biology of the Gene 3rd ed*., Benjamin, Menlo Park, CA. USA, p. 69

Weidenschilling, S. J. and Marzari, F. (1996) Gravitational scattering as a possible origin for giant planets at small stellar distances. *Nature*, **384**, 619–621.

Wilde, S.A., Valley, J.W., Peck, W.H., Graham, C.M. (2001) Evidence from detrital zircons for the existence of continental crust and oceans on the Earth 4.4 Gyr ago. *Nature*, **409**, 175–178.

Williams D. R. (2010) *Mercury Fact Sheet*, NASA.

Wilson, E. O. (1992) *The Diversity of Life*, Harvard University Press（大貫昌子・牧野俊一訳（2004）『生命の多様性 上・下』, 岩波書店）.

Windley, B.F. (1972) Proterozoic collisional and accretionary orogens. in *Proterozoic Crustal Evolution*. Elsevier, ed. Codie, K.C. Amsterdam, pp. 419–446.

Windley, B.F. (1977) *The Evolving Continents*. Wiley and Sons.

Windley, B.F. (1995) *The Evolving Continents*, 3rd Ed., Wiley and Sons.

Winn, J. *et al*. (2009) HAT-P-7: A Retrograde or Polar Orbit, and a Third Body, *ApJ*, **703**, L99.

Woese, C.R., Kandler, O. and Wheelis, M.L. (1990) Towards a natural system of organisms: proposal for the domains Archaea, Bacteria, and Eucarya. *Proc. Natl. Acad. Sci. USA*. **87**, 4576–4579,

Wright, J. T. *et al*. (2011) The Exoplanet Orbit Database. *PASP*, **123**, 412–422.

Xiao, S. (2004) Neoproterozoic glaciations and the fossil record, in *The Extreme Proterozoic: Geology, Geochemistry, and Climate* ed. Jenkins, G., McMenamin, M., Sohl, L. and Mckay, C., Geophys. Monogr. Ser., *American Geophysical Union*, **146**, 199–214.

Xiao, S., Zhang, Y. and Knoll, A.H. (1998) Three-dimensional preservation of algae and animal embryos in a Neoproterozoic phosphorite. *Nature*, **391**, 553–558.

Yamagishi, A. *et al.* (1998) in *Thermophiles: The keys to molecular evolution and the origin of life?*, ed. Wiegel, J. and Adams, M. W. W. Taylor & Francis Ltd., London.

山岸明彦編（2013）『アストロバイオロジー』化学同人.

Zahnle, K.L. *et al.* (2003). Cratering rates in the outer solar system. *Icarus*, **163**, 263–289.

Zimmer, C. *et al.* (2000) Subsurface oceans on Europa and Callisto: Constraints from Galileo magnetometer observations. *Icarus*, **147**, 329–347.

ジンマー，カール（2012）『進化』長谷川眞理子監訳，岩波書店.

アストロバイオロジーを学べる大学，研究できる大学院

　本書の読者には，大学生や高校生の方々も大勢おられると思います．その中には，アストロバイオロジーをさらに勉強するために大学に行きたいという高校生や，大学院に進学してアストロバイオロジーの研究に携わりたいと思った大学生もいるでしょう．しかし，どの大学や大学院に行けばよいのでしょう？
　そのような疑問を持ったら，以下のURLにアクセスしてみてください．

　http://astrobiology.nao.ac.jp/AstroBioUniv
　検索キーワード：　アストロバイオ大学

　このサイトには，本書を執筆した大学教員が中心となって収集した，アストロバイオロジーを学べる大学やアストロバイオロジーの研究に参加できる大学院の情報がまとめられています．本書を読んでわかったようにアストロバイオジーに関わる分野はとても広いため，それぞれの大学や大学院でどのような分野をカバーしているのか，どのような講義が開講されているのか，どのような教員・研究者がいるのか，などの情報が見られます．
　アストロバイオロジーは発展著しい分野であるため，上記サイトの情報は，随時更新されていくこととなっています．

索引

[あ行]

アイスアルベド・フィードバック　64, 108
アウトフローチャンネル　115
アストロメトリ法　127, 131
アノーソサイト　72, 74, 77
アミノ酸　4, 6, 10, 31, 36, 45, 53, 77, 123, 153
アルベド　64, 101, 130
アルマ望遠鏡　45, 82, 138
異常液体　13
1次元の情報　27
遺伝子の水平伝播　56, 63
遺伝情報　26
遺伝の仕組み　4
ヴァイキング　116, 126
ウィルス　40
宇宙の元素組成　24, 25
宇宙文明　152, 159, 170
エキセントリックジュピター　91
液体の水　12, 40, 69, 95, 100, 107, 115, 124, 126, 128
エディアカラ生物群　73
エナンチオ過剰　48
エンスタタイトコンドライト　74
オシリス・レックス　82
オートクレーブ　49
オパーリン，A　46
オポチュニティ　119
温室効果　64, 101, 115, 130, 161
温度安定化効果　11

[か行]

海水　25
海底熱水噴出孔　49
過塩素酸　20
化学化石（分子化石）　49, 56
化学合成　58
化学合成生物　49, 54
化学進化仮説　46
科学的探求　151
科学と技術　159
化学風化　66, 106
核酸（ヌクレオチド）　9, 37, 38
火　星　20, 52, 74, 86, 102, 107, 113, 115, 122, 123, 141, 161
　　──隕石　118
　　──生命探査　122
化石人類学　148
寡占成長　88
カッシーニ　140
褐色矮星　127
活性酸素　61
ガリー　119
環境収容力　157
環境問題　158
還元剤　17, 29
還元力の源　17
カンブリアの大爆発　60
気相反応　44
逆行惑星　132
キャップカーボネート　65
教育　154, 156
境界　3
強還元型大気　47
京都モデル　85
恐竜　152
　　──人類　152
極冠　121

極限環境生物学　126
極性溶媒　10, 11
巨大衝突（ジャイアントインパクト）　72, 82, 97
キラリティ　38, 46, 123
キラリティの起源　→　不整の起源
銀河系ハビタブルゾーン（GHZ）　167
金属硫化物ワールド説　50
近代物理学　161
グリシン　45
グリパニア（スピラリス）　59, 68
ケイ素化合物　27
ケイ素ベースの生命体　15
系統樹（分子進化系統樹）　56
ケック望遠鏡　136
ケプラー宇宙望遠鏡（ケプラー衛星）　93, 112
嫌気性生物　29, 61
言語　148, 149
原始細胞　54
原始スープ　49, 54
原始惑星　44, 88
　　──系円盤　85, 86, 168
原生代後期酸化イベント　61
コアセルベート　6
好気性生物　61
光合成（反応）　11, 30, 54, 71, 110, 116, 126, 157
　　──生物　58
後生動物　60, 67, 73
行動生態学　149
高分子　26
呼吸　19
古細菌　57
コシュランド，D. E.　2
個体の維持　32
古典的ハビタブル条件　100
ゴミ袋ワールド説　50
コミュニケーション　150
コモノート　57
孤立質量　88
コロー（CoRoT）　93
コンドライト隕石　98

[さ行]

細菌　57
再生産（生殖）　32
細胞内共生説　59
細胞の基本構造　31
細胞膜　14
サバチエ反応　21
サフロノフ・モデル　85
サル目　154
散逸構造　24
酸化還元状態　15
酸化剤　18, 30
　　──としてのCO_2　21
酸化鉄還元細菌　28
酸化力の源　17
三項表象　150
酸素濃度のオーバーシュート　62
酸素の供給源　17
酸素発生型光合成　19, 63
酸素分子　60
サンプルリターン　82
シアノバクテリア　55, 63
自己増殖　3
脂質膜　3, 4
自然選択　2
執行脳　146
縞状鉄鉱床　62, 65
ジャイアントインパクト　→　巨大衝突
　　──説
社会脳仮説　146
弱還元型大気　47
射出限界　102
ジャボチンスキー反応　24
自由エネルギー　21, 23
　　──獲得法　22
従属栄養生物　54
重力マイクロレンズ法　133
種の起源　1
準安定な生命体　16
ジョイスの定義　2

情報機械　36
食性　148
ジルコン　72, 75, 97
進化　1, 5, 13, 29, 32, 46, 52, 60, 69, 82, 86, 96, 100, 117, 142, 145, 152, 159
真核生物　57, 67
人口　157
人工細菌　40
人口支持力　157
ジーンズ散逸　104
シンボル　157
人類　147
垂直伝播　56
スターダスト　45, 51
ストレッカー反応　47
スノーボールアース（全球凍結）　13, 63, 72, 102, 113
　　──仮説　64
スノーボールプラネット　113
スーパーアース　90, 92, 99, 110, 128
スピリット　119
星間塵（ダスト）　43
星間分子　43
　　──雲　43
生と死　39
生物の多様性　34
生物必須元素　67
生物を構成する元素　24
生命系　35
生命の因果律　35
生命の渦　16
生命の起源　36
　　──の仮説　9
生命の三大あるいは四大特徴　3
生命の誕生　6
生命の定義　1, 2
生命の連続性　31
赤鉄鋼　20
石器　149
雪線　44
絶滅　158

全球凍結　→　スノーボールアース
全生物の共通祖先　57
セントラルドグマ　31
戦略的騙し　146
疎水性相互作用　10

[た行]

第4の生物　152, 171
大気透過光分光　95
大酸化イベント　61
代謝　5, 21, 29, 36, 50, 53, 72, 83, 110, 116, 126, 145
堆積岩　119
大（大量）絶滅　70, 158, 168
タイタン　13, 51
ダーウィン, C.　1, 54, 69
　　──の進化論　1, 162
多細胞生物　5, 32
多細胞動物　60, 67
ダスト　86
脱水縮合反応　48
多様性　34
多環芳香族炭水化物　45
単系統　35, 153
炭素質コンドライト　74
炭素同位体の分別効果　62
炭素の同位体組成　54
タンパク質　2, 7, 10, 31, 36, 50, 59, 148
たんぽぽ計画　51, 82
地球型惑星　17, 44, 61, 83, 87, 89, 93, 96, 107, 130, 140
知的活動　145
潮汐力　91
超好熱菌　57
直接観測法　133
直立二足歩行　147
テス　96
鉄硫黄小胞　8
鉄還元菌　29
鉄酸化菌　29
デニソワ人　155
電波文明　169

凍結乾燥　40
動的平衡　3, 23
独立栄養生物　54
ドップラー法　127, 129, 131
トバ事変　156
ドメイン　57
トランジット法　131
ドレイク方程式　160, 163, 167

[な行]

内部海　113, 123
二酸化炭素の固定　106
2文字系遺伝システム　38
ネアンデルタール人　155
粘土鉱物ワールド説　50
脳　145
　　──神経系　145
農耕　151
脳重　145

[は行]

バイオマーカー　63, 112, 140
バイオマット　55
発酵　20
　　──と呼吸　19
ハッブル宇宙望遠鏡　131
ハビタブル条件　100, 168
ハビタブルゾーン　69, 78, 85, 90, 100, 111, 113, 129, 137, 168
ハビタブル・トリニティ　78
ハビタブル惑星　78, 85, 100, 129
はやぶさ　51
はやぶさ2　51, 82
パンスペルミア　161
　　──説　51, 168
微化石　55
非還元型大気　47
ヒ素細菌　28
ヒト（*Homo sapiens*）　145, 147, 152
　　──科　155
　　──属　154

非熱的散逸　104
非平衡　23
氷衛星　123
表面反応　44
微惑星　43, 85, 87
フェニックス計画　166
フェルミのパラドックス　161, 164, 172
フェルミ問題　164
複製　4
不斉（キラリティ）の起原　38
不斉炭素原子　38
負のエントロピー　22
プルーム　124
プレートテクトニクス　71, 106, 117, 171
プロティノイド　6
プロトビオント　6
フローリアクター　49
文化　149
分子化石　→　化学化石
文明　151, 159
　　──の寿命　164, 171
平凡な地球　162
暴走温室状態　102
暴走成長　88
牧畜　151
補償光学　133
ホスファン　15
ホットジュピター　91, 128
ホットネプチューン　128
ホミニド　155
ホミノイド　155
ホモ・サピエンス（*Homo sapiens*）　148, 149, 155, 171
ホモ（*Homo*）属　147, 154, 155
ポリゴン地形　122
本能　153

[ま行]

マキアヴェリアン・インテリジェンス　146
マグマオーシャン　73, 99
枕状溶岩　97

マーズオデッセイ　121
マーズグローバルサーベイヤー　118
マリグラニュール　7
マリネリス渓谷　115
水　→　液体の水
　　——以外の溶媒　12
　　——の役割　10
ミセル　52
　　——構造　6
ミトコンドリア　30, 59, 68
ミラー，S　46, 82
　　——の実験　47
ミリ波観測　168, 169
無性生殖　33
メタン・エタン湖　13, 14
メタンガス　122
メタン生成　21
メタンハイドレート　66
メリディアニ平原　119
模擬原始大気　47
木星型惑星　44, 93, 129

[や・ら行]

有性生殖　33
葉緑体　59
ヨーロッパ文明　151
陸上の温泉　25
リボザイム　7, 50, 53, 78
リポソーム　53
流体力学的散逸　104
リン酸結合　27
類人猿　147, 155
霊長目　154
レイトベニア　98
連続的ハビタブル条件　100, 103
連続的ハビタブルゾーン　130
ロシター・マクローリン　132
ロゼッタ　51
ローバー　119
惑星軌道移動　90

[欧文]

ADP　23
ATP　22, 23

CETI　162
CoRoT-7b　93

DNAワールド　9, 54
D-糖　46

ELT　139

GAIA衛星　131
GJ1214b　94

HARPS　138

JWST　138

KPEEP　72, 74, 77

LUCA　57
L-アミノ酸　46

Magic20　36
M型惑星　90

New World Observer　139

RNA-タンパク質ワールド仮説　8
RNAとDNAの分子構造　8
RNAワールド　8, 50, 53

SETI　165
　　——研究所　166
SKA　142, 166
　　——計画　166
Spherophylon　153, 139
SSFs　73

TMT 139

TTV 132

WFIRST-AFTA 138

海部宣男（かいふ・のりお）
国立天文台名誉教授
1965 年　東京大学教養学部基礎科学科卒業
1988 年　国立天文台教授（野辺山宇宙電波観測所）
1997 年　国立天文台ハワイ観測所所長
2000 年　国立天文台台長
2007 年　放送大学教授
2012 年　国際天文学連合（IAU）会長
著書：『太陽系の科学』（共著，放送大学教育振興会，2014），『世界を知る 101 冊』（岩波書店，2011），『すばる望遠鏡の宇宙』（岩波新書，2007）など
受賞：日本学士院賞，仁科記念賞など．

星　元紀（ほし・もとのり）
東京工業大学名誉教授
1965 年　東京大学大学院生物系研究科修士課程修了
1985 年　東京工業大学理学部教授
2000 年　慶應義塾大学理工学部教授
2003 年　国際生物科学連合 (IUBS) 会長
2006 年　放送大学教授
著書：『生命の起源をさぐる』（共著，東京大学出版会，2010），『性と生殖』（共編著，培風館，2007）など
受賞：日本動物学会賞，Zoological Science 賞など．

丸山茂徳（まるやま・しげのり）
東京工業大学地球生命研究所／岡山大学地球物質科学研究センター特任教授
1972 年　徳島大学教育学部中学校教員養成課程卒業
1977 年　名古屋大学大学院理学研究科地球科学専攻博士課程修了
1989 年　東京大学教養学部助教授
1993 年　東京工業大学理学部地球惑星科学科教授
2013 年　東京工業大学地球生命研究所教授
著書：『生命と地球の歴史』（共著，岩波新書，1998），Superplumes: Beyond Plate Tectonics（共著，Springer，2007）など
受賞：紫綬褒章，トムソンロイターリサーチフロント 2012 アワードなど

宇宙生命論

2015 年 7 月 30 日　初　版

［検印廃止］

編　者	海部宣男・星　元紀・丸山茂徳
発行所	一般財団法人　東京大学出版会
	代表者　古田元夫
	153-0041　東京都目黒区駒場 4-5-29
	電話 03-6407-1069 ／ FAX 03-6407-1991
	振替 00160-6-59964
印刷所	株式会社精興社
製本所	誠製本株式会社

© 2015 Norio Kaife *et al.*
ISBN978-4-13-062724-5 Printed in Japan
JCOPY〈(社)出版者著作権管理機構　委託出版物〉
本書の無断複写は著作権法上での例外を除き禁じられています．複写される場合は，そのつど事前に，(社)出版者著作権管理機構（電話 03-3513-6969，FAX 03-3513-6979，e-mail：info@jcopy.or.jp）の許諾を得てください．

日本宇宙生物科学会・奥野　誠・馬場昭次・山下雅道 編
生命の起源をさぐる　宇宙からよみとく生物進化　四六判/256頁/2,800円

井田　茂
系外惑星　A5判/224頁/3,600円

宮本英昭・橘　省吾・平田　成・杉田精司 編
惑星地質学　B5判/272頁/3,200円

渡部潤一・布施哲治
太陽系の果てを探る　第十番惑星は存在するか　四六判/272頁/2,800円

池内　了 編
「はじまり」を探る　A5判/240頁/2,400円

須藤　靖
ものの大きさ　自然の階層・宇宙の階層　A5判/194頁/2,400円

阪口　秀・草野完也・末次大輔 編
階層構造の科学　宇宙・地球・生命をつなぐ新しい視点　A5判/242頁/2,800円

池内　了
観測的宇宙論　A5判/208頁/4,200円

金子邦彦
生命とは何か [第2版]　複雑系生命科学へ　A5判/464頁/3,600円

東京大学生命科学構造化センター 編
写真でみる生命科学　Overview of Life Science　B5判/160頁/6,800円

東京大学教養学部図説生物学編集委員会 編
図説生物学　Biology Illustrated　B5判/248頁/3,200円

長谷川寿一・長谷川眞理子
進化と人間行動　A5判/304頁/2,500円

ここに表表示された価格は本体価格です．御購入の際には消費税が加算されますので御了承ください．